TELEKOLLEG MULTIMEDIAL

Vektorrechnung und Analytische Geometrie

Wolfgang Fraunholz / Josef Dillinger

W0324833

Telekolleg MultiMedial

Telekolleg MultiMedial wird veranstaltet von den Bildungs- bzw. Kultusministerien von Bayern, Brandenburg und Rheinland-Pfalz sowie vom Bayerischen Rundfunk (BR). Dieser Band enthält das Arbeitsmaterial zu den vom Südwestfunk und vom Bayerischen Rundfunk produzierten Lehrsendungen.

Nähere Infos zu Telekolleg MulitMedial:
www.telekolleg.de
www.telekolleg-info.de

Coverfoto: photocase.com © lily

1. Auflage 2008
© 2008 BRW-Service GmbH
Alle Rechte vorbehalten
Umschlag (Konzeption): Daniela Eisenreich, München
Gesamtherstellung: Druckerei Gebr. Bremberger GmbH & Co. KG, Unterschleißheim
ISBN 978-3-9812051-9-0

Inhaltsverzeichnis

Liebe Teilnehmerinnen und Teilnehmer am Telekolleg,

Sie haben wieder ein Buch zur Mathematik im Telekolleg MultiMedial in der Hand. Es behandelt das Gebiet der linearen Algebra unter besonderer Herausstellung der Vektoren. Sie lernen einige Anwendungen von Vektoren in der Physik und der analytischen Geometrie kennen. Es werden Kräfte und Momente berechnet, Inhalte von Flächen und Volumina bestimmt sowie Geraden und Ebenen im Raum mittels Gleichungen beschrieben.
Das Haupthilfsmittel in der linearen Algebra ist die Lösung linearer Gleichungssysteme. Dieses Verfahren schließt sich direkt an die Algebra an, die Sie gerade bearbeitet haben. Denken Sie daran, dass es – wie immer in der Mathematik – wichtig ist, die einzelnen Kapitel mit Bleistift und Papier intensiv durchzuarbeiten. Vollziehen Sie die Berechnungen nach, indem Sie selbst schreiben und die einzelnen Rechenschritte überprüfen. Auch für die Arbeit mit diesem Buch gilt:

1. Lösen Sie selbst die in den Text eingestreuten Aufgaben, ehe Sie bei der angegebenen Nummer im Lösungsteil nachschauen.

2. Die Untergliederung der Lektionen können Sie zur Einteilung Ihrer Arbeitszeit benutzen. Allerdings wird nicht jeder Abschnitt die gleiche Arbeitszeit von Ihnen erfordern. Beschäftigen Sie sich möglichst jeden Tag etwas mit der Mathematik.

3. Die Texte im Kleindruck stellen ein Zusatzangebot dar, das Sie auch übergehen können.

4. Nach jedem Abschnitt finden Sie Übungsaufgaben. Wählen Sie bitte selbst aus. Ein Stern * steht bei Aufgaben, die mehr für eine spätere Wiederholung gedacht sind; die Aufgabennummer in eckigen Klammern [ ] weist auf schwierige und nicht zum verbindlichen Stoff gehörende Aufgaben hin. Die Wiederholungsaufgaben am Ende einer jeden Lektion können Sie zum Beispiel zur Wiederholung vor einer Prüfung verwenden.

5. Zur Berechnung von Winkeln zwischen Vektoren ist ein Taschenrechner mit trigonometrischen Funktionen notwendig. Mithilfe von Mathematikprogrammen (Download aus dem Internet) lassen sich Schaubilder von Aufgaben aufzeigen und Ergebnisse leicht überprüfen.

6. Die wichtigsten Definitionen, Formeln und Sätze sind – evtl. in anderer Reihenfolge als im Lehrtext – auf den Seiten 158 bis 160 zusammengestellt. Dazu finden Sie auf den Seiten 161 bis 164 die Formeln aus der Trigonometrie, die Sie für einige Aufgaben benötigen. Schließlich steht auf den Seiten165 und 166 das Stichwortverzeichnis.

Weiterhin guten Erfolg für Ihre Arbeit im Telekolleg MultiMedial!

Die Verfasser

1. Vektoralgebra I

Vor der Sendung

In der ersten Lektion zum Thema „Vektorrechnung und Analytische Geometrie“ geht es um den Begriff des Vektors. Vektoren sind Ihnen sicher bei physikalischen Fragestellungen schon einmal begegnet. In der Physik unterscheidet man zwischen gerichteten Größen und nicht gerichteten Größen. Gerichtete Größen sind zum Beispiel Wege, Geschwindigkeiten, Kräfte, Feldstärken. Solche Größen sind vektorielle[1] Größen. Nicht gerichtete Größen nennt man auch skalare[2] Größen oder Skalare. Beispiele dafür sind Massen, Wärmemengen, Zeitspannen. Näheres dazu finden Sie in jedem Physikbuch. In der Mathematik verwendet man den Begriff des Vektors und des Skalars verallgemeinert. Skalare sind zum Beispiel die reellen Zahlen, mit denen Sie bisher schon gerechnet haben.

Übersicht

1. Ein erstes Beispiel für Vektoren sind die **Verschiebungen** im Raum. Bei Verschiebungen muß man die Länge und die Richtung der Verschiebung angeben. Zur Darstellung verwendet man Pfeile. Man kann mehrere Verschiebungen nacheinander ausführen. Dies ist ein Beispiel für die Addition von Vektoren.

2. Auch die **Geschwindigkeiten** sind ein Beispiel für Vektoren. Sind zwei Geschwindigkeiten gleich gerichtet, aber von unterschiedlichem Betrag, so kann man die eine als ein Vielfaches der anderen schreiben. Sind zwei Geschwindigkeiten von gleichem Betrag, aber entgegengesetzt gerichtet, so stellt die eine den Gegenvektor der anderen dar. Die Summe eines Vektors und seines Gegenvektors ist der Nullvektor. Auch Geschwindigkeiten lassen sich zusammensetzen (addieren).

3. Allgemein werden **Vektoren addiert,** indem man die Pfeile der Vektoren aneinanderhängt. Diese Addition läßt sich für beliebig viele Vektoren ausführen. Eine Summe von Vektoren kann auch den Nullvektor ergeben. Man spricht dann von einem geschlossenen Vektorzug.

4. Die **Subtraktion von Vektoren** ist die Gegenoperation zur Addition. Ein Vektor wird subtrahiert, indem man seinen Gegenvektor addiert. Mit der Vektorsubtraktion kann man Vektorgleichungen der Art $\vec{a} + \vec{x} = \vec{b}$ lösen. In geometrischen Figuren lassen sich oft Vektoren als Summe oder Differenz einiger vorgegebener Vektoren schreiben.

5. Einen Vektor kann man mit einer Zahl, einem Skalar, multiplizieren. Man nennt diese Produktbildung **S-Multiplikation.** Das Produkt aus einer Zahl und einem Vektor ist wieder ein Vektor. Ein Produkt zweier Vektoren ist hier noch nicht erklärt. Durch einen Vektor kann man nicht dividieren.

---

[1] vector = der Fahrende von lat. vehi = fahren

[2] von lat. scala = Treppe, weil Skalare an einer Skala angeordnet werden können

1.1 Verschiebungen

Vermutlich ist Ihnen aus der Physik der Begriff des Vektors bekannt. Für die Physik gilt nämlich:

Ein Vektor ist eine Größe, die durch Betrag **und** Richtung festgelegt ist.

Um dies zu verdeutlichen, kann man das Beispiel der Verschiebungen im Raum heranziehen. Nehmen Sie an, die hier gezeichnete Truhe soll verschoben werden. Dann muß man zwei Angaben machen, nämlich **in welche Richtung** und **wie weit** die Truhe verschoben werden soll.

In der Zeichnung lassen sich die beiden Angaben durch einen **Pfeil** verdeutlichen, etwa den Pfeil an der rechten vorderen Ecke der Truhe.

Verschiebt man die Truhe tatsächlich, so entstehen auf dem Boden Bahnspuren. Die Bahnspuren der vier Ecken sind parallele gleich lange Strecken. Kennzeichnet man an diesen Strecken noch die Verschiebungsrichtung, so erhält man parallele gleich lange Pfeile. Die Richtung dieser Pfeile gibt die **Richtung der Verschiebung** an; ihre Länge gibt an, wie weit man verschoben hat: den **Betrag der Verschiebung**. Die Verschiebung stellt also eine Größe mit Betrag und Richtung dar:

Die Verschiebung ist ein Vektor.

An diesem Beispiel können Sie aber noch mehr erkennen: Eine Verschiebung im Raum läßt sich durch einen Pfeil kennzeichnen. Es können aber verschiedene Pfeile ein und dieselbe Verschiebung bezeichnen, wenn die Pfeile nur parallel, gleich lang und gleich gerichtet sind. Das heißt, eine ganze **Pfeilklasse** stellt einen Vektor dar.

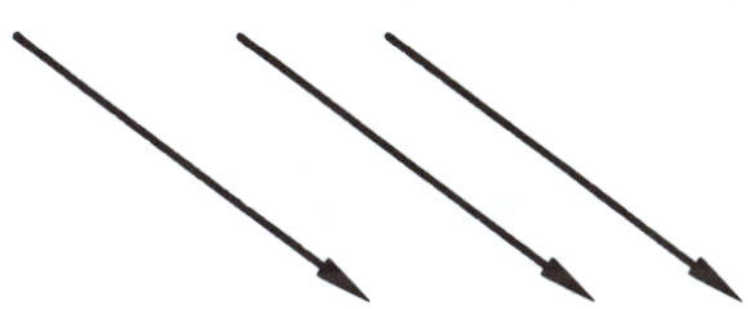

Zum Beispiel stellen die hier links gezeichneten Pfeile ein und denselben Vektor dar, weil die Pfeile alle gleich lang, parallel und gleich gerichtet sind.

Die drei Pfeile hier stellen nicht denselben Vektor dar; sie sind zwar parallel und gleich gerichtet, aber nicht gleich lang.

Um einen Vektor mit Hilfe eines Pfeils darzustellen, gibt es also viele Möglichkeiten. Dies erlaubt, jeweils den Pfeil auszuwählen, der für die Aufgabenstellung am günstigsten ist. Dies wird nachher noch wichtig werden.

Man kann mehrere Verschiebungen nacheinander ausführen. Dies haben Sie in der Fernsehsendung bei einem Gabelstapler gesehen. Hier sollen die Verschiebungen mit den Buchstaben $\vec{s}_1$, $\vec{s}_2$, $\vec{s}_3$ usw. bezeichnet werden.

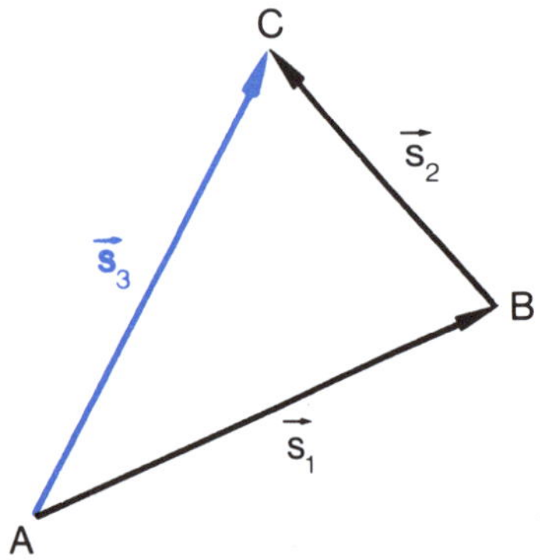

Der kleine Pfeil über den Buchstaben deutet an, daß es sich um Vektoren handelt.
Führt man erst die Verschiebung $\vec{s}_1$ aus, die vom Punkt A zum Punkt B führt, und schließt nun die Verschiebung $\vec{s}_2$ an, so kommt man zum Punkt C. Um vom Punkt A zum Punkt C zu gelangen, hätte man auch mit einer einzigen Verschiebung, nämlich $\vec{s}_3$ auskommen können.

Dieser Sachverhalt läßt sich so ausdrücken:

Die beiden nacheinander ausgeführten Verschiebungen $\vec{s}_1$ und $\vec{s}_2$ werden durch die eine Verschiebung $\vec{s}_3$ ersetzt.

oder

$\vec{s}_3$ ist das Ergebnis der Nacheinanderausführung von $\vec{s}_1$ und $\vec{s}_2$.

In der Mathematik schreibt man dafür:

$$\vec{s}_1 + \vec{s}_2 = \vec{s}_3$$

und sagt

Der Vektor $\vec{s}_3$ ist die Summe der Vektoren $\vec{s}_1$ und $\vec{s}_2$.

Ist es berechtigt, hier von einer Summe zu sprechen? Messen Sie in dem Bild oben die Längen der Pfeile. Die Länge eines Pfeils stellt den Betrag des Vektors dar.

Der Pfeil $\vec{s}_1$ hat die Länge ________ cm.

Der Pfeil $\vec{s}_2$ hat die Länge ________ cm.

Der Pfeil $\vec{s}_3$ hat die Länge ________ cm. → (1)

Sie sehen: Die Summe der beiden Längen von $\vec{s}_1$ und $\vec{s}_2$ ist nicht die Länge von $\vec{s}_3$.

Das hier Summe genannte Ergebnis ist etwas anderes als die Summe von Zahlen; es ist eben die Summe von Vektoren, bei denen die Richtung noch eine Rolle spielt. Für einen Vektor war daher ja auch ein Buchstabe mit einem darübergesetzten Pfeil geschrieben worden. Will man nur den Betrag eines Vektors bezeichnen, so schreibt man die Betragsstriche zu dem Vektorzeichen dazu.

> Der Betrag des Vektors $\vec{s}$ wird geschrieben als $|\vec{s}|$.

Für das obige Beispiel gilt also wie meistens bei Vektoren

$$|\vec{s_1} + \vec{s_2}| \neq |\vec{s_1}| + |\vec{s_2}|$$

Gibt es einen Fall, in dem der Betrag der Summe zweier Vektoren der Summe der Beträge entspricht? Dazu brauchen Sie nur zwei Vektoren mit gleicher Richtung zu summieren.

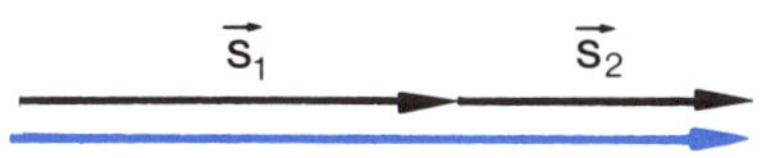

Zum Beispiel: Es soll die Summe der Verschiebungen $\vec{s_1}$ und $\vec{s_2}$ gebildet werden. $\vec{s_1}$ und $\vec{s_2}$ haben dieselbe Richtung. $\vec{s_1}$ ist 3 cm lang, $\vec{s_2}$ ist 2 cm lang. Der Pfeil für die Summe der beiden Vektoren hat dann die Länge 5 cm.

In diesem Sonderfall kann man die Beträge der beiden Vektoren addieren und erhält den Betrag des Summenvektors.

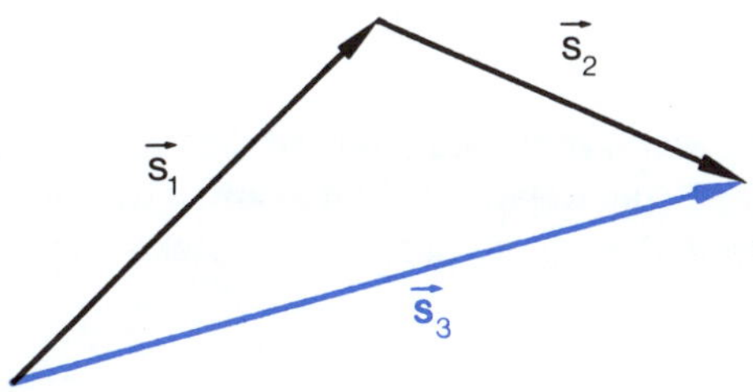

Sie sehen, wie die Summe zweier Vektoren gebildet wird: Man hängt die beiden Pfeile aneinander, den zweiten Vektor an die Spitze des ersten.

Ob die beiden Vektoren nun die gleiche Richtung haben oder nicht, immer wenn man dieses Verfahren anwendet, spricht man vom Addieren der beiden Vektoren.

> Zwei Vektoren $\vec{s_1}$ und $\vec{s_2}$ werden addiert, indem der Pfeil von $\vec{s_2}$ an die Spitze von $\vec{s_1}$ gesetzt wird. Der Summenpfeil $\vec{s_3}$ weist vom Anfangspunkt von $\vec{s_1}$ zur Spitze von $\vec{s_2}$.

Aufgaben zu 1.1

1. Bestimmen Sie die Beträge der Vektoren (in cm gemessen).

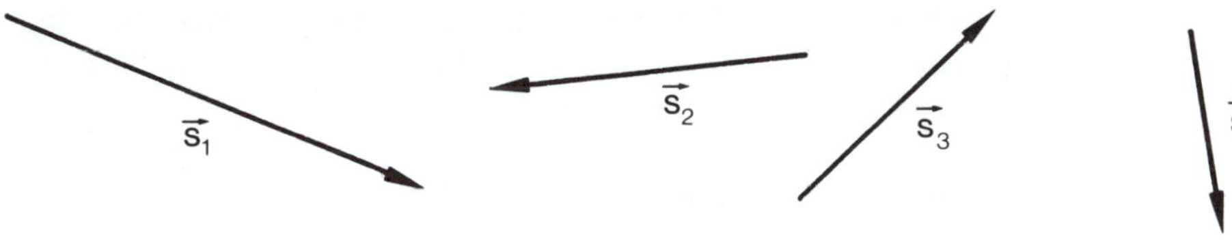

2. Zeichnen Sie Pfeile für die Verschiebungen

   a) um 3,5 cm; 30° zur Waagerechten,

   b) um 5 cm; 230° zur Waagerechten,

   c) um 2,7 cm; −45° zur Waagerechten.

3. Zeichnen Sie jeweils den Summenvektor ein.

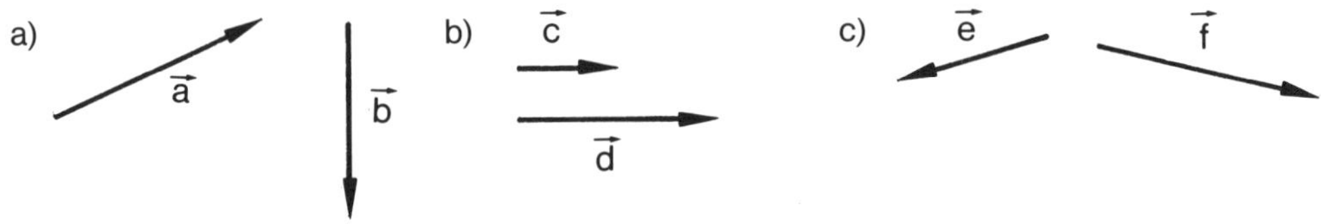

4. In welchem Fall ist der Betrag des Summenvektors gleich der Summe der Beträge?

1.2 Geschwindigkeiten

Im ersten Abschnitt haben Sie Verschiebungen kennengelernt. Physikalisch sind Verschiebungen geradlinige **Wege**. Wege mißt man etwa in Kilometern oder in Metern. Ein zweites Beispiel für eine physikalische Größe, die einen Vektor darstellt, ist die **Geschwindigkeit**. Sie wissen, daß man eine Geschwindigkeit zum Beispiel angibt in **km/h** oder in **m/s**. Die Geschwindigkeit ist bei der gleichförmigen Bewegung der Weg pro Zeiteinheit.

$$\text{Geschwindigkeit} = \frac{\text{Weg}}{\text{Zeit}} \qquad v = \frac{s}{t}$$

Geschwindigkeiten sind gerichtete Größen, denn es macht einen Unterschied, je nachdem in welche Richtung eine Geschwindigkeit vorliegt. Wenn ein Schiff flußabwärts fährt, so haben seine Eigengeschwindigkeit und die Strömungsgeschwindigkeit des Flusses die gleiche Richtung. Bei der Fahrt des Schiffes flußaufwärts sind diese beiden Geschwindigkeiten entgegengesetzt orientiert. Fährt ein Boot quer über einen Fluß, so sind die beiden Geschwindigkeiten unterschiedlich gerichtet. Die Eigengeschwindigkeit eines Flugzeugs und die Windgeschwindigkeit, die den Kurs des Flugzeugs beeinflußt, haben oft unterschiedliche Richtung.
Zur Lösung von Aufgaben zur Zusammensetzung von Geschwindigkeiten braucht man meistens Methoden der Trigonometrie. Die Formeln der Trigonometrie sind daher am Ende dieses Bandes aufgelistet (vgl. S. 161ff.).
Da Geschwindigkeiten gerichtete Größen sind, lassen sie sich durch **Pfeile darstellen**. Allerdings muß man auf einen Unterschied zu den Verschiebungen achten. Machen Sie sich dies bitte am Beispiel des über einen Fluß fahrenden Bootes klar:

Das Boot steuert senkrecht auf das Flußufer zu. Hätte der Fluß keine Strömung, so wäre sein **Weg** der hier eingezeichnete.

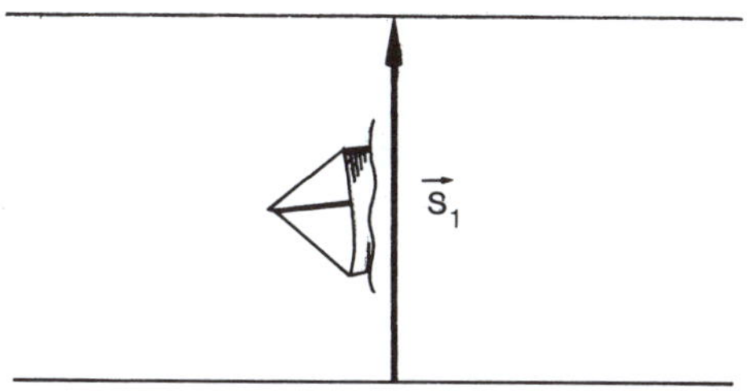

Das Wasser im Fluß legt in der gleichen Zeit den hier eingezeichneten Weg zurück.

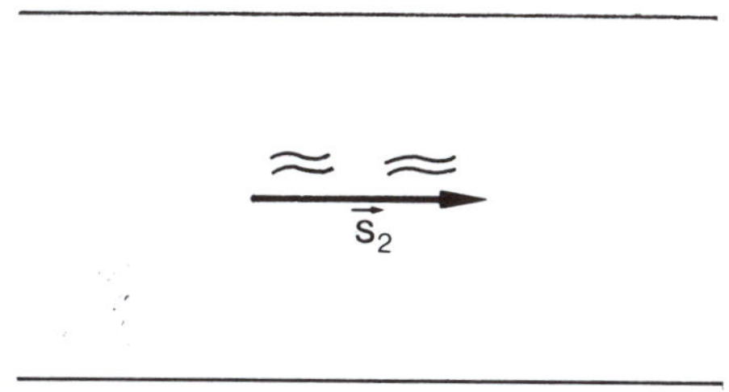

Deshalb geht der tatsächliche Weg des Bootes schräg über den Fluß.

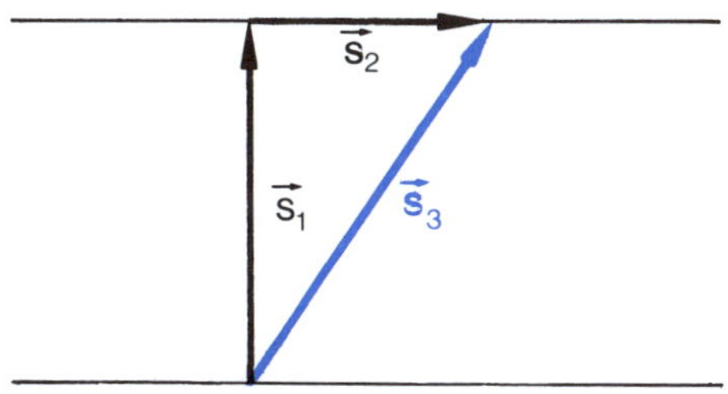

Die in den Bildern eingezeichneten Pfeile stellen die Wege dar, nicht die Geschwindigkeiten. Man spricht vom **Lageplan**. Die Länge der Pfeile gibt die Länge der Wege an. Sie müssen nur den Maßstab kennen, um die Weglänge ablesen zu können. Bitte bestimmen Sie die Weglängen unter der Annahme, daß der Maßstab der Zeichnung 1:10 000 beträgt.

→ (5)

Die **Pfeile für die Geschwindigkeiten** stimmen in ihren Richtungen zwar mit den Pfeilen für die Wege überein, da Geschwindigkeit gleich Weg durch Zeit ist, ihre Länge muß aber dem Betrag der Geschwindigkeit entsprechen. Der **Geschwindigkeitsplan** ist also vom Lageplan zu unterscheiden.

Man muß ein Zuordnungsverhältnis zwischen der Pfeillänge und dem Betrag der Geschwindigkeit festlegen, zum Beispiel

1 cm ist zugeordnet 5 km/h

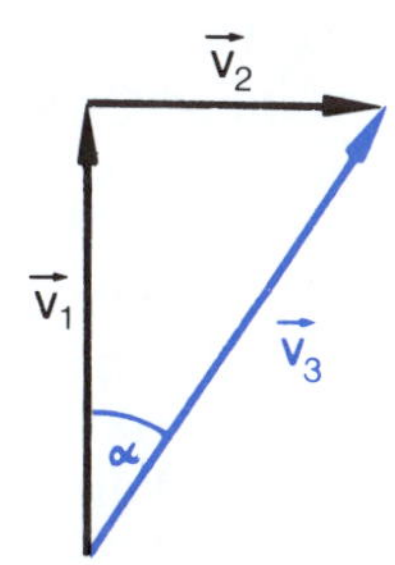

Hat das Boot eine Eigengeschwindigkeit von 15 km/h und die Strömung eine Geschwindigkeit von 10 km/h , dann sieht der Geschwindigkeitsplan so aus, wie es hier oben gezeichnet ist. Die tatsächliche Geschwindigkeit des Bootes „über Grund" erhalten Sie als **Summe der beiden Vektoren**.

Bestimmen Sie den Betrag dieser Summe, indem Sie die Länge des Pfeiles abmessen und in den Betrag der Geschwindigkeit umrechnen.

→ (2)

Da die Eigengeschwindigkeit des Bootes und die Strömungsgeschwindigkeit des Flusses senkrecht aufeinander stehen, können Sie den Betrag der tatsächlichen Geschwindigkeit auch mit Hilfe des Satzes von Pythagoras berechnen. Führen Sie dies bitte durch.

→ (6)

Um die Richtung der tatsächlichen Geschwindigkeit (zum Beispiel gegenüber der Richtung der Bootsgeschwindigkeit senkrecht zum Flußlauf) zu bestimmen, müssen Sie die Tangens-Funktion verwenden. Berechnen Sie die Größe des Winkels α .

→ (9)

Nochmals zurück zu einfacheren Beispielen. Nehmen Sie an, auf einer geraden Straße fahren zwei Fahrzeuge in gleicher Richtung, aber mit unterschiedlicher Geschwindigkeit, etwa das eine mit 60 km/h , das zweite mit 90 km/h . Stellt man den Betrag von 10 km/h durch 1 cm Pfeillänge dar, dann bezeichnen die folgenden Pfeile diese beiden Geschwindigkeiten:

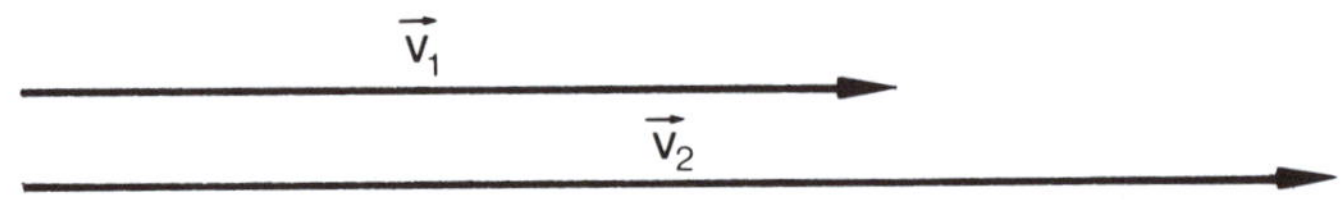

Von den beiden Geschwindigkeitsvektoren ist der zweite offenbar das 1,5-fache des ersten. Das kann man so schreiben.

$$\vec{v}_2 = 1{,}5 \cdot \vec{v}_1$$

Mathematisch gesehen handelt es sich hier um die Multiplikation eines Vektors, nämlich $\vec{v}_1$, mit einer Zahl, hier 1,5. Das Ergebnis ist der Vektor $\vec{v}_2$. Allgemein kann man erklären:

> Unter dem Produkt $k \cdot \vec{v}$ eines Vektors $\vec{v}$ mit einer positiven Zahl k versteht man den Vektor, dessen Betrag k-mal so groß ist wie der Betrag von $\vec{v}$ und der dieselbe Richtung wie $\vec{v}$ hat.

Da hierbei ein Vektor mit einer Zahl, also einer skalaren Größe, multipliziert wird, spricht man von der **S-Multiplikation** eines Vektors.

Aus dem bisher Betrachteten ergab sich eine Einschränkung für diese S-Multiplikation: die Zahl k muß positiv sein.
An den Geschwindigkeiten können Sie jedoch erkennen, daß man diese Einschränkung aufgeben kann.
Nehmen Sie an, ein Boot will auf einem reißenden Fluß aufwärts fahren. Seine Eigengeschwindigkeit ist gerade so groß wie die Strömungsgeschwindigkeit des Flusses.

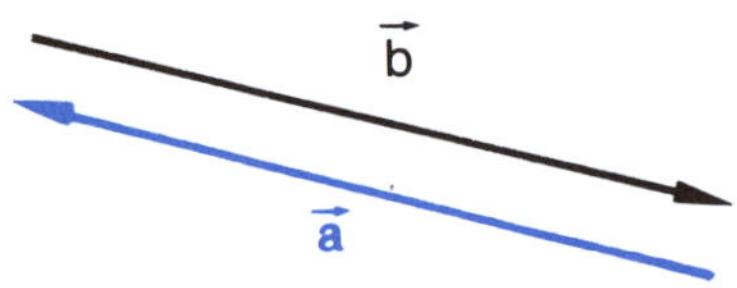

Was geschieht? Betrachten Sie den Geschwindigkeitsplan. Das Boot hat die Eigengeschwindigkeit $\vec{a}$, der Fluß die Strömungsgeschwindigkeit $\vec{b}$. Die beiden Geschwindigkeiten sind entgegengesetzt gerichtet. Das Boot kommt nicht voran.

Der Summenvektor $\vec{a} + \vec{b}$ hat den Betrag 0. Man sagt dann:

$\vec{a} + \vec{b}$ ergibt den **Nullvektor** und schreibt $\vec{a} + \vec{b} = \vec{o}$

Der Vektor $\vec{b}$ hat denselben Betrag wie $\vec{a}$ und weist in die Gegenrichtung. Deshalb sagt man: $\vec{b}$ ist der Gegenvektor von $\vec{a}$. Aus der Algebra wissen Sie, daß man zum Beispiel die negative Zahl -5 als die Gegenzahl von 5 bezeichnet. Diese Schreibweise mit dem Minuszeichen übernimmt man in die Vektoralgebra. Den Gegenvektor von $\vec{a}$ bezeichnet man mit $-\vec{a}$.

> Der Vektor $-\vec{a}$ hat denselben Betrag wie $\vec{a}$, aber die entgegengesetzte Richtung. Statt $-\vec{a}$ schreibt man auch $(-1) \cdot \vec{a}$.

Damit läßt sich auch die S-Multiplikation mit negativen Zahlen durchführen.

$(-3{,}5) \cdot \vec{a} = (-1) \cdot 3{,}5 \cdot \vec{a}$ bedeutet: Der Pfeil des Vektors $\vec{a}$ wird auf die 3,5-fache Länge gedehnt und dann in die zu $\vec{a}$ entgegengesetzte Richtung gedreht. Damit ist die S-Multiplikation verallgemeinert:

> Unter dem Produkt $k \cdot \vec{v}$ eines Vektors $\vec{v}$ mit einer Zahl k versteht man den Vektor, dessen Betrag $|k|$-mal so groß ist wie der Betrag von $\vec{v}$ und dessen Richtung
>
> – gleich der von $\vec{v}$ ist für $k > 0$,
>
> – entgegengesetzt der von $\vec{v}$ ist für $k < 0$.

Ist $k = 0$, so entsteht das Produkt $0 \cdot \vec{v}$, dies ist gleich dem Nullvektor.

Hier ist ein Beispiel, bei dem man zur Berechnung Zusammenhänge aus der Trigonometrie benötigt.
Ein Flugzeug hat eine Eigengeschwindigkeit von 320 km/h . Ein Wind von der Stärke 8 m/s weht in einer Richtung, die mit der vom Flugzeug vorgehaltenen Richtung einen spitzen Winkel von 18° bildet, so daß das Flugzeug sozusagen schrägen Rükkenwind hat. Wie groß ist die tatsächliche Fluggeschwindigkeit und um welchen Winkel wird das Flugzeug vom vorgehaltenen Kurs abgetrieben?
In km/h gilt für die beiden Geschwindigkeiten

$|\vec{v}_1| = 320$ km/h $\qquad |\vec{v}_2| = 28{,}8$ km/h

Für die Zeichnung gilt 50 km/h ≙ 1 cm.

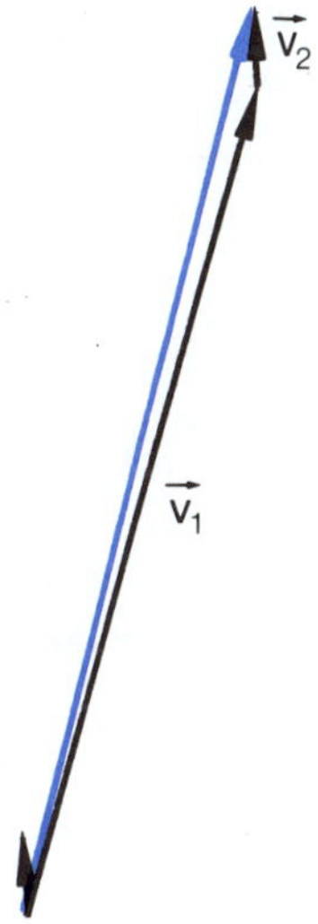

Zur Lösung muß man die Geschwindigkeitsvektoren $\vec{v}_1$ und $\vec{v}_2$ addieren, in der Zeichnung also die beiden Pfeile aneinanderhängen. In der Zeichnung kann man das Ergebnis (allerdings nicht mit besonderer Genauigkeit) ablesen. Zur genauen Berechnung muß man den Kosinussatz und den Sinussatz aus der Trigonometrie heranziehen. Bitte rechnen Sie und überprüfen Sie Ihre aus der Zeichnung abgelesenen Werte mit dem rechnerischen Ergebnis.

→ (3)

Aufgaben zu 1.2

1. Die Geschwindigkeit $\vec{v}$ sei durch den Pfeil  dargestellt.

   Zeichnen Sie $2{,}3 \cdot \vec{v}$; $-1{,}4 \cdot \vec{v}$; $0{,}8 \cdot \vec{v}$.

2. Ein Boot fährt in einem Winkel von 30° zum Ufer eines 600 m breiten Flusses mit der Geschwindigkeit $|\vec{v}_1| = 12$ km/h gegen die Strömung. Das Wasser hat eine Strömungsgeschwindigkeit von $|\vec{v}_2| = 5$ km/h. Zeichnen Sie Lageplan (Maßstab 1:10000) und Geschwindigkeitsplan (3 km/h ≙ 1 cm).

3. Ein Flugzeug fliegt genau nördlichen Kurs mit einer Eigengeschwindigkeit von $|\vec{v}_1| = 150$ km/h . Welchen Kurs hat es über Grund bei SO-Wind und einer Windgeschwindigkeit von $|\vec{v}_2| = 30$ km/h ? Geschwindigkeitsplan und Berechnung der resultierenden Geschwindigkeit (1 cm ≙ 30 km/h).

1.3 Addition von Vektoren

In den Verschiebungen und den Geschwindigkeiten haben Sie Vektoren kennengelernt. Außerdem haben Sie gesehen

> Vektoren werden durch Pfeile dargestellt, die gleich lang, parallel und gleich gerichtet sind.

Als **Schreibweise für einen Vektor** wurde ein Buchstabe mit einem darübergesetzten Pfeil eingeführt: $\vec{a}$. Meint man nicht den Vektor, sondern nur seinen **Betrag**, so schreibt man Betragsstriche dazu: $|\vec{a}|$. Die Länge des Pfeiles gibt den Betrag des Vektors an.

Der Mathematiker verallgemeinert den Vektorbegriff. Er rechnet mit Vektoren, ohne jedesmal im einzelnen daran zu denken, welche physikalische Bedeutung sie gerade haben oder haben könnten. Die Darstellung durch Pfeile wird beibehalten und hilft auch zur Erklärung der Addition von Vektoren.

Zwei Vektoren $\vec{a}$ und $\vec{b}$ werden addiert, indem der Pfeil von $\vec{b}$ an die Spitze des Pfeiles von $\vec{a}$ angehängt wird. Der Summenpfeil $\vec{c}$ weist vom Anfangspunkt von $\vec{a}$ zur Spitze von $\vec{b}$.

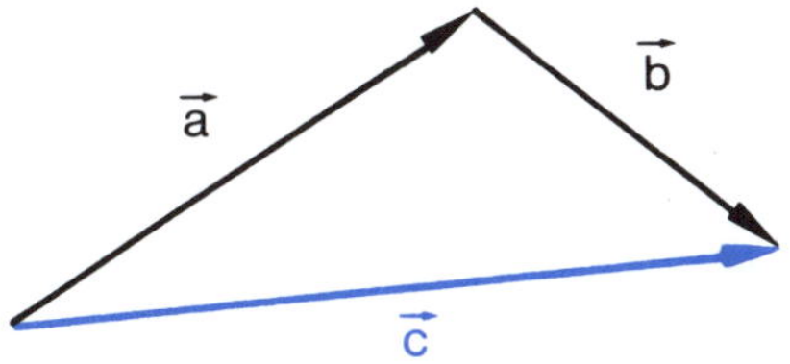

$\vec{a} + \vec{b} = \vec{c}$

Für die Addition von Vektoren gilt das Kommutativgesetz: $\vec{a} + \vec{b} = \vec{b} + \vec{a}$.

Hat man zum Beispiel die beiden Vektoren $\vec{e}$ und $\vec{f}$, so erhält man ihre Summe $\vec{e} + \vec{f}$ wie hier nebenstehend gezeichnet.

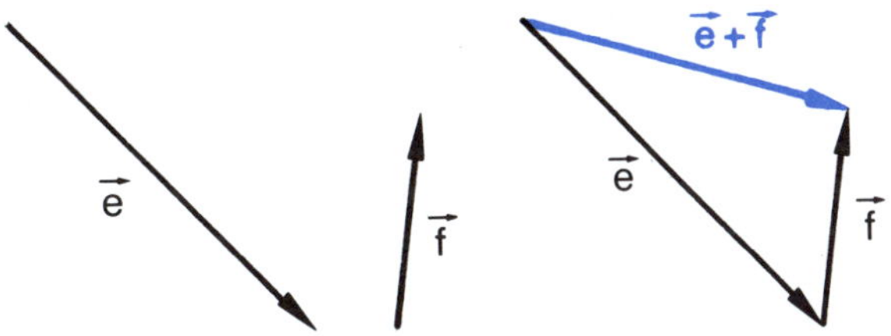

Die Definition der **Summe von Vektoren** kann man für mehr als zwei Vektoren erweitern. Ist zum Beispiel die Summe der Vektoren $\vec{a}$, $\vec{b}$ und $\vec{c}$ zu bilden, so werden zunächst $\vec{a}$ und $\vec{b}$ addiert. Zu dem Summenvektor addiert man anschließend den Vektor $\vec{c}$.

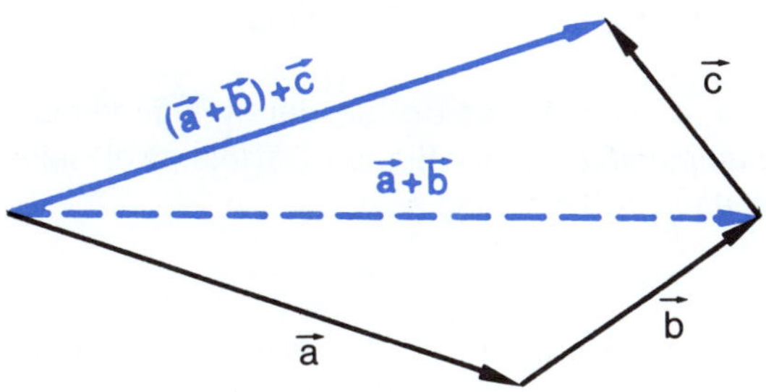

An der Zeichnung sehen Sie, daß man auch direkt so hätte vorgehen können: Man hängt alle Pfeile der Reihe nach aneinander, immer an die Spitze eines Vektors den Anfangspunkt des nächsten.

Zum Beispiel für drei Vektoren:

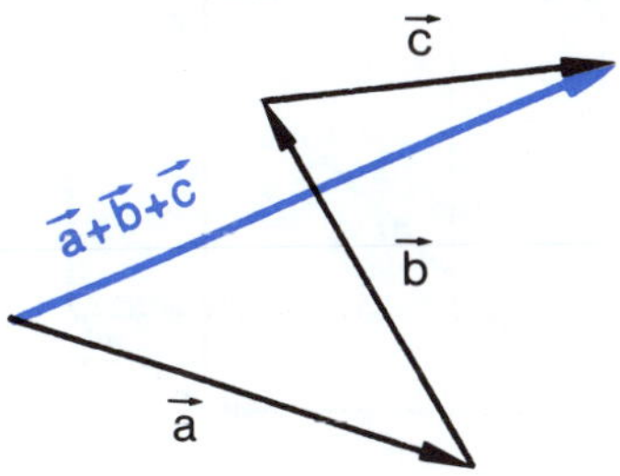

Oder für vier Vektoren:

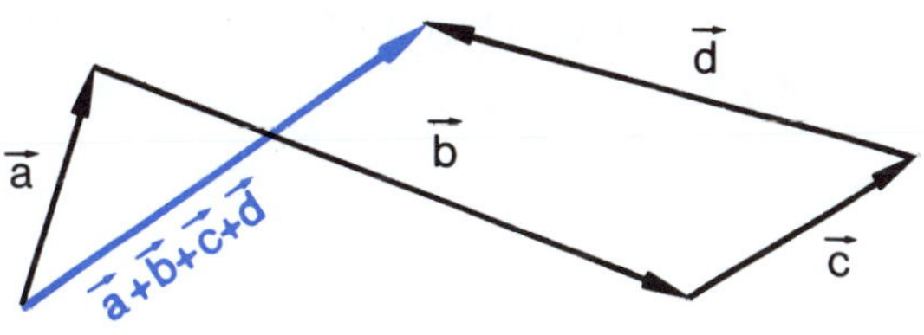

Zeichnen Sie in der Abbildung hier rechts einen Vektor $\vec{c}$ ein, so daß $\vec{a} + \vec{b} + \vec{c} = \vec{d}$ wird.

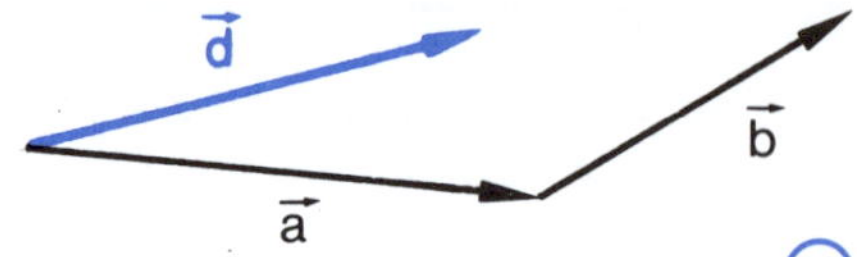

→ 10

Kommt man bei der Addition von einigen Vektoren wieder an den ersten Anfangspunkt zurück, so spricht man von einem geschlossenen Vektorzug. Die Summe von Vektoren, die einen geschlossenen Vektorzug bilden, ist der Nullvektor.

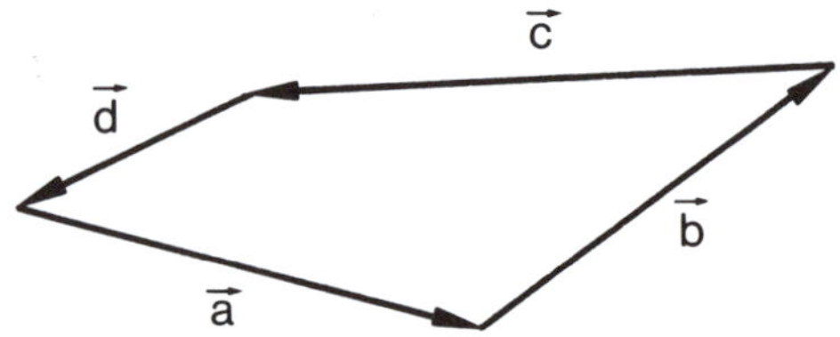

Der Nullvektor hat den Betrag null; man kann ihn daher nicht durch einen Pfeil darstellen.

Suchen Sie zu den beiden Vektoren $\vec{a}$ und $\vec{b}$ einen dritten Vektor $\vec{c}$, so daß die Summe der Vektoren $\vec{a}$, $\vec{b}$ und $\vec{c}$ den Nullvektor ergibt.

→ 8

An diesen Beispielen erkennen Sie, daß die Summe von Vektoren verschwinden kann, obwohl alle Summanden vom Nullvektor verschieden sind. Sie haben ja auch schon aus den vorhergehenden Beispielen gesehen, daß der Summenvektor durchaus einen kleineren Betrag haben kann als die einzelnen Summanden.

Suchen Sie zwei Vektoren mit gleichem Betrag, deren Summe nur einen halb so großen Betrag hat wie jeder Summand. Zeichnen Sie zum Beispiel zwei Pfeile mit der Länge 5 cm. Der Summenpfeil soll dann 2,5 cm lang sein.

→ 4

Bisher wurden die Pfeile für Vektoren stets in der Ebene gezeichnet. Das muß nicht so sein. Auch physikalische Vektoren treten im dreidimensionalen Raum auf: Zum Beispiel kann der Gabelstapler Verschiebungen im Raum ausführen. Oder: Ein Flugzeug trifft beim Steigflug auf eine Windströmung. Die entsprechenden Vektoren liegen dann im Raum, die darstellenden Pfeile müssen auch im Raum liegen.

Für Vektoren im Raum gilt für die Addition die gleiche Regel. Im nebenstehenden Würfel sehen Sie den Summenvektor der Vektoren $\vec{a}$, $\vec{b}$ und $\vec{c}$ durch den Summenpfeil $\vec{d}$ dargestellt. Er liegt auf der Würfeldiagonalen.

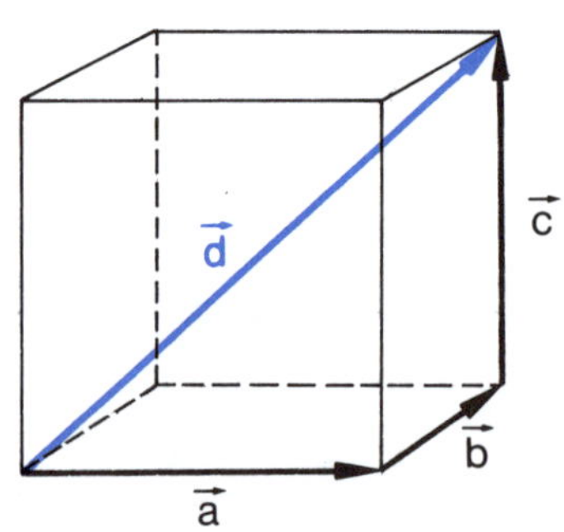

Aufgaben zu 1.3

1. Zeichnen Sie die Summe der Vektoren $\vec{x}$, $\vec{y}$ und $\vec{z}$.

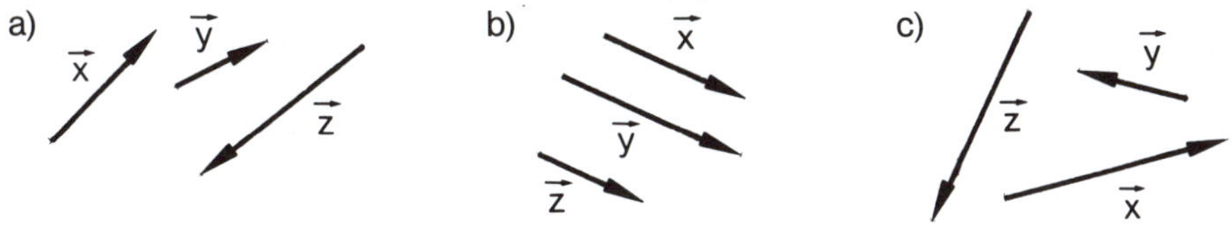

2. Gegeben ist das Vektorviereck ABCD. Die drei Vektoren $\vec{a}$, $\vec{b}$ und $\vec{c}$ sind vorgegeben. Stellen Sie die restlichen Vektoren als Summen aus diesen Vektoren dar.

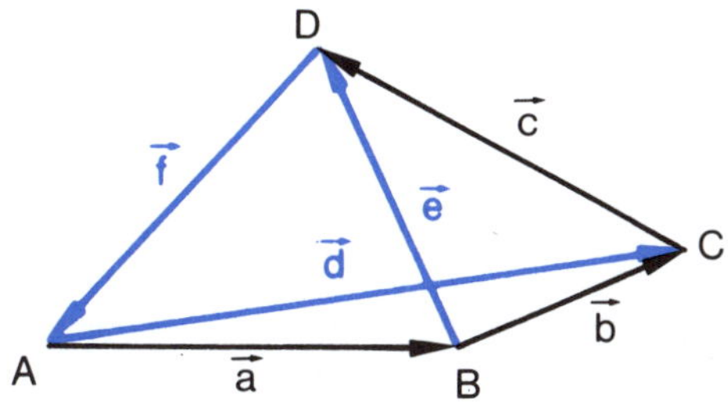

3. Geben Sie in dem Vektorviereck (vgl. Aufgabe 2) zwei Vektorsummen an, deren Ergebnis der Nullvektor ist.

4. In welchem Fall hat der Summenvektor zweier Vektoren von gleichem Betrag ebenfalls diesen Betrag?

1.4 Subtraktion von Vektoren

In Abschnitt 1.3 wurde die Addition von Vektoren durchgeführt. Kann man Vektoren auch subtrahieren? Beim Zahlenrechnen ist die Subtraktion die Umkehrung der Addition. Aus der Gleichung

	$a + x = b$	findet man	$x = b - a$,
zum Beispiel	$5 + x = 8$	ergibt	$x = 8 - 5$.

Ebenso kann man beim Rechnen mit Vektoren die Subtraktion als Umkehrung der Addition auffassen. Gilt für zwei Vektoren $\vec{a}$ und $\vec{b}$

$$\vec{a} + \vec{x} = \vec{b} \text{ , so ist } \vec{x} = \vec{b} - \vec{a} \text{ .}$$

Der Vektor $\vec{x}$, den man zu $\vec{a}$ addieren muß, um den Vektor $\vec{b}$ zu erhalten, findet man in der Zeichnung als den Vektor, den man an $\vec{a}$ anhängen muß, um zur Spitze von $\vec{b}$ zu gelangen.

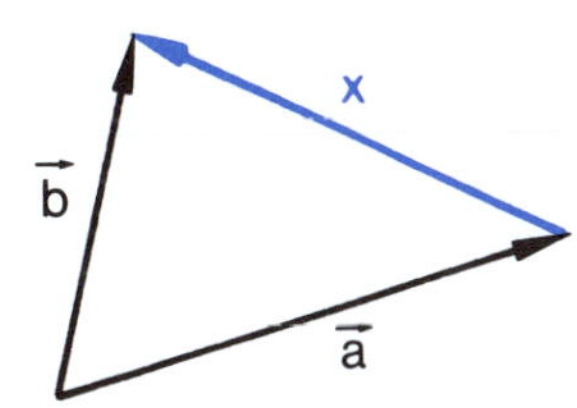

Der Pfeil für $\vec{x}$ weist also von der Spitze von $\vec{a}$ zur Spitze von $\vec{b}$. Daraus ergibt sich die Regel:

> Die Differenz $\vec{b} - \vec{a}$ zweier Vektoren $\vec{a}$ und $\vec{b}$ wird gebildet, indem die Anfänge der Pfeile aneinander gelegt werden. Der Differenzpfeil weist von der Spitze von $\vec{a}$ zur Spitze von $\vec{b}$.

Zeichnen Sie die Differenz $\vec{u} - \vec{v}$ der beiden Vektoren $\vec{u}$ und $\vec{v}$.

→ (11)

Die Subtraktion braucht man auch bei Aufgaben aus der Physik. Fährt zum Beispiel ein Boot quer über einen Fluß, steuert dabei mit $|\vec{v_1}| = 15$ km/h unter 53,1° zum Ufer gegen die Strömung und fährt tatsächlich senkrecht zum Ufer mit $|\vec{v_2}| = 12$ km/h über Grund, so kann man daraus die Strömungsgeschwindigkeit des Flusses bestimmen.

Tragen Sie in die Zeichnung den Pfeil für die Strömungsgeschwindigkeit ein und lesen Sie den Betrag dieser Geschwindigkeit ab. (1 cm ≙ 3 km/h).

→ (7)

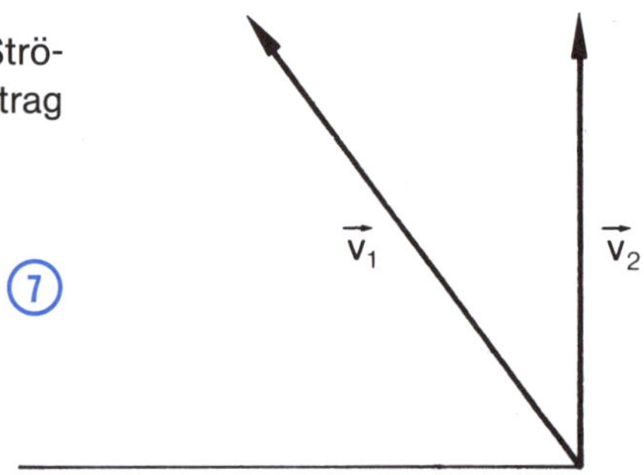

Bei der Addition von Vektoren haben Sie gesehen, daß es Summen von Vektoren gibt, die gleich dem Nullvektor sind. Was läßt sich über die Vektoren $\vec{a}$ und $\vec{b}$ sagen, wenn

$\vec{a} + \vec{b} = \vec{o}$ gilt?

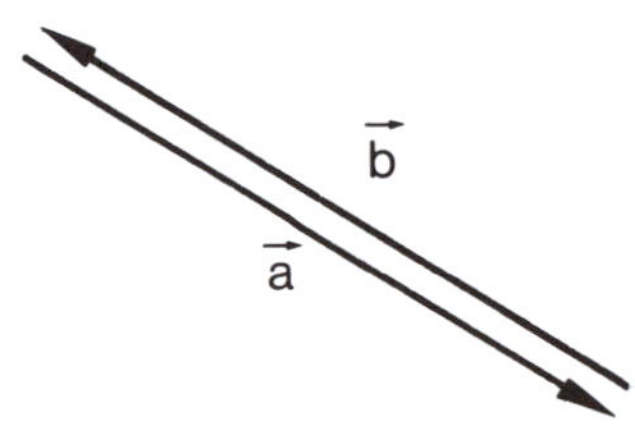

Aus der Zeichnung erkennt man, daß der Vektor $\vec{b}$ in diesem Fall den gleichen Betrag wie $\vec{a}$ haben und entgegengesetzt gerichtet sein muß.
Schreibt man die Gleichung $\vec{a} + \vec{b} = \vec{o}$ formal um, so erhält man

$$\vec{b} = \vec{o} - \vec{a} \qquad \text{oder kürzer} \qquad \vec{b} = -\vec{a}$$

> $-\vec{a}$ heißt der Gegenvektor von $\vec{a}$.

Jeder Vektor besitzt einen Gegenvektor, denn es läßt sich immer ein Vektor angeben, der den gleichen Betrag und die entgegengesetzte Richtung hat.

Für jeden Vektor $\vec{a}$ gilt $\vec{a} + (-\vec{a}) = (-\vec{a}) + \vec{a} = \vec{o}$.

Mit Hilfe des Gegenvektors kann man die Regel für die Subtraktion etwas anders schreiben. Die Gleichung

$$\vec{a} + \vec{x} = \vec{b}$$

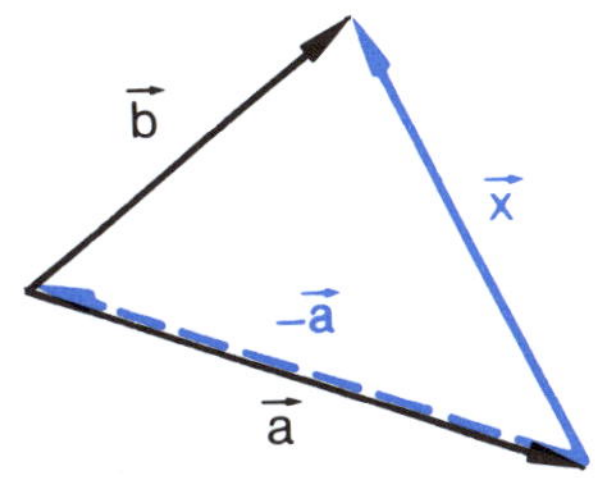

lösen, heißt ja: Welchen Vektor muß man zu $\vec{a}$ addieren, um $\vec{b}$ zu erhalten? Das kann man so erreichen: Man addiert zuerst den Gegenvektor von $\vec{a}$, also $(-\vec{a})$, dann addiert man $\vec{b}$, erhält also insgesamt $\vec{a} + (-\vec{a}) + \vec{b} = \vec{b}$, was sicher richtig ist, da $\vec{a} + (-\vec{a})$ den Nullvektor ergibt. Es gilt daher

einerseits $\vec{x} = \vec{b} - \vec{a}$, andererseits $\vec{x} = \vec{b} + (-\vec{a})$.

Die Regel für die Subtraktion lautet deshalb

> Die Differenz $\vec{b} - \vec{a}$ der beiden Vektoren $\vec{b}$ und $\vec{a}$ erhält man, indem man zu $\vec{b}$ den Gegenvektor von $\vec{a}$ addiert.

Machen Sie sich diesen Sachverhalt an den folgenden Zeichnungen klar.

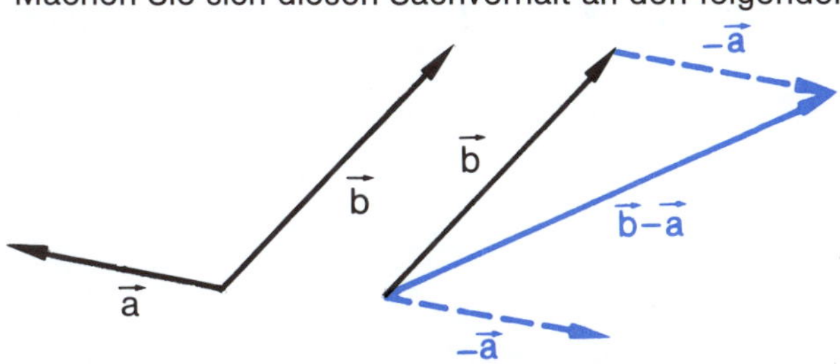

In Vektorvielecken lassen sich die Vektoren oft als Summen oder Differenzen vorgegebener Vektoren ausdrücken. In dem hier gezeichneten Beispiel gilt: Man erhält $\vec{e}$, indem man an $\vec{b}$ den Gegenvektor von $\vec{a}$ anhängt, also $\vec{e} = \vec{b} - \vec{a}$. Man erhält $\vec{f}$, indem man an den Gegenvektor von $\vec{b}$ den Vektor $\vec{c}$ anhängt: $\vec{f} = -\vec{b} + \vec{c}$. Man erhält $\vec{d}$, indem man den Gegenvektor von $\vec{c}$, den Vektor $\vec{b}$ und den Gegenvektor von $\vec{a}$ addiert: $\vec{d} = -\vec{c} + \vec{b} + (-\vec{a}) = \vec{b} - \vec{a} - \vec{c}$.

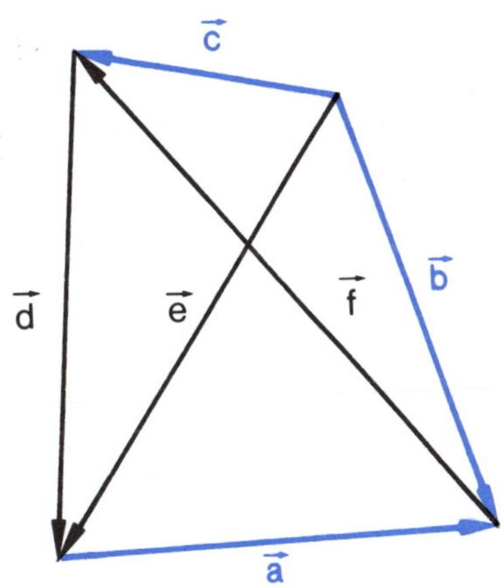

Da jeder Vektor mit Ausnahme des Nullvektors eine Richtung hat, besitzt der Pfeil, der den Vektor darstellt, einen Anfangspunkt und einen Endpunkt. Ein Vektor läßt sich daher auch durch Angabe des Anfangs- und des Endpunktes angeben. Bei Figuren in der Ebene oder im Raum ist diese Angabe häufig übersichtlicher. Betrachten Sie den gezeichneten Quader mit seinen Eckpunkten. Sind die Vektoren

$$\vec{a} = \overrightarrow{AB} \qquad \vec{b} = \overrightarrow{AD} \qquad \vec{c} = \overrightarrow{AE}$$

gegeben, so lassen sich andere Vektoren als Summen oder Differenzen dieser schreiben.

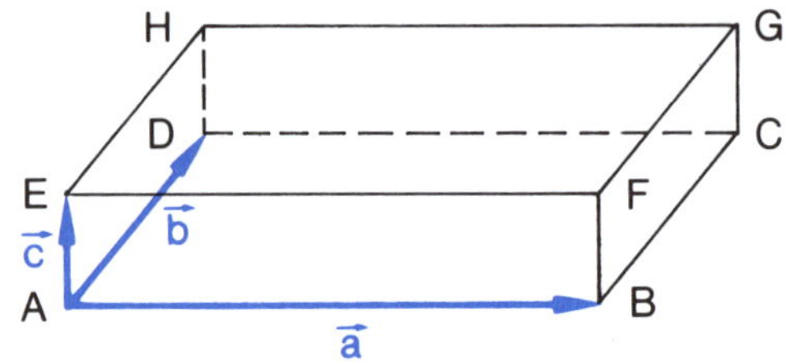

Es ist zum Beispiel $\overrightarrow{AC} = \vec{a} + \vec{b}$ $\quad \overrightarrow{ED} = \vec{b} - \vec{c}$ $\quad \overrightarrow{BG} = \vec{b} + \vec{c}$

Geben Sie an $\overrightarrow{BE} =$ ______ $\quad \overrightarrow{FA} =$ ______ $\quad \overrightarrow{AG} =$ ______

→ (12)

Aufgaben zu 1.4

1. Zeichnen Sie die Vektoren
$\vec{a} - \vec{b} + \vec{c}$, $\vec{a} - \vec{b} - \vec{c}$,
$-\vec{a} + \vec{b} - \vec{c}$

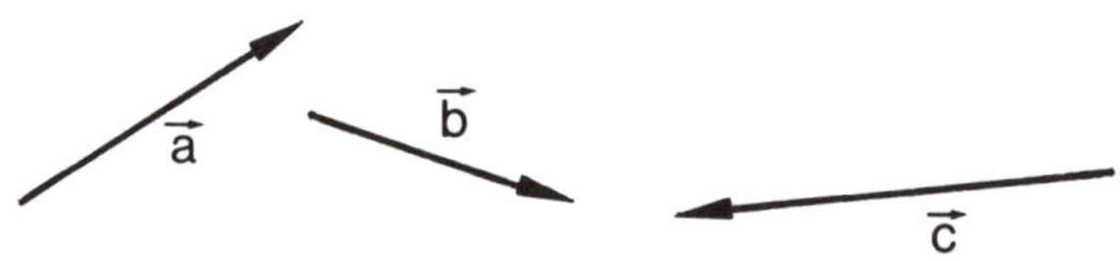

2. Lösen Sie für die Vektoren $\vec{a}$ und $\vec{b}$ die Gleichung $\vec{a} + \vec{x} = \vec{b}$ zeichnerisch.

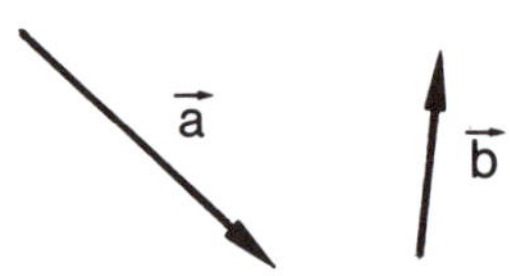

3. Drücken Sie die Diagonalvektoren $\overrightarrow{AC}$ und $\overrightarrow{BD}$ in einem Parallelogramm ABCD durch die Vektoren $\overrightarrow{AB}$ und $\overrightarrow{AD}$ aus.

4. In der gezeichneten Pyramide sind die rot eingetragenen Vektoren $\vec{a}$, $\vec{b}$ und $\vec{c}$ gegeben. Drücken Sie $\overrightarrow{DB}$, $\overrightarrow{AC}$, $\overrightarrow{SB}$, $\overrightarrow{DS}$ und $\overrightarrow{SC}$ durch $\vec{a}$, $\vec{b}$ und $\vec{c}$ aus.

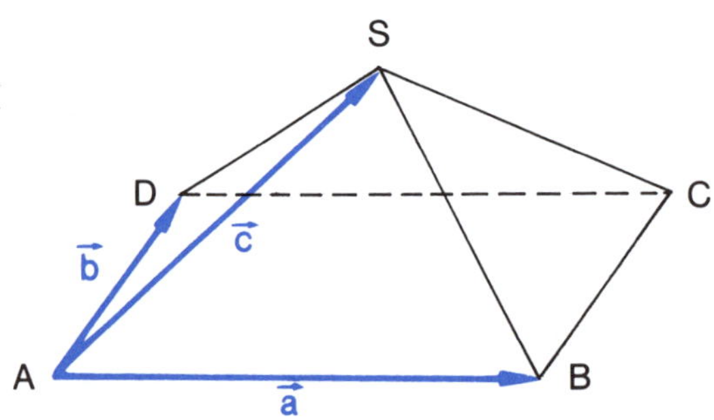

1.5 S-Multiplikation von Vektoren

Einen Vektor kann man mit einer Zahl multiplizieren. Da man eine Zahl als nicht gerichtete Größe, also als **skalare Größe** auffassen kann, spricht man von der Multiplikation eines Vektors mit einem Skalar und nennt sie **S-Multiplikation**.

> Ist k eine reelle Zahl $(k \neq 0)$ und $\vec{a}$ ein Vektor, so versteht man unter dem Produkt $k \cdot \vec{a}$ den Vektor, dessen Betrag $|k|$-mal so groß ist wie der von $\vec{a}$ und dessen Richtung
>
> – gleich der von $\vec{a}$ ist, wenn $k > 0$,
>
> – entgegengesetzt der von $\vec{a}$ ist, wenn $k < 0$.
>
> Ist $k = 0$, so ist $k \cdot \vec{a}$ der Nullvektor.

Diese Definition enthält die Aussage, daß $(-1) \cdot \vec{a}$ der Gegenvektor von $\vec{a}$ ist, denn $(-1) \cdot \vec{a}$ hat einen 1-mal so großen Betrag wie $\vec{a}$, also denselben Betrag, und die entgegengesetzte Richtung von $\vec{a}$. Es gilt also

$$(-1) \cdot \vec{a} = -\vec{a}$$

Mit Hilfe der S-Multiplikation lassen sich Aufgaben wie die folgende lösen:

In einem Dreieck ABC sind D, E und F die Mittelpunkte der Seiten. Gegeben sind die Vektoren $\vec{a} = \overrightarrow{AB}$ und $\vec{b} = \overrightarrow{AC}$. Drücken Sie die Vektoren $\overrightarrow{AD}$, $\overrightarrow{CD}$, $\overrightarrow{AE}$ und $\overrightarrow{DE}$ durch $\vec{a}$ und $\vec{b}$ aus. Es ist nämlich

$\overrightarrow{AD} = 0{,}5 \cdot \vec{a}$

$\overrightarrow{CD} =$ ________ (bitte lösen Sie!)

$\overrightarrow{AE} = \vec{a} + 0{,}5 \cdot (\vec{b} - \vec{a}) = 0{,}5 \cdot \vec{a} + 0{,}5 \cdot \vec{b}$

$\overrightarrow{DE} = -0{,}5\vec{a} + \vec{b} - 0{,}5(\vec{b} - \vec{a}) = 0{,}5 \cdot \vec{b}$

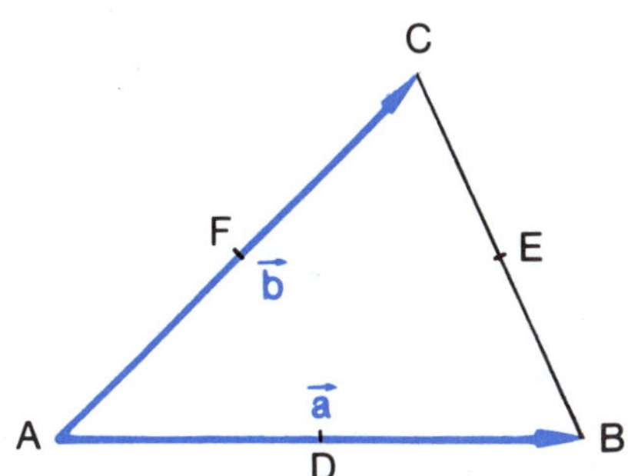

→ (13)

Diese Aufgaben, bei denen man Vektoren durch andere (vorgegebene) ausdrücken soll, löst man am einfachsten, wenn man vom Anfangspunkt des gesuchten Vektors bis zu seinem Endpunkt einen Weg auf bekannten Vektoren sucht. Für das letzte Beispiel war dies so:

Der Vektor $\overrightarrow{DE}$ hat in D seinen Anfangspunkt und in E seinen Endpunkt. Von D nach A führt der Vektor $-0{,}5\vec{a}$, von A nach C führt der Vektor $\vec{b}$, von C nach E führt der Vektor $-0{,}5(\vec{b} - \vec{a})$, da $\overrightarrow{BC} = \vec{b} - \vec{a}$ ist.

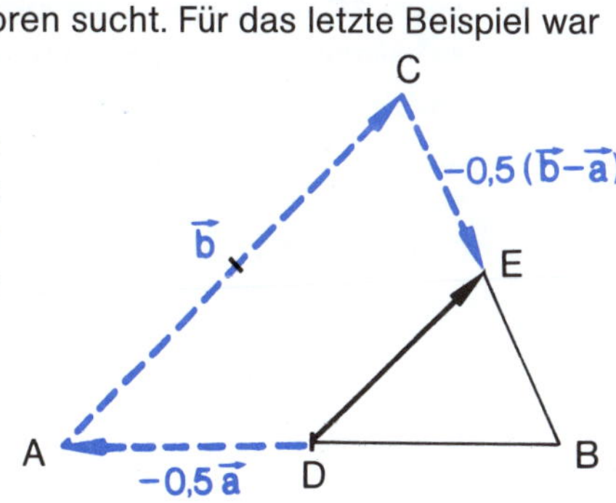

Sie können also auf den Pfeilen in der Zeichnung wie auf Wegen gehen, die Sie in der vorgegebenen oder der entgegengesetzten Richtung durchlaufen. (Auf solchen „Umwegen" kommen Sie schließlich ans Ziel.)

Bitte beachten Sie: Mit der S-Multiplikation ist nur ein **Produkt zwischen einem Vektor und einer reellen Zahl** definiert. Ein Produkt zweier Vektoren ist bisher noch nicht festgelegt worden.
Eine Division eines Vektors durch eine von null verschiedene reelle Zahl ist nichts anderes als eine S-Multiplikation, da man zum Beispiel statt durch 2 zu dividieren mit 0,5 multiplizieren kann. Die Division durch die reelle Zahl k $(k \neq 0)$ kann man stets durch die Multiplikation mit $\frac{1}{k}$ ersetzen.

Eine Division durch einen Vektor ist nicht möglich.

Aufgaben zu 1.5

1. Zeichnen Sie zu den Vektoren $\vec{a}$, $\vec{b}$ und $\vec{c}$ jeweils das 1,5-fache.

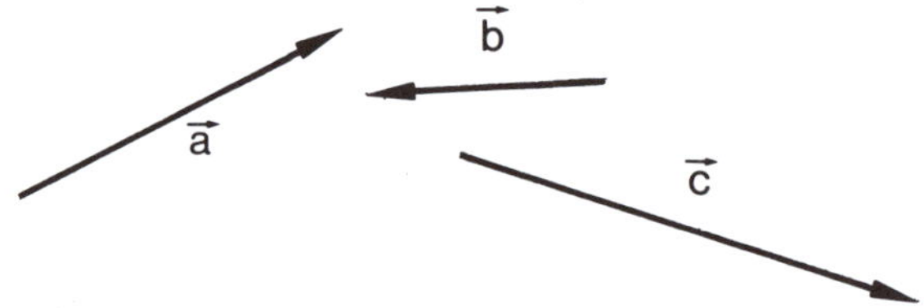

2. In einem Parallelogramm ABCD sei E der Punkt, der die Strecke $\overline{AB}$ von A aus im Verhältnis 2 zu 1 teilt. Drücken Sie $\overrightarrow{CE}$ mit Hilfe von $\vec{a} = \overrightarrow{AB}$ und $\vec{b} = \overrightarrow{AD}$ aus.

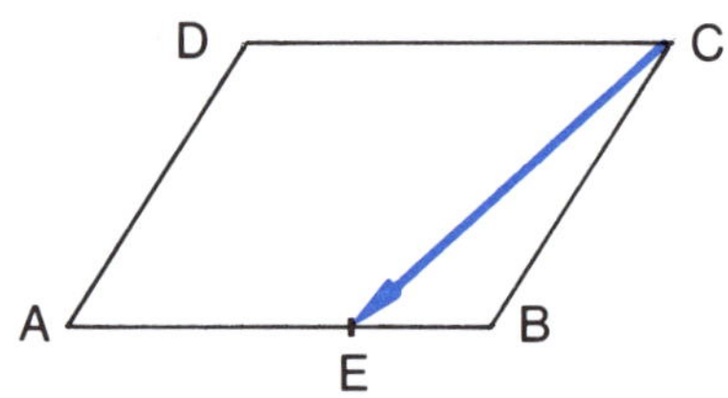

3. Zeichnen Sie zu den Vektoren $\vec{a}$ und $\vec{b}$ die folgenden Vektoren:

a) $1{,}5\,\vec{a} - 0{,}5\,\vec{b}$ b) $\vec{a} + 2\,\vec{b}$

c) $0{,}5\,\vec{a} + 1{,}2\,\vec{b}$ d) $\vec{a} - 3\vec{b}$

4. Ein Dreieck ABC ist durch die beiden Vektoren $\vec{c} = \overrightarrow{AB}$ und $\vec{a} = \overrightarrow{BC}$ gegeben. Bestimmen Sie $\overrightarrow{AC}$ und die drei Seitenhalbierenden des Dreiecks als Vektoren, wenn die Endpunkte der Seitenhalbierenden-Vektoren auf den jeweiligen Seitenmitten liegen.

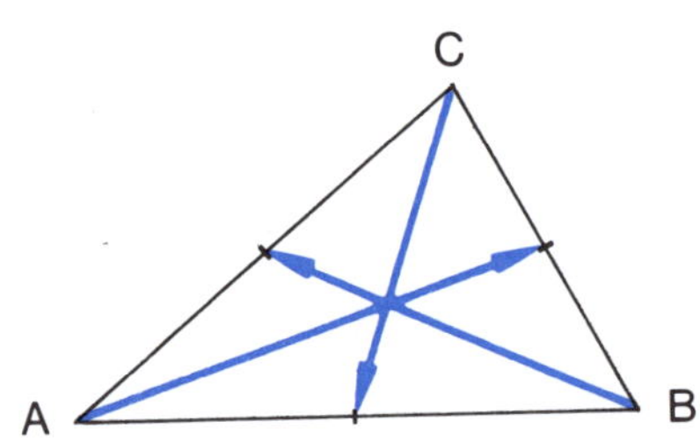

Wiederholungsaufgaben

1. Zeichnen Sie die Vektoren

a) $\vec{a} + \vec{b} + \vec{c}$ b) $\vec{a} + \vec{c} + \vec{d}$

c) $\vec{c} + \vec{b} + \vec{d}$

Konstruieren Sie die Vektoren

d) $\vec{a} - \vec{b}$ e) $\vec{a} - \vec{b} + \vec{c}$

f) $\vec{b} + \vec{c} - \vec{d}$

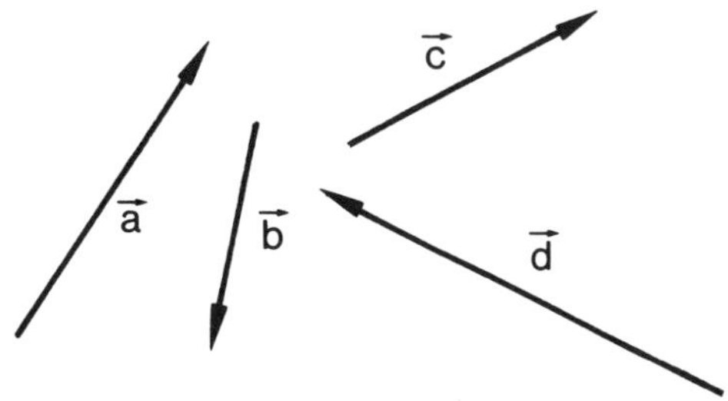

2. Welche Vektorgleichung aus den Vektoren $\vec{a}$, $\vec{b}$ und $\vec{c}$ muß gelten, wenn diese drei Vektoren ein Dreieck bilden sollen?

3. In welchem Fall gilt $\vec{a} + \vec{b} + \vec{c} = \vec{o}$, ohne daß die Vektoren $\vec{a}$, $\vec{b}$ und $\vec{c}$ ein Dreieck bilden?

4. M sei der Mittelpunkt eines Quadrates ABCD, weiterhin sei $\vec{a} = \overrightarrow{AB}$, $\vec{b} = \overrightarrow{AD}$. Drücken Sie die Vektoren $\overrightarrow{BM}$ und $\overrightarrow{MC}$ mit Hilfe von $\vec{a}$ und $\vec{b}$ aus.

5. Ein Mann geht auf einer Rolltreppe nach oben. Die Geschwindigkeit des Mannes wird durch $\vec{v}_M$, die der Rolltreppe durch $\vec{v}_R$ angegeben. Wie groß ist die tatsächliche Fortbewegungsgeschwindigkeit? (1 cm entspricht 25 cm/s)

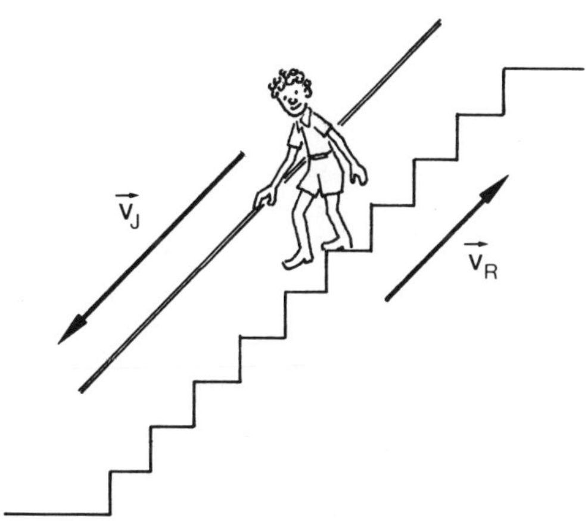

6. Ein Junge versucht, die Rolltreppe entgegen der Bewegungsrichtung hinunterzulaufen. Die Geschwindigkeit des Jungen ist durch $\vec{v}_J$, die der Rolltreppe durch $\vec{v}_R$ angegeben. Wie groß ist die tatsächliche Bewegungsgeschwindigkeit des Jungen? Wie lange braucht der Junge, um bis nach unten zu kommen, wenn die Treppe 15 m lang ist? (1 cm entspricht 25 cm/s)

7. Ein Boot fährt mit der Eigengeschwindigkeit $\vec{v}_B$ über einen Fluß mit der Strömungsgeschwindigkeit $\vec{v}_S$. Bestimmen Sie Betrag und Richtung der resultierenden Geschwindigkeit. (1 cm entspricht 0,8 m/s)

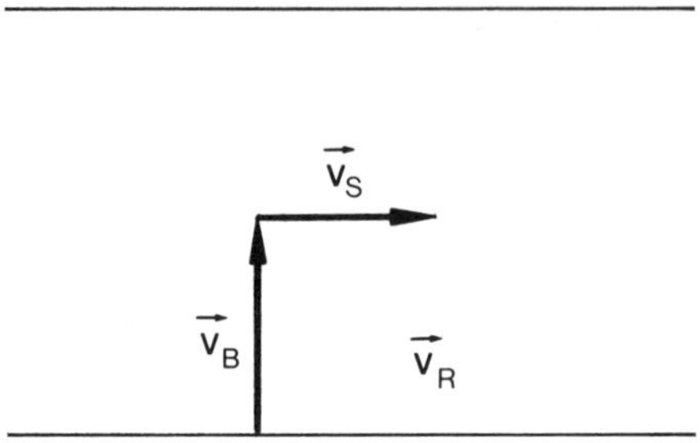

8. Die Zeichnung zeigt die Geschwindigkeitsvektoren $\vec{v}_A$, $\vec{v}_B$, $\vec{v}_C$ und $\vec{v}_D$ für verschiedene Boote, die vom Punkt S aus mit gleichem Geschwindigkeitsbetrag starten. $\vec{v}_S$ ist die Strömungsgeschwindigkeit.
Bestimmen Sie die Anlegepunkte der verschiedenen Boote am gegenüberliegenden Ufer. Welches Boot erreicht das gegenüberliegende Ufer auf dem kürzesten Wege?

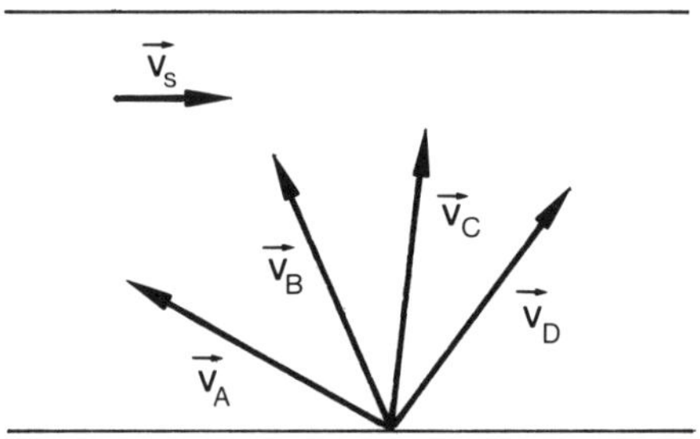

2. Vektoralgebra II

Vor der Sendung

In der ersten Lektion haben Sie anhand von Wegen und Geschwindigkeiten Vektoren kennengelernt und addiert. Diese zweite Lektion wird Ihnen ein weiteres Beispiel für Vektoren aus der Physik zeigen: die Kräfte. Sie sollten daher den Kraftbegriff aus der Physik kennen oder vor der Sendung darüber in einem Physikbuch nachlesen. Das Gleiche gilt für den physikalischen Begriff der Arbeit, der hier verwendet werden wird, um das Skalarprodukt zweier Vektoren zu verdeutlichen. Weiterhin benötigen Sie einige Kenntnisse aus der Trigonometrie: die Kosinusfunktion und den Kosinussatz. Beide finden Sie in der Formelsammlung dieses Bandes auf den Seiten 161 und 164.

Übersicht

1. **Kräfte** sind ein weiteres physikalisches Beispiel für Vektoren. Sie können als Pfeile dargestellt und in der gleichen Weise addiert und subtrahiert werden wie Wege und Geschwindigkeiten. Bei praktischen Beispielen muß man bei der Zeichnung zwischen dem Lageplan und dem Kräfteplan unterscheiden. Die Bestimmung der Summenkraft durch das sogenannte Parallelogramm der Kräfte ist nichts anderes als die Vektoraddition.

2. **Arbeit** wird in der Physik definiert als das Produkt von Kraft und Weg, wenn beide gleichgerichtet sind. Sonst darf man zur Berechnung der Arbeit nur den Teil der Kraft heranziehen, der in Richtung des Weges wirkt. Arbeit ist eine skalare Größe und entsteht als Produkt der Beträge von Kraft und Weg mit dem Kosinus des vom Kraft- und Wegvektor eingeschlossenen Winkels.

3. Vom Beispiel der physikalischen Arbeit ausgehend definiert man das **Skalarprodukt zweier Vektoren** $\vec{a}$ und $\vec{b}$ als

   $$\vec{a} \cdot \vec{b} = |\vec{a}| \cdot |\vec{b}| \cdot \cos\gamma \ ,$$

   wobei γ der Winkel zwischen $\vec{a}$ und $\vec{b}$ ist. Man kommt auch zu dieser Definition, wenn man von geometrischen Überlegungen ausgeht und dabei den Kosinussatz verwendet. Für das Rechnen mit dem Skalarprodukt von Vektoren gelten nicht immer dieselben Rechenregeln wie für das Zahlenrechnen. Insbesondere gibt es keine Division durch einen Vektor.

4. Die zum Teil von den Regeln des Zahlenrechnens abweichenden **Gesetze der Vektoralgebra** beziehen sich auf die Addition, die Subtraktion und die S-Multiplikation von Vektoren sowie auf deren Skalarprodukt. Betrachtet man die Gesetze als Axiome, d. h. als Grundannahmen, dann läßt sich damit das Skalarprodukt auch ganz abstrakt einführen.

2.1 Kräfte

In der Physik arbeitet man oft mit Vektoren. Es sind dies gerichtete Größen. Als solche haben Sie die Wege (Verschiebungen) und die Geschwindigkeiten kennengelernt. Ein weiteres wichtiges Beispiel für Vektoren in der Physik sind die **Kräfte**. Auch bei einer Kraft muß man **Betrag und Richtung** angeben, um sie zu bestimmen. In der Fernsehsendung zeigte Ihnen das Golfspiel, daß es wichtig ist, Betrag **und** Richtung der Kraft, mit der man den Golfball schlägt, richtig einzuschätzen.
Kräfte lassen sich also auch, wie alle Vektoren, **durch Pfeile darstellen**. Die Richtung des Pfeils entspricht der Richtung der Kraft, die Länge des Pfeils ist ein Maß für den Betrag der Kraft. Dazu muß man natürlich wieder eine Einheit vereinbaren, wie Sie es schon von den Geschwindigkeiten kennen. Zum Beispiel kann man 0,5 cm für 1 N (1 Newton) zeichnen. In der Physik ist es üblich, als Buchstaben für eine Kraft F zu schreiben (engl. Force = Kraft).

Dieser Pfeil stellt demnach eine Kraft dar, die nach unten wirkt und einen Betrag von 4 N hat.
Eine spezielle Kraft ist die **Gewichtskraft** eines Gegenstandes. Ihre Richtung ist immer nach unten oder – genauer gesagt – auf unserer Erde zum Erdmittelpunkt hin gerichtet. Wenn man einen Gegenstand trägt, muß man eine Kraft aufbringen, die der Gewichtskraft eine gleich große Gegenkraft, also eine Kraft von gleichem Betrag in entgegengesetzter Richtung entgegenstellt.

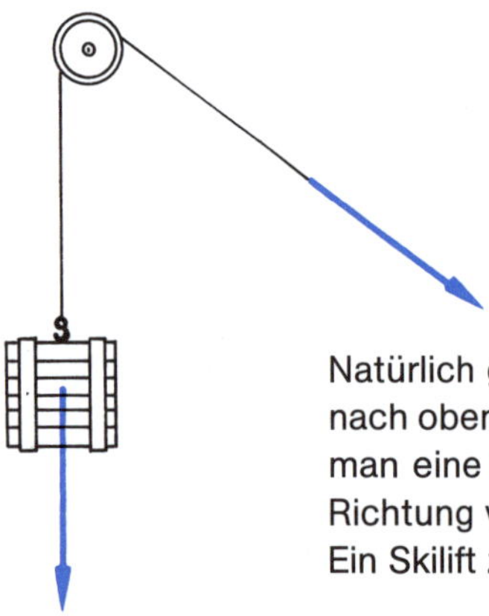

Natürlich gibt es nicht nur Kräfte auf der Erde, die nach unten oder nach oben gerichtet sind. Die Fernsehsendung zeigte Ihnen u. a., daß man eine Kraft mit Hilfe eines Seiles und einer Umlenkrolle in ihrer Richtung verändern kann.
Ein Skilift zum Beispiel zieht den Skifahrer schräg nach oben.

Solange man es mit einer Kraft (und evtl. ihrer Gegenkraft) zu tun hat, ist der Sachverhalt recht einfach und überschaubar. Man hat eine Kraft, dargestellt durch einen Pfeil, und die Gegenkraft, dargestellt durch einen gleich langen Pfeil in Gegenrichtung. Beide Kräfte heben sich auf. Physikalisch sagt man, es herrscht ein Gleichgewicht der Kräfte. Mathematisch bedeutet dies: Die Summe der beiden Kräfte ergibt den Nullvektor. Es gilt hier die gleiche Addition von Vektoren wie bei den Wegen oder den Geschwindigkeiten. Wie ist es aber, wenn mehrere Kräfte auftreten?

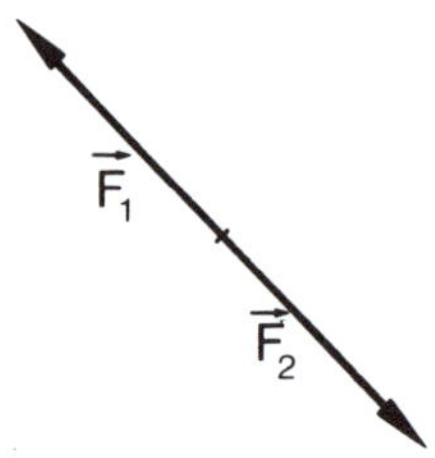

Denken Sie an die Hühner der Witwe Bolte in Wilhelm Buschs Max und Moritz.
Sie ziehen mit Kraft in verschiedene Richtungen und es „konnte keines recht von hinnen“.
Offensichtlich haben sich die vier Kräfte aufgehoben; mathematisch gesprochen: sie haben den Nullvektor ergeben.

Kann man Kraftvektoren ebenso addieren wie Geschwindigkeitsvektoren? Physikalisch heißt das: Kann man Kraftvektoren zusammensetzen und wie bestimmt man die **resultierende Kraft**?

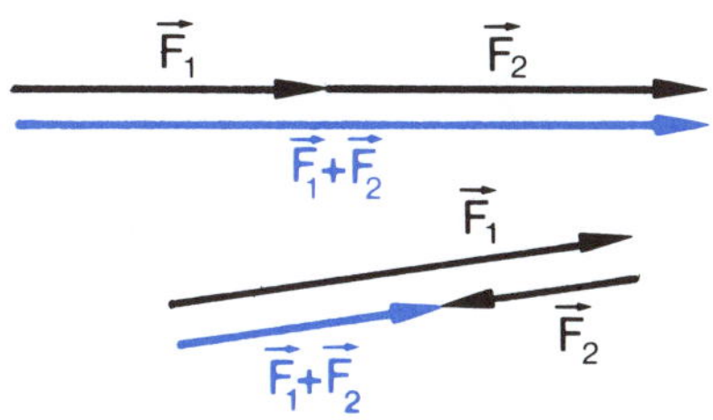

Bei gleich oder bei entgegengesetzt gerichteten Kräften ist dies einfach: Man hängt die Pfeile aneinander und erhält die resultierende Kraft.

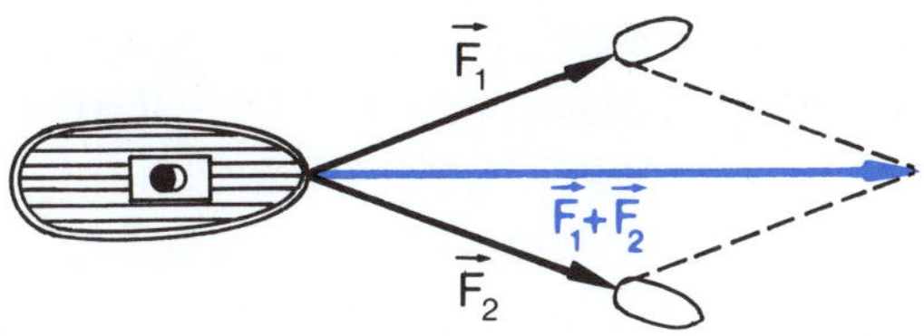

Bei Kräften mit unterschiedlicher Richtung kennen Sie aus der Physik oder von trigonometrischen Aufgaben die Zusammensetzung der Kräfte mit dem **Parallelogramm der Kräfte.**
Die beiden Schlepper ziehen das große Schiff. Die Kräfte der Schlepper stehen in einem Winkel von 40° zueinander. Die resultierende Kraft wird durch die Diagonale im Parallelogramm dargestellt.

Die Frage ist jetzt: Entspricht diese „Parallelogramm-Methode“ der Vektoraddition, wie Sie sie in Lektion 1 kennengelernt haben? Die folgende Zeichnung zeigt dies:

Statt von den beiden Kraftvektoren das Parallelogramm aufspannen zu lassen, kann man auch die Kraftvektoren aneinanderhängen und den Summenvektor zeichnen; man erhält das halbe Parallelogramm. Der Summenvektor als dritte Seite des Dreiecks stellt im Parallelogramm die Diagonale dar.

Mit dieser Methode lassen sich auch mehr als zwei Kräfte ganz einfach zusammensetzen. Wenn Sie noch einmal die Hühner der Witwe Bolte betrachten und die Kraftvektoren so aneinanderhängen wie Sie es von der Vektoraddition kennen, sehen Sie, daß die Summenkraft tatsächlich null ist.

Zur Berechnung von Betrag und Richtung einer solchen Summenkraft benötigt man wieder trigonometrische Formeln.

Bestimmen Sie bitte mit dem Kosinussatz den Betrag der Summenkraft und anschließend mit dem Sinussatz die Richtung der Summenkraft gegenüber der Kraft $\vec{F_1}$.

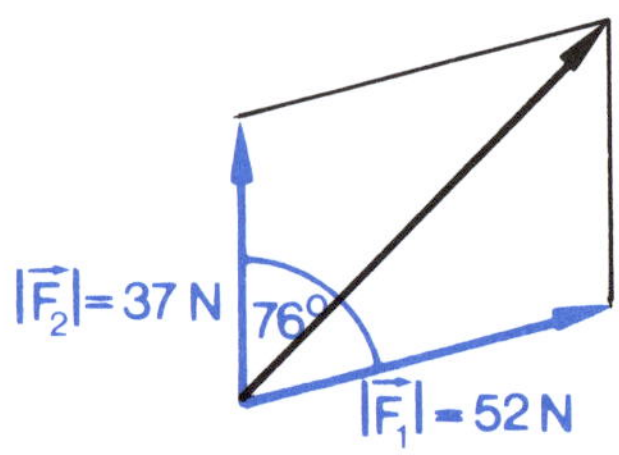

→ ①

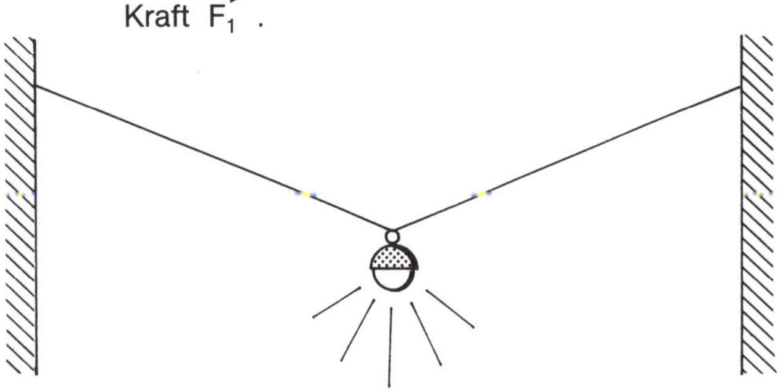

Oft hat man auch die umgekehrte Aufgabe zur Summenbildung zu lösen. Eine Kraft soll in (zwei) Teilkräfte zerlegt werden. In der Zeichnung sehen Sie eine Straßenlampe, die an zwei Seilen aufgespannt ist. Welche Kräfte müssen die Seile aushalten?

Zu dem **Lageplan** muß man sich einen **Kräfteplan** aufzeichnen. Das Gewicht der Lampe beträgt 100 N. Für 20 N wird 1 cm gezeichnet. Das Gewicht $\vec{G}$ muß von einer gleich großen, aber entgegengesetzt gerichteten Kraft $\vec{F}$ gehalten werden. Die Kraft $\vec{F}$ muß die Summe aus den beiden Teilkräften $\vec{F_1}$ und $\vec{F_2}$ sein, die in Richtung der Seile wirken.

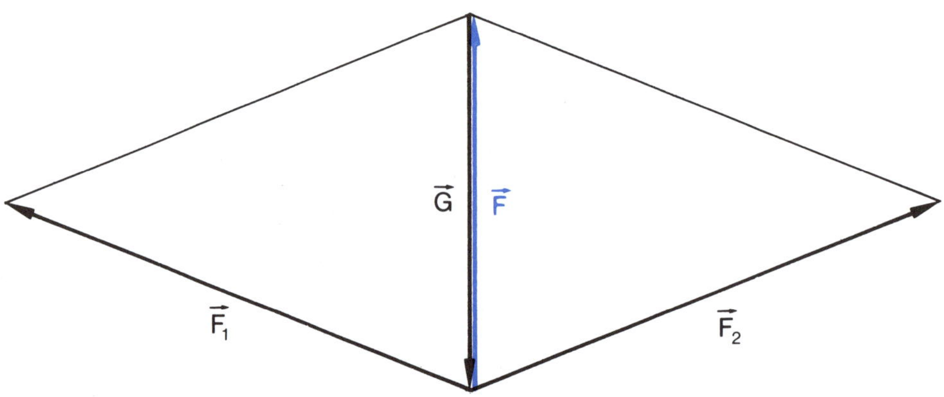

Man ergänzt die Figur zum Parallelogramm mit der Kraft $\vec{F}$ als Diagonale. Nun kann man die beiden Teilkräfte $\vec{F_1}$ und $\vec{F_2}$ einzeichnen. Stellen Sie durch Nachmessen bitte fest, welchen Betrag diese Teilkräfte haben müssen.

→ (3)

Aus diesem Beispiel erkennen Sie auch, warum man die Last nicht unbedingt halbiert, wenn man einen Koffer zu zweit trägt. Es kommt eben ganz darauf an, wie die Teilkräfte gerichtet sind.

Aufgaben zu 2.1

1. Bestimmen Sie zeichnerisch die Summenkraft zu den beiden Kräften $\vec{F_1}$ und $\vec{F_2}$.

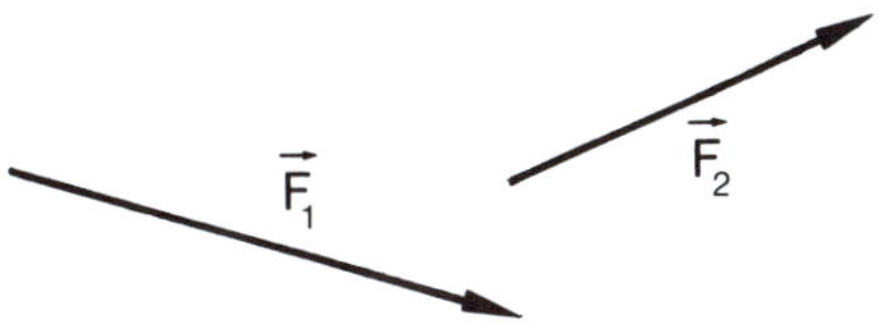

2. Ein Koffer hat ein Gewicht von 320 N. Zwei Personen tragen ihn und greifen dabei unter einem Winkel von 70° an.
   Welche Last hat jeder zu tragen? Zeichnung (1 cm für 50 N) und Rechnung (mit dem Kosinussatz).

2.2 Arbeit

In der ersten Lektion haben Sie neben der Addition von Vektoren auch die S-Multiplikation kennengelernt. Bei der S-Multiplikation wird ein Vektor mit einem Skalar, einer Zahl, multipliziert. Eine Multiplikation zweier Vektoren war bislang noch nicht eingeführt worden. Aus der Physik wissen Sie jedoch, daß zum Beispiel die Arbeit W das Produkt von Kraft F und Weg s ist. Sie kennen die Formel

$$W = F \cdot s$$

Nun sind aber Kraft F und Weg s Vektoren, so daß man die Formel genauer als

$$\boxed{W = \vec{F} \cdot \vec{s}}$$

schreiben muß. Die Arbeit W ist kein Vektor, denn sie ist allein durch ihren Betrag, nicht aber durch eine Richtung, festgelegt. Die Arbeit ist also ein Skalar. In der Formel für die Berechnung der Arbeit W ist von einem Skalar, nämlich der Arbeit, und von zwei Vektoren, nämlich der Kraft und dem Weg die Rede. Was bedeutet es aber, das Produkt von zwei Vektoren zu bilden?

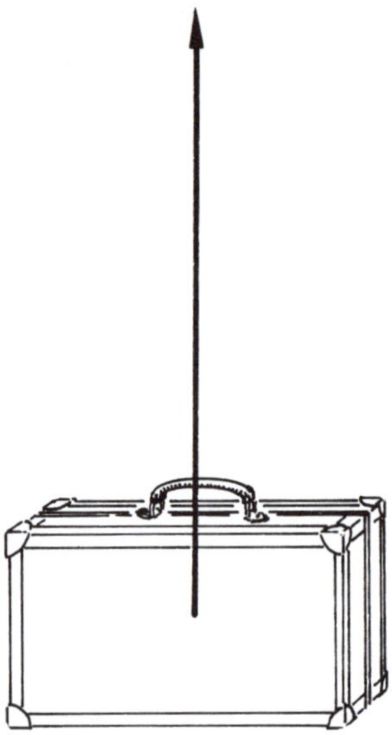

Zunächst der einfachste Fall: Der Kraftvektor und der Wegvektor sind parallel. Dies ist zum Beispiel der Fall, wenn man einen Koffer anhebt. Der Koffer wird um 0,5 m nach oben gehoben; da er ein Gewicht von 200 N hat, braucht man dafür eine Kraft von 200 N, die nach oben wirkt.
Die Arbeit ist dann, wie aus der Physik bekannt,

$$W = 200 \cdot 0{,}5\ \text{Nm}$$

$$W = 100\ \text{Nm} = 100\ \text{J}$$

Die Einheit der Arbeit ist ja das Newtonmeter oder Joule (1 Nm = 1 J).

In diesem Fall wird die Arbeit einfach als Produkt der Beträge von Kraft und Weg berechnet.

Sind $\vec{F}$ und $\vec{s}$ parallel, so ist $W = |\vec{F}| \cdot |\vec{s}|$

Es handelt sich um ein **Skalarprodukt**, die Arbeit W ist natürlich wieder ein Skalar.

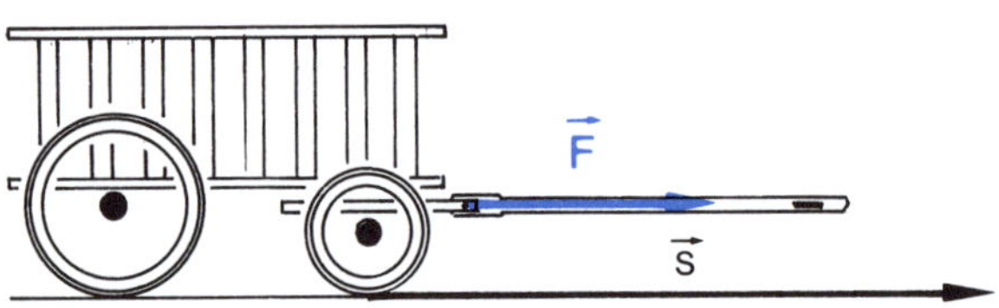

Ein anderes Beispiel, bei dem Kraftvektor und Wegvektor parallel sind, ist das Ziehen eines Wagens. Die Zugkraft muß die Reibungskraft überwinden. Zieht man mit einer Kraft von 40 N den Wagen über einen Weg von 10 m, so verrichtet man eine Arbeit von 400 J.

Wie aber ergibt sich die Arbeit, wenn Kraftvektor und Wegvektor nicht die gleiche Richtung besitzen; wenn man zum Beispiel wieder einen Wagen 10 m weit zieht, aber die Kraft schräg zur Wegstrecke angreift? In der Fernsehsendung haben Sie gesehen, daß man in diesem Fall mehr Kraft braucht, um denselben Wagen zu ziehen. Die Arbeit bleibt jedoch die gleiche; man hat ja das gleiche bewirkt: nämlich denselben Wagen um dieselbe Strecke weiterbewegt. Warum hat man jetzt mehr Kraft aufgewendet? Um den Wagen vorwärts zu bewegen, ist nur eine Kraft parallel zum Weg erforderlich. Zieht man mit einer schräg angreifenden Kraft, so wird der Wagen – überflüssigerweise – ein wenig nach oben gezogen. Überflüssig deshalb, weil die Kraft senkrecht zum Weg keine Vorwärtsbewegung bewirkt.

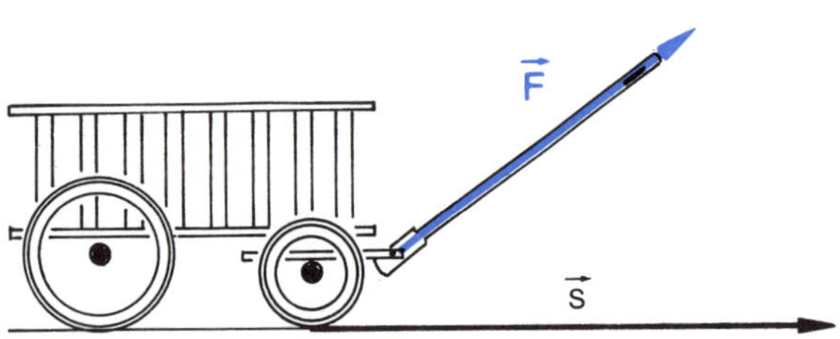

Man muß also die Kraft $\vec{F}$ in zwei Teilkräfte zerlegen: die Kraft $\vec{F_1}$ parallel zum Weg und die Kraft $\vec{F_2}$ senkrecht zum Weg. (Man schreibt für $\vec{F_1}$ auch $\vec{F_s}$, um die Parallelität zum Weg s anzudeuten.) Die Zerlegung in zwei Teilkräfte kennen Sie aus dem vorhergehenden Abschnitt. Hier rechts finden Sie sie gezeichnet.

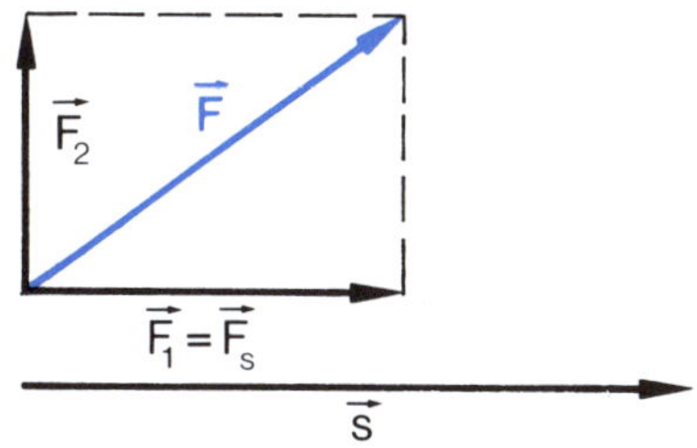

2

Da $\vec{F_s}$ parallel zum Wegvektor ist, läßt sich die Arbeit W mit der bekannten Formel berechnen:

$$W = |\vec{F_s}| \cdot |\vec{s}|$$

Läßt sich $\vec{F_s}$ aus den Werten des Kraftvektors $\vec{F}$ berechnen? Natürlich spielt dabei die „Schräglage" der Kraft zum Weg eine Rolle. Diese Schräge läßt sich einfach durch den Winkel γ angeben, den Kraftvektor $\vec{F}$ und Wegvektor $\vec{s}$ miteinander bilden. Aus dem rot gekennzeichneten Dreieck können Sie $|\vec{F_s}|$ berechnen. Es handelt sich um ein rechtwinkliges Dreieck mit den Seiten $|\vec{F}|$ und $|\vec{F_s}|$ und dem Winkel γ. Bestimmen Sie $|\vec{F_s}|$ mit der Kosinusfunktion.

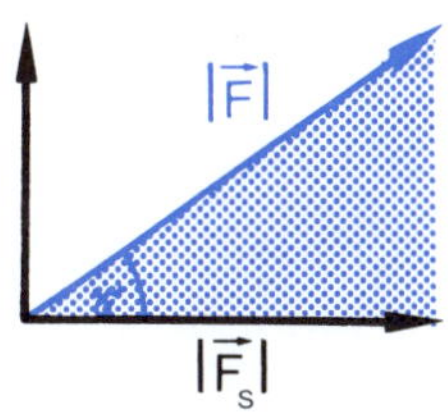

Da das Dreieck rechtwinklig ist, gilt

$\cos\gamma = \dfrac{\text{Ankathete}}{\text{Hypotenuse}}$, also $\cos\gamma =$ ________ und damit $|\vec{F_s}| =$ ________

→ (2)

Setzt man dieses Ergebnis in die Formel für die Arbeit ein, so erhält man

$$\boxed{W = |\vec{F}| \cdot |\vec{s}| \cdot \cos\gamma}$$

Die Arbeit erhält man in jedem Fall als Zahlenwert (und nicht als Vektor). Ein solches Produkt nennt man daher das **Skalarprodukt zweier Vektoren**.

Trifft diese Formel auch für den Fall zweier paralleler Vektoren zu oder muß man dann auf die vorhergehende Formel zurückgreifen?
Sind $\vec{F}$ und $\vec{s}$ parallel, so schließen sie einen Winkel von 0° ein. Es ergibt sich

$$W = |\vec{F}| \cdot |\vec{s}| \cdot \cos 0°$$

Nun ist aber, wie Sie wissen oder mit Ihrem Taschenrechner schnell nachprüfen können, $\cos 0° = 1$. Es ergibt sich daher

$$W = |\vec{F}| \cdot |\vec{s}| \cdot 1 = |\vec{F}| \cdot |\vec{s}|$$

Ein weiterer Sonderfall tritt ein, wenn Kraftvektor $\vec{F}$ und Wegvektor $\vec{s}$ senkrecht aufeinander stehen. Sie schließen dann einen Winkel von 90° ein. Für das Skalarprodukt gilt dann

$$W = |\vec{F}| \cdot |\vec{s}| \cdot \cos 90°$$

und somit, da $\cos 90° = 0$ ist, $W = |\vec{F}| \cdot |\vec{s}| \cdot 0 = 0$

Eine Arbeit kann nur dann verrichtet werden, wenn die wirkende Kraft nicht senkrecht zum Weg ist.

Das Skalarprodukt zweier Vektoren gilt nicht nur für die Berechnung der Arbeit aus Kraft und Weg, sondern kann ganz allgemein definiert werden. Dies soll im nächsten Abschnitt geschehen. Berechnen Sie bitte zuerst noch ein paar Aufgaben mit der Formel für die Arbeit.

Aufgaben zu 2.2

1. Wie groß ist die Arbeit W , wenn eine Kraft $\vec{F}$ von 25 N längs eines Weges $\vec{s}$ von 340 m wirkt und Kraft- und Wegvektor einen Winkel von 65° einschließen?

2. Welche Arbeit wird verrichtet, wenn ein Gewicht von 800 N 2 m hoch gehoben wird?

3. Welche Kraft muß wirken, wenn über einen Weg von 20 m eine Arbeit von 700 J verrichtet werden soll und Kraftvektor und Wegvektor zueinander im Winkel von 30° stehen?

4. Eine Kraft von 250 N bewirkt längs eines Weges von 15 m eine Arbeit von 2000 J. In welchem Winkel stehen Kraftvektor und Wegvektor?

5. Eine Kraft $\vec{F}$ und ein Weg $\vec{s}$ stehen zueinander wie in der Zeichnung rechts. Der Betrag der Kraft ist 2500 N, die Länge des Weges ist 120 m. Wie groß ist die verrichtete Arbeit?

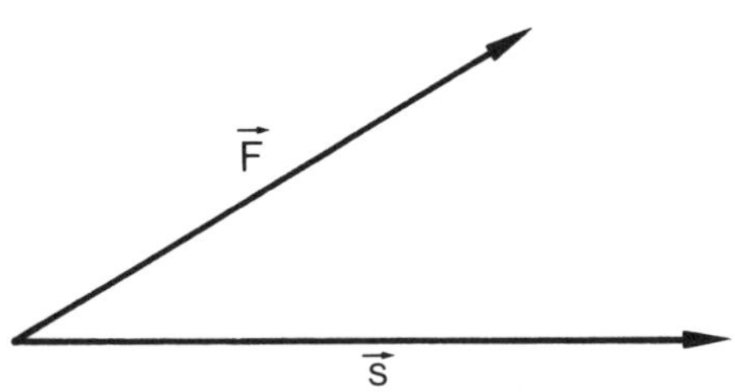

2.3 Das Skalarprodukt

Die Definition für das Skalarprodukt zweier Vektoren läßt sich auch aus geometrischen Überlegungen gewinnen. Ab jetzt werden, wie in der Mathematik üblich, die Beträge der Vektoren als reelle Zahlen betrachtet. Man geht vom Kosinussatz der Trigonometrie aus (vgl. Formelsammlung, S. 164).

2

Stellt man die Seiten des Dreiecks als Vektoren dar, wie es hier rechts gezeichnet ist, also

$\vec{a} = \overrightarrow{CB}$, $\vec{b} = \overrightarrow{CA}$, $\vec{c} = \overrightarrow{AB}$,

dann ist

$\vec{c} = \vec{a} - \vec{b}$

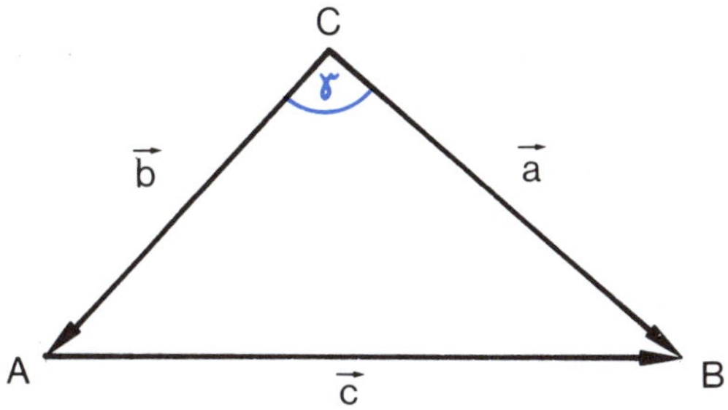

Wendet man auf die letzte Gleichung die Rechenregeln wie bei den reellen Zahlen an, insbesondere das

Kommutativgesetz $\quad \vec{a} \cdot \vec{b} = \vec{b} \cdot \vec{a} \quad$ und das

Distributivgesetz $\quad \vec{a}\,(\vec{b} + \vec{c}) = \vec{a} \cdot \vec{b} + \vec{a} \cdot \vec{c}$

so erhält man durch Quadrieren von $\vec{c}$

$$\vec{c}^{\,2} = (\vec{a} - \vec{b})^2$$

$$\vec{c}^{\,2} = \vec{a}^{\,2} + \vec{b}^{\,2} - 2\,\vec{a} \cdot \vec{b}$$

Der Kosinussatz bezieht sich auf die Seitenlängen, also auf die Beträge der Vektoren. Er lautet daher

$$|\vec{c}|^2 = |\vec{a}|^2 + |\vec{b}|^2 - 2|\vec{a}| \cdot |\vec{b}| \cdot \cos\gamma$$

Die obige Vektorgleichung und die Gleichung des Kosinussatzes sind formal sehr ähnlich. Will man vollständige Übereinstimmung erzielen, so muß man ein **Skalarprodukt von zwei Vektoren** festlegen durch:

> Für alle Vektoren $\vec{a}$ und $\vec{b}$ gilt
>
> $$\vec{a} \cdot \vec{b} = |\vec{a}| \cdot |\vec{b}| \cdot \cos\gamma \ ,$$
>
> wobei γ der kleinere der beiden Winkel ist, der von $\vec{a}$ und $\vec{b}$ eingeschlossen wird.

Mit dieser Definition sieht man sofort, daß die Gleichungen im letzten Glied übereinstimmen; es ist aber auch

$\vec{c}^{\,2} = |\vec{c}|^2$, denn nach der Definition gilt $\vec{c} \cdot \vec{c} = |\vec{c}| \cdot |\vec{c}| \cdot \cos 0°$ und entsprechend $\vec{a}^{\,2} = |\vec{a}|^2$ und $\vec{b}^{\,2} = |\vec{b}|^2$.

Auch geometrische Sachverhalte legen demnach die Definition des Skalarproduktes in der Form nahe, wie Sie es bei den physikalischen Überlegungen zur Berechnung der Arbeit gesehen haben.

Die geometrische Überlegung liefert allerdings eine weitere Erkenntnis, die man aus der physikalischen Überlegung nicht gewinnen konnte:
Man kann einen Vektor mit sich selbst skalar multiplizieren und erhält dann das Quadrat seines Betrages:

$$\vec{a}^2 = |\vec{a}|^2$$

Mit dieser Beziehung ist der Betrag eines Vektors $\vec{a}$ auch rechnerisch festgelegt, nämlich

$$|\vec{a}| = \sqrt{\vec{a}^2}$$

Damit werden Sie in der nächsten Lektion Beträge von Vektoren ausrechnen lernen.

Schließen zwei Vektoren $\vec{a}$ und $\vec{b}$ einen Winkel von $90°$ ein, dann ist ihr Skalarprodukt

$$\vec{a} \cdot \vec{b} = |\vec{a}| \cdot |\vec{b}| \cdot \cos 90° = |\vec{a}| \cdot |\vec{b}| \cdot 0 = 0$$

Das Skalarprodukt zweier zueinander senkrechter Vektoren ist stets null.

Es gilt auch die Umkehrung dieses Satzes:

Ist das Skalarprodukt zweier vom Nullvektor verschiedener Vektoren null, so stehen die beiden Vektoren aufeinander senkrecht.

Dies kann man folgendermaßen einsehen:

Ist $\vec{a} \cdot \vec{b} = 0$, so heißt das $|\vec{a}| \cdot |\vec{b}| \cdot \cos\gamma = 0$.

Nun sind die Beträge $|\vec{a}|$ und $|\vec{b}|$ stets positive Zahlen, da $\vec{a}$ und $\vec{b}$ als vom Nullvektor verschiedene Vektoren vorausgesetzt wurden. Das Produkt $|\vec{a}| \cdot |\vec{b}| \cdot \cos\gamma$ kann also nur null werden, wenn der dritte Faktor $\cos\gamma = 0$ ist. Aus $\cos\gamma = 0$ folgt aber $\gamma = 90° + k \cdot 180°$ $(k \in \mathbb{Z})$. Der kleinere der von $\vec{a}$ und $\vec{b}$ eingeschlossenen Winkel ist demnach $90°$: Die beiden Vektoren stehen aufeinander senkrecht.

In der Zahlenalgebra kann ein Produkt $a \cdot b = 0$ nur gelten, wenn wenigstens einer der beiden Faktoren a oder b null ist.
Beim Skalarprodukt von Vektoren folgt aus $\vec{a} \cdot \vec{b} = 0$

$\vec{a} = \vec{o}$ **oder** $\vec{b} = \vec{o}$ **oder** $\vec{a} \neq \vec{o}$, $\vec{b} \neq \vec{o}$, $\vec{a}$ und $\vec{b}$ senkrecht zueinander.

In der Zahlenalgebra läßt sich aus der Gleichung $a \cdot x = c$ für $a \neq 0$ der Wert für x eindeutig als $x = \frac{c}{a}$ bestimmen, also eine Division durchführen. Beim Skalarprodukt gibt es keine Umkehrung im Sinne einer Division. Hat man die Gleichung $\vec{a} \cdot \vec{x} = c$ mit $\vec{a} \neq \vec{o}$ und einem Zahlenwert c, so gibt es für $\vec{x}$ beliebig viele Lösungen. Das kann man so einsehen: Das Skalarprodukt ist definiert als

$$\vec{a} \cdot \vec{b} = |\vec{a}| \cdot |\vec{b}| \cdot \cos\gamma = c$$

$\left|\vec{b}\right| \cdot \cos\gamma$ ist die Länge der Projektion $\vec{b}_a$ des Vektors $\vec{b}$ auf den Vektor $\vec{a}$. Alle hier rechts gezeichneten Vektoren $\vec{x}_1$, $\vec{x}_2$, $\vec{x}_3$ usw., die unterschiedliche Winkel mit $\vec{a}$ einschließen, haben aber die gleiche Projektion auf $\vec{a}$.

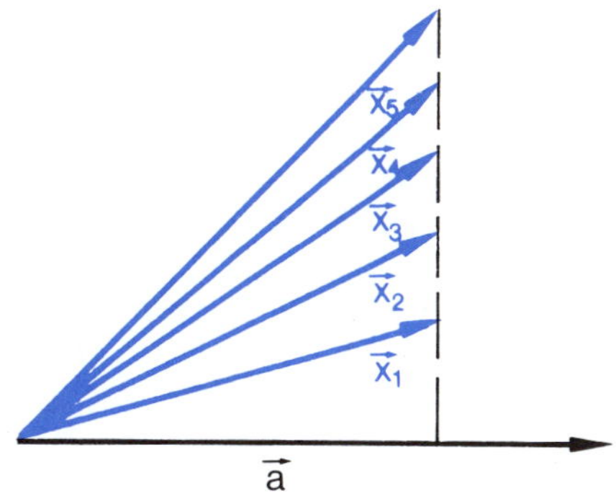

Somit gilt

$$\vec{a} \cdot \vec{x}_1 = \vec{a} \cdot \vec{x}_2 = \vec{a} \cdot \vec{x}_3 = \ldots = c$$

Eine **Division durch einen Vektor** ist also nicht möglich, da die entsprechende Gleichung nicht eindeutig zu lösen ist.

Aufgaben zu 2.3

1. Bestimmen Sie die folgenden Skalarprodukte

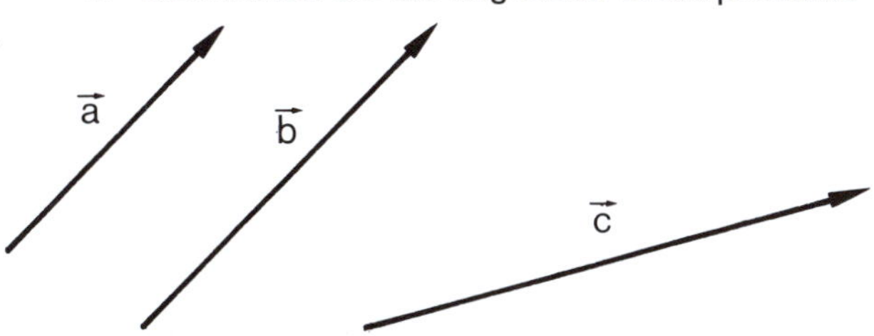

$\vec{a} \cdot \vec{b}$, $\vec{a} \cdot \vec{c}$, $\vec{b} \cdot \vec{c}$ für $\left|\vec{a}\right| = 3$, $\left|\vec{b}\right| = 4$, $\left|\vec{c}\right| = 5$

2. Bestimmen Sie das Skalarprodukt der Vektoren $\vec{m}$ und $\vec{n}$.

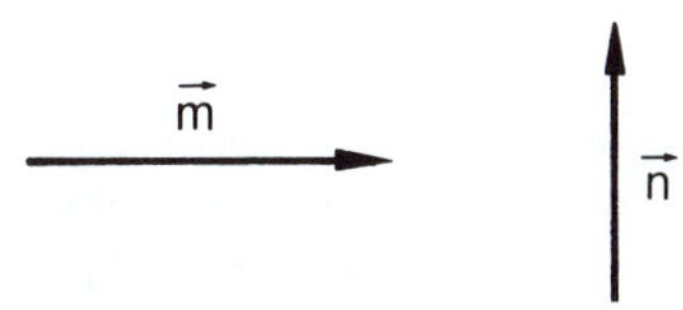

3. Welchen Winkel schließen zwei Vektoren $\vec{a}$ und $\vec{b}$ ein, wenn sie die Beträge $\left|\vec{a}\right| = 2$ und $\left|\vec{b}\right| = 3$ haben und

a) $\vec{a} \cdot \vec{b} = 6$ b) $\vec{a} \cdot \vec{b} = 3$ c) $\vec{a} \cdot \vec{b} = 0$

d) $\vec{a} \cdot \vec{b} = -6$ e) $\vec{a} \cdot \vec{b} = -3$ ist.

4. Das Skalarprodukt zweier Vektoren $\vec{a}$ und $\vec{b}$ ist 2. Es ist $\left|\vec{a}\right| = 1$. Bestimmen Sie den Betrag von $\vec{b}$ und den Winkel, den $\vec{a}$ und $\vec{b}$ miteinander bilden. Geben Sie von den unendlich vielen Möglichkeiten drei an.

5. Das Skalarprodukt zweier Vektoren $\vec{u}$ und $\vec{v}$ ist 6. Geben Sie für diesen Fall drei Möglichkeiten für $\vec{u}$ und $\vec{v}$ an.

[6.] Zeigen Sie: Definiert man das Skalarprodukt $\vec{a} \cdot \vec{b} = \left|\vec{a}\right| \cdot \left|\vec{b}\right|$ (anstatt $\vec{a} \cdot \vec{b} = \left|\vec{a}\right| \cdot \left|\vec{b}\right| \cdot \cos\gamma$), so steht die Definition im Widerspruch zum Distributivgesetz. (Hinweis: Verwenden Sie zwei Vektoren $\vec{a}$ und $\vec{b}$, für die die Summe $\vec{a} + \vec{b} = \vec{o}$ ergibt und multiplizieren Sie diese Gleichung mit einem Vektor $\vec{c} \neq \vec{o}$.)

2.4 Gesetze der Vektoralgebra

In diesen ersten beiden Lektionen haben Sie Vektoren kennengelernt und mit ihnen gerechnet. Sie können Vektoren addieren, subtrahieren, mit einer reellen Zahl multiplizieren und schließlich können Sie zwei Vektoren im Sinne des Skalarproduktes miteinander multiplizieren. Dabei haben Sie die folgenden Rechengesetze verwendet:

I. 1. Die Summe zweier Vektoren $\vec{a}$ und $\vec{b}$ ist wieder ein Vektor: $\vec{a} + \vec{b} = \vec{c}$
2. Die Vektoraddition ist kommutativ: $\vec{a} + \vec{b} = \vec{b} + \vec{a}$
3. Die Vektoraddition ist assoziativ: $\vec{a} + (\vec{b} + \vec{c}) = (\vec{a} + \vec{b}) + \vec{c}$
4. Es gibt einen Nullvektor $\vec{o}$, für den gilt $\vec{a} + \vec{o} = \vec{o} + \vec{a} = \vec{a}$
5. Zu jedem Vektor $\vec{a}$ gibt es einen Vektor $-\vec{a}$, so daß $\vec{a} + (-\vec{a}) = \vec{o}$.
$-\vec{a}$ heißt der Gegenvektor von $\vec{a}$.

II. Einen Vektor subtrahieren heißt, seinen Gegenvektor addieren: $\vec{a} - \vec{b} = \vec{a} + (-\vec{b})$

III. Die Multiplikation eines Vektors $\vec{a}$ mit einer reellen Zahl r heißt S-Multiplikation. Das Ergebnis ist der Vektor $r \cdot \vec{a}$, ein Vektor von gleicher Richtung wie $\vec{a}$ für positives r und von entgegengesetzter Richtung wie $\vec{a}$ für negatives r. Sind $\vec{a}$ und $\vec{b}$ Vektoren und r und s reelle Zahlen, so gelten für die S-Multiplikation folgende Regeln:
1. $r \cdot (s \cdot \vec{a}) = (r \cdot s) \cdot \vec{a}$
2. $r \cdot (\vec{a} + \vec{b}) = r \cdot \vec{a} + r \cdot \vec{b}$
3. $(r + s) \cdot \vec{a} = r \cdot \vec{a} + s \cdot \vec{a}$
4. $1 \cdot \vec{a} = \vec{a}$

IV. Das Skalarprodukt zweier Vektoren $\vec{a}$ und $\vec{b}$ ergibt eine reelle Zahl (ein Skalar). Es gelten für die Vektoren $\vec{a}$, $\vec{b}$ und $\vec{c}$ und die reelle Zahl r die Gesetze:
1. Durch das Skalarprodukt wird jedem Paar von Vektoren eindeutig eine reelle Zahl zugeordnet.
2. Es gilt das Kommutativgesetz: $\vec{a} \cdot \vec{b} = \vec{b} \cdot \vec{a}$
3. Es gilt das Distributivgesetz: $\vec{a} \cdot (\vec{b} + \vec{c}) = \vec{a} \cdot \vec{b} + \vec{a} \cdot \vec{c}$
4. Es gilt $r \cdot (\vec{a} \cdot \vec{b}) = (r\vec{a}) \cdot \vec{b} = \vec{a} \cdot (r\vec{b})$
5. Ist $\vec{a} \neq \vec{o}$, so ist $\vec{a} \cdot \vec{a} > 0$

(6. Für geometrische Vektoren zusätzlich: Stehen $\vec{a}$ und $\vec{b}$ senkrecht zueinander, so ist $\vec{a} \cdot \vec{b} = 0$)

Die Gesetze zu I., II. und III. können Sie sich leicht klarmachen, wenn Sie die jeweilige Vorschrift zum Zeichnen von Summenvektoren, Differenzvektoren und Vielfachen von Vektoren anwenden. Zum Beispiel für das Gesetz III.2. Es ist gleichgültig, ob Sie die beiden Vektoren $\vec{a}$ und $\vec{b}$ zuerst addieren und dann mit der reellen Zahl r multiplizieren oder ob Sie zuerst jeden Vektor mit der reellen Zahl r multiplizieren und dann diese Vielfachen addieren. Die Zeichnungen zeigen, daß bei jedem Verfahren der gleiche Ergebnisvektor entsteht.

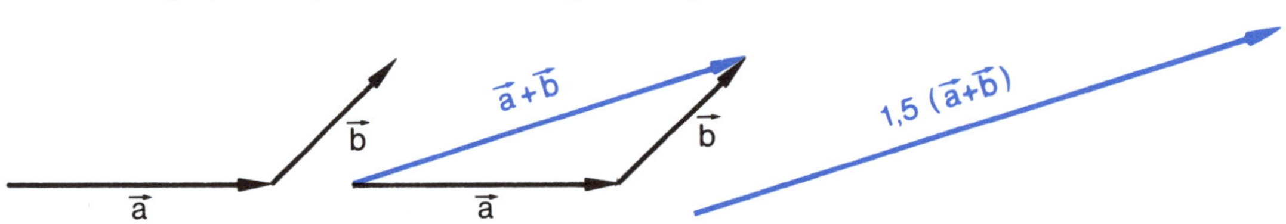

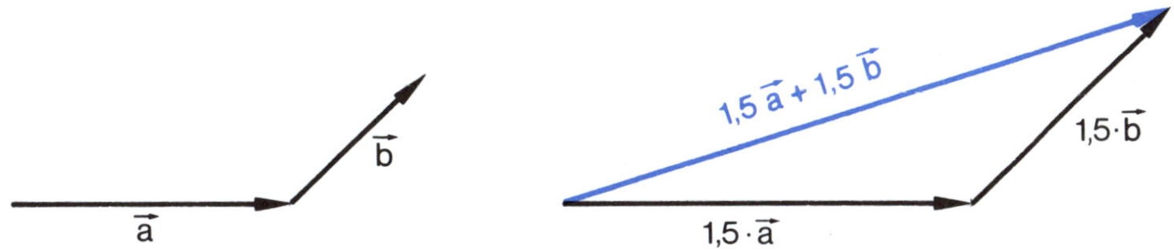

Die Gesetze zum Skalarprodukt können Sie im allgemeinen nachrechnen, indem Sie die Definition des Skalarproduktes

$$\vec{a} \cdot \vec{b} = |\vec{a}| \cdot |\vec{b}| \cdot \cos\gamma$$

benutzen.

Der Nachweis des Distributivgesetzes für das Skalarprodukt macht allerdings etwas mehr Mühe. Verhältnismäßig einfach erkennt man die Distributivität, wenn man auf das Beispiel der Berechnung der Arbeit als Skalarprodukt von Kraft und Weg zurückgeht. Wirken nämlich zwei Kräfte $\vec{F_1}$ und $\vec{F_2}$, dann gilt das physikalische Gesetz von der ungestörten Überlagerung zweier Kräfte bezüglich der Arbeit. Es muß also aus physikalischen Gründen gelten:

$$(\vec{F_1} + \vec{F_2}) \cdot \vec{s} = \vec{F_1} \cdot \vec{s} + \vec{F_2} \cdot \vec{s}$$

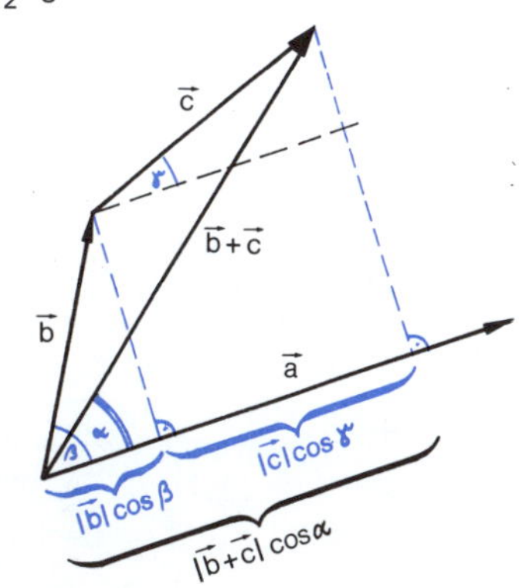

Geometrisch kann man das Distributivgesetz an der nebenstehenden Zeichnung verdeutlichen, wenn die drei Vektoren $\vec{a}$, $\vec{b}$ und $\vec{c}$ in einer Ebene liegen.

Die senkrechte Projektion von $\vec{b}$ auf $\vec{a}$ ist $|\vec{b}| \cdot \cos\beta$, von $\vec{c}$ auf $\vec{a}$ ist $|\vec{c}| \cdot \cos\gamma$ und schließlich von $\vec{b} + \vec{c}$ auf $\vec{a}$ ist $|\vec{b} + \vec{c}| \cdot \cos\alpha$. Also gilt

$$|\vec{b}| \cdot \cos\beta + |\vec{c}| \cdot \cos\gamma = |\vec{b} + \vec{c}| \cdot \cos\alpha$$

und somit auch

$$|\vec{a}| \cdot |\vec{b}| \cdot \cos\beta + |\vec{a}| \cdot |\vec{c}| \cdot \cos\gamma = |\vec{a}| \cdot |\vec{b} + \vec{c}| \cdot \cos\alpha$$

Das bedeutet aber

$$\vec{a} \cdot \vec{b} + \vec{a} \cdot \vec{c} = \vec{a} \cdot (\vec{b} + \vec{c})$$

Liegen die drei Vektoren $\vec{a}$, $\vec{b}$ und $\vec{c}$ nicht in einer Ebene, so sehen Sie an der nebenstehenden Zeichnung im Raum, wo die Ebene E_2 senkrecht auf der Ebene E_1 steht und durch den Endpunkt des Vektors $\vec{b} + \vec{c}$ geht, daß sich bezüglich der Projektionen nichts geändert hat.

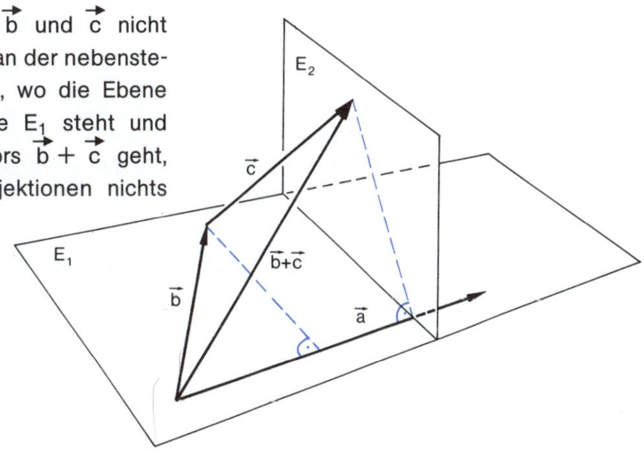

Mit den Gesetzen IV. kann man das Skalarprodukt zweier Vektoren auch axiomatisch einführen; das heißt: Man fordert, daß es ein Produkt zweier Vektoren gibt, das die Eigenschaften, die in IV.1. bis IV.6. aufgelistet sind, besitzt. Dies ist ein abstrakter Weg zur Einführung des Skalarproduktes ohne jeden Bezug auf physikalische oder geometrische Gegebenheiten. Wählt man diesen Weg, so kann man anschließend die geometrischen Sätze, wie den Satz des Pythagoras, den Kosinussatz oder den Satz von Thales mit Hilfe des Skalarproduktes beweisen. Zum Beispiel gilt für den **Satz des Pythagoras** die folgende Überlegung:

Die Vektoren $\vec{a}$ und $\vec{b}$ stehen senkrecht zueinander. Es ist

$$\vec{c} = \vec{a} - \vec{b}$$

$$\vec{c}^{\,2} = (\vec{a} - \vec{b})^2$$

$$\vec{c}^{\,2} = \vec{a}^{\,2} + \vec{b}^{\,2} - 2\vec{a}\,\vec{b}$$

Wegen Gesetz IV.6. ist $\vec{a} \cdot \vec{b} = 0$, also

$$\vec{c}^{\,2} = \vec{a}^{\,2} + \vec{b}^{\,2}$$

oder mit den Beträgen der Vektoren geschrieben

$$|\vec{c}|^2 = |\vec{a}|^2 + |\vec{b}|^2$$

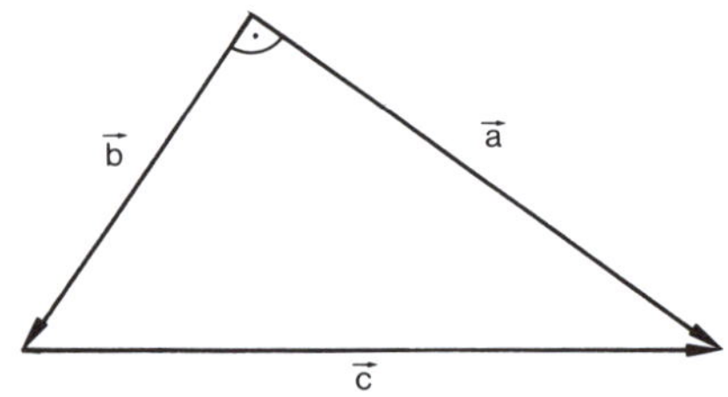

Der **Satz des Thales** sagt aus:

Jeder Umfangswinkel über dem Durchmesser eines Kreises hat die Größe 90°.

Der Beweis dafür läßt sich so führen:

Es ist
$$\vec{a} = \vec{r}_0 - \vec{r}$$
$$\vec{b} = \vec{r}_0 - (-\vec{r}) = \vec{r}_0 + \vec{r}$$

Also
$$\vec{a} \cdot \vec{b} = (\vec{r}_0 - \vec{r})(\vec{r}_0 + \vec{r}) = \vec{r}_0^{\,2} - \vec{r}^{\,2} = |\vec{r}_0|^2 - |\vec{r}|^2 = 0 \quad \text{da} \quad |\vec{r}_0| = |\vec{r}|$$

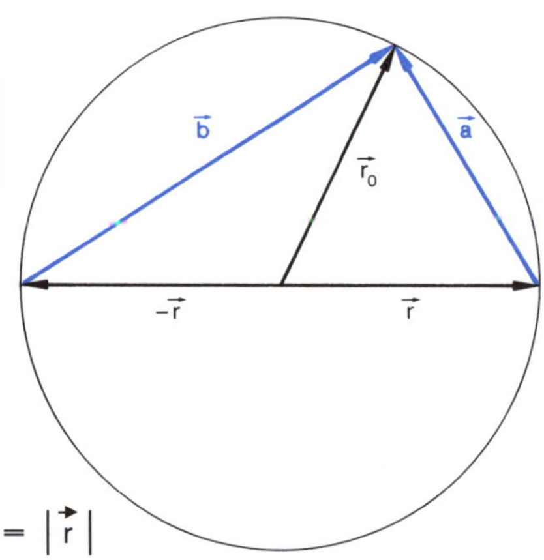

Aufgaben zu 2.4

1. Zeigen Sie die Gesetze IV.2. und IV.4. für das Skalarprodukt, das als $\vec{a} \cdot \vec{b} = |\vec{a}| \cdot |\vec{b}| \cdot \cos\gamma$ definiert wurde.

2. Zeigen Sie: Ein Parallelogramm, dessen Diagonalen aufeinander senkrecht stehen, ist eine Raute (d. h. besitzt vier gleich lange Seiten).

3. Zeigen Sie:
   a) Ein Parallelogramm mit gleich langen Diagonalen ist ein Rechteck.
   b) Im Rechteck sind die Diagonalen gleich lang.

4. Beweisen Sie: In einem gleichschenkligen Dreieck steht die Seitenhalbierende s_c senkrecht auf der Basisseite c.

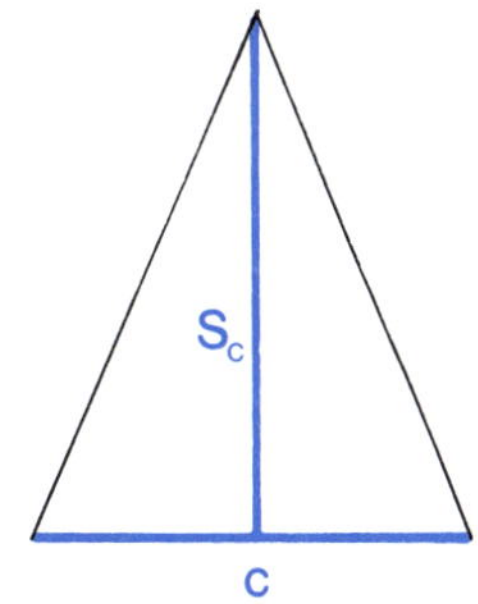

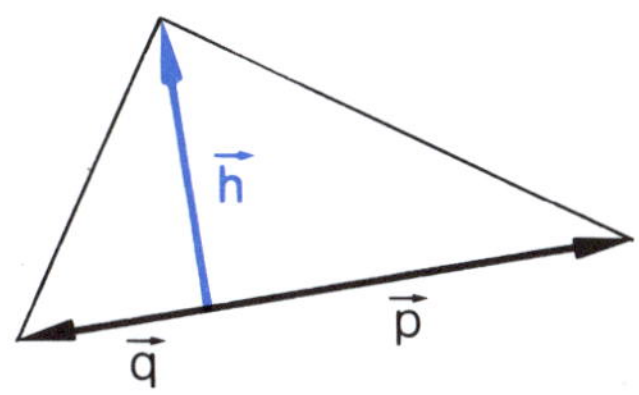

5. Beweisen Sie den Höhensatz im rechtwinkligen Dreieck.

$$|\vec{h}|^2 = |\vec{p}| \cdot |\vec{q}|$$

Wiederholungsaufgaben

1. Welche Zugkraft muß ein Nagel aushalten, wenn die Kräfte $\vec{F_1}$ und $\vec{F_2}$ an ihm ziehen? Für 50 N ist 1 cm gezeichnet.

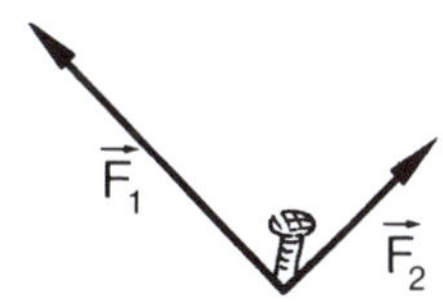

2. Um einen Eimer zu heben, muß eine Gegenkraft $\vec{F}$ aufgewendet werden, die die Gewichtskraft $\vec{G}$ des Eimers aufhebt. Der Eimer wird von zwei Personen getragen. Welche Kräfte $\vec{F_1}$ und $\vec{F_2}$ müssen die beiden tragenden Personen aufbringen? Für 25 N ist 1 cm gezeichnet.

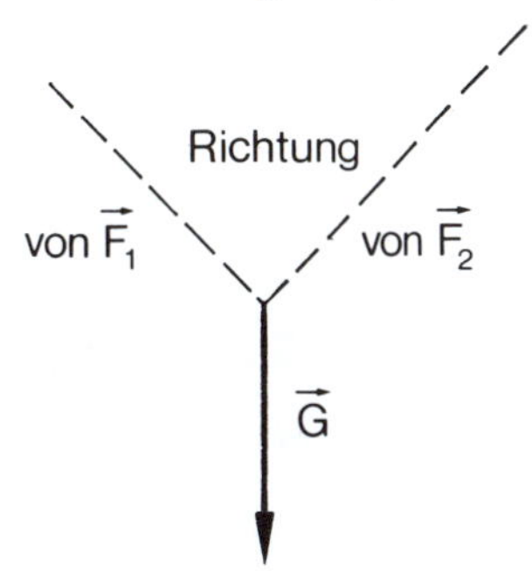

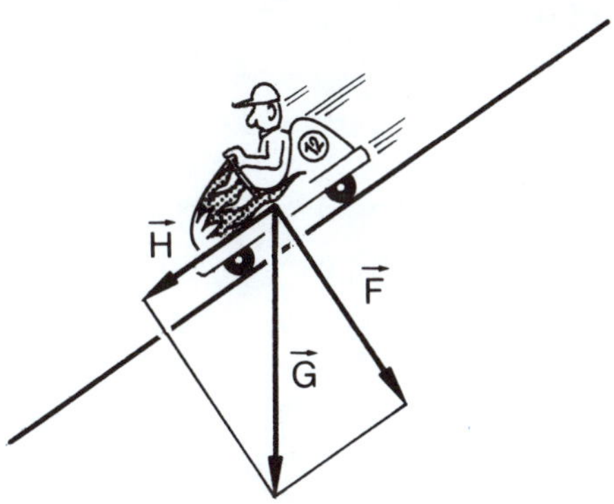

***3.** Bei einer Achterbahn muß der Konstrukteur wissen, mit welcher Kraft ein Wagen auf die Schienen drückt. Die Kraft $\vec{F}$ läßt sich durch Zerlegung der Gewichtskraft $\vec{G}$ in die Teilkräfte $\vec{F}$ und $\vec{H}$ (Hangabtriebskraft) ermitteln. (1 cm entspricht 1500 N)

4. Ein Wagen wird von einer Kraft $\vec{F}$ mit $|\vec{F}| = 40$ N einen Weg $\vec{s}$ mit $|\vec{s}| = 350$ m gezogen. Der Winkel zwischen $\vec{F}$ und $\vec{s}$ beträgt 45°. Wie groß ist die verrichtete Arbeit?

5. In welchem Winkel zum Weg $\vec{s}$ greift die Kraft $\vec{F}$ an, wenn $|\vec{F}| = 90$ N, $|\vec{s}| = 6$ m und die verrichtete Arbeit 270 Nm beträgt?

[6.] Warum gilt stets $\vec{a} \cdot \vec{b} \leqq |\vec{a}| \cdot |\vec{b}|$?

7. Welche Art von Multiplikation wird durch die Punkte in $\vec{a} \cdot (\vec{b} \cdot \vec{c})$ dargestellt?

8. Welche der folgenden Umformungen sind falsch, welche richtig?

a) $\vec{u} \cdot \vec{v} = 5 \quad \Rightarrow \quad \vec{v} = \frac{5}{\vec{u}}$ b) $k \cdot (\vec{a} \cdot \vec{b}) = 10 \quad \Rightarrow \quad k = \frac{10}{\vec{a} \cdot \vec{b}}$

9. Zeigen Sie, daß die Diagonalen eines Quadrates aufeinander senkrecht stehen.

[10.] Eine schiefe Pyramide hat das Parallelogramm ABCD als Grundfläche und den Punkt S als Spitze.
Es sei $\vec{a} = \overrightarrow{AB}$ mit $|\vec{a}| = 10$, $\vec{b} = \overrightarrow{BC}$ mit $|\vec{b}| = 8$ und $\vec{c} = \overrightarrow{AS}$ mit $|\vec{c}| = 6$. $\vec{a}$ und $\vec{b}$ schließen einen Winkel von $60°$ ein, $\vec{b}$ und $\vec{c}$ einen Winkel von $90°$ und $\vec{a}$ und $\vec{c}$ einen solchen von $120°$.
Wie lang sind die Kanten BS , CS und DS ? Wie groß ist der Winkel ASB ?

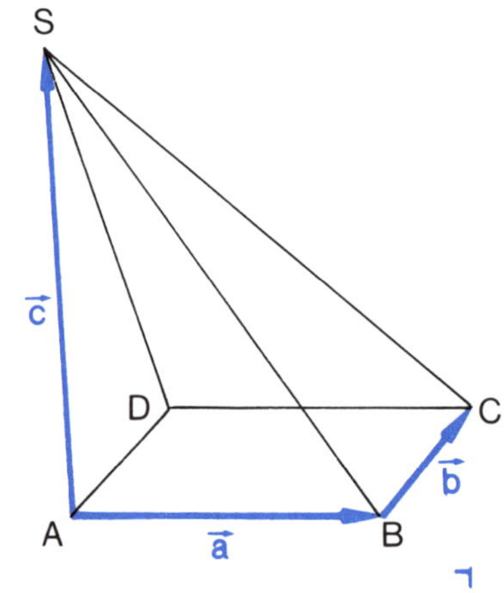

3. Vektoren in der Geometrie I

Vor der Sendung

In dieser Lektion werden Vektoren mit Hilfe von Zahlen dargestellt. Die Vektoraddition und die S-Multiplikation sollen nun auch rechnerisch und nicht nur zeichnerisch durchgeführt werden. Aus den vorhergehenden Folgen sollten Sie diese Verknüpfungen von Vektoren kennen, um sie in die neue Darstellungsform übertragen zu können. Auch Koordinatensysteme in der Ebene und im Raum werden verwendet. Sie sollten die Darstellung von Punkten in Ebene und Raum durch Koordinaten sicher beherrschen. Bei den Beispielen von Vektoren, Geraden und Ebenen im Raum werden gewisse Anforderungen an das räumliche Vorstellungsvermögen gestellt. Evtl. ist es nützlich, sich ein paar längere Stäbe bereitzulegen, um sich einfache Modelle vor Augen zu halten.

3

Übersicht

1. Durch die Darstellung der **Vektoren im Gitternetz** werden den Vektoren Zahlen zugeordnet. In der Ebene lassen sich Vektoren durch zwei Zahlen als **Komponenten** angeben. Vektoren im Raum haben drei Komponenten.

2. Die **Addition und Subtraktion** von Vektoren sowie die **S-Multiplikation** werden komponentenweise durchgeführt. Es gilt

$$\begin{pmatrix} a_1 \\ a_2 \\ a_3 \end{pmatrix} + \begin{pmatrix} b_1 \\ b_2 \\ b_3 \end{pmatrix} = \begin{pmatrix} a_1 + b_1 \\ a_2 + b_2 \\ a_3 + b_3 \end{pmatrix} \quad \text{und} \quad k \cdot \begin{pmatrix} a_1 \\ a_2 \\ a_3 \end{pmatrix} = \begin{pmatrix} k \cdot a_1 \\ k \cdot a_2 \\ k \cdot a_3 \end{pmatrix}$$

3. Ist ein Vektor durch seine Komponenten gegeben, so läßt sich mit Hilfe des Satzes von Pythagoras sein **Betrag** errechnen:

$$|\vec{a}| = \sqrt{a_1^2 + a_2^2 + a_3^2}$$

4. Um Punkte im Koordinatensystem durch Vektoren festlegen zu können, muß man **Ortsvektoren** einführen. Dies sind Vektoren, die im Nullpunkt des Koordinatensystems beginnen.

5. Mit Hilfe eines Ortsvektors $\vec{a}$ und eines Richtungsvektors $\vec{u}$ läßt sich die **vektorielle Gleichung für eine Gerade** schreiben.

$$g: \quad \vec{x} = \vec{a} + \lambda \cdot \vec{u} \qquad (\lambda \in \mathbb{R})$$

6. Die **vektorielle Gleichung einer Ebene** im Raum ist

$$e: \quad \vec{x} = \vec{a} + \lambda \cdot \vec{u} + \mu \cdot \vec{v} \qquad (\lambda, \mu \in \mathbb{R})$$

3.1 Vektoren im Gitternetz – Komponentenschreibweise

Bisher haben Sie Vektoren als Pfeile dargestellt. Das Rechnen mit Vektoren, zum Beispiel die Addition oder die S-Multiplikation, vollzog sich im wesentlichen in der Zeichnung. In der Mathematik möchte man jedoch auch bei geometrischen Fragestellungen nicht nur zeichnen, sondern auch zahlenmäßig rechnen können. Das kennen Sie schon aus der Trigonometrie. Wie läßt sich jetzt mit Vektoren zahlenmäßig rechnen?

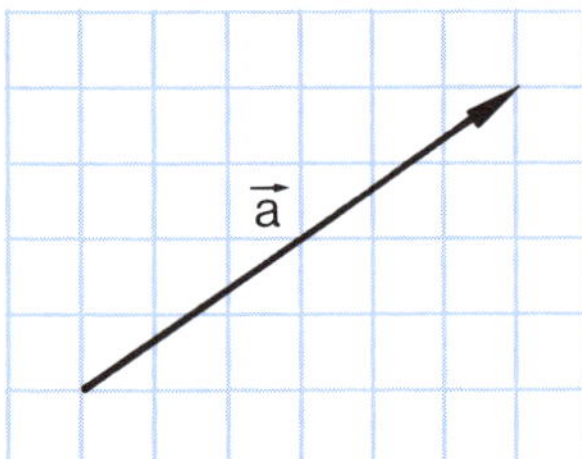

Welche Möglichkeit hat man, etwa den hier links gezeichneten Vektor durch Zahlen anzugeben? Dazu legt man ein Gitternetz über den Vektor, das aus zu den Buchrändern parallelen Geraden besteht. Man sagt: Das Gitternetz hat horizontale und vertikale Geraden.

Nun läßt sich der Vektor mit der Angabe „6 Kästchen auf der Horizontalen nach rechts und 4 Kästchen auf der Vertikalen nach oben“ beschreiben. Kurz gesagt: „6 nach rechts und 4 nach oben.“

Für den Vektor schreibt man $\vec{a} = \begin{pmatrix} 6 \\ 4 \end{pmatrix}$

6 und 4 heißen die Komponenten des Vektors $\vec{a}$.

Wie Sie an den Zeichnungen rechts sehen können, gibt es sehr viele Pfeile, die sich durch „6 nach rechts und 4 nach oben“ beschreiben lassen. Alle diese Pfeile sind aber gleich lang und zueinander parallel. Sie stellen also ein und denselben Vektor dar. Die Komponentenschreibweise ist daher für Vektoren eindeutig.

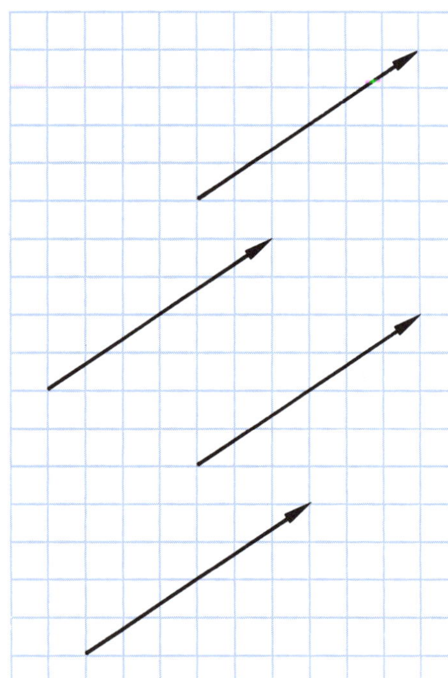

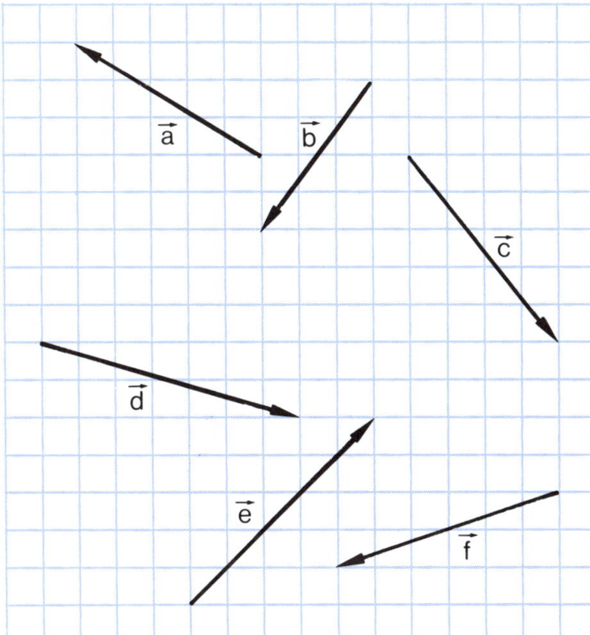

In der Zeichnung finden Sie einige Vektoren dargestellt. Ihre Komponentenschreibweise ist

$\vec{a} = \begin{pmatrix} -5 \\ 3 \end{pmatrix} \quad \vec{b} = \begin{pmatrix} -3 \\ -4 \end{pmatrix}$

$\vec{c} = \begin{pmatrix} 4 \\ -5 \end{pmatrix}$

3

Geben Sie für die weiteren Vektoren selbst die Komponentenschreibweise an.

$\vec{d} = \begin{pmatrix} \; \end{pmatrix} \quad \vec{e} = \begin{pmatrix} \; \end{pmatrix}$

$\vec{f} = \begin{pmatrix} \; \end{pmatrix}$

→ (4)

Sie sehen: eine positive Zahl bedeutet „nach rechts" oder „nach oben";
eine negative Zahl bedeutet „nach links" oder „nach unten".

Allgemein schreibt man den Vektor $\vec{a}$ in Komponentenschreibweise $\vec{a} = \begin{pmatrix} a_1 \\ a_2 \end{pmatrix}$

Die obere Komponente a_1 gibt die Ausdehnung des Vektors in der Horizontalen nach rechts oder nach links an, je nachdem, ob a_1 positiv oder negativ ist; die untere Komponente a_2 gibt die Ausdehnung des Vektors in der Vertikalen nach oben oder nach unten an, wieder je nach dem positiven oder negativen Wert.

Schon bei den Beispielen aus der Physik in den beiden ersten Lektionen haben Sie gesehen, daß Vektoren nicht nur in der Ebene gebraucht werden.
Vektoren im Raum lassen sich natürlich nicht durch nur zwei Komponenten angeben. Statt des Gitternetzes benötigt man nun ein räumliches Gitter. Um einen Vektor vollständig anzugeben, muß man nun drei Richtungen betrachten: nach rechts oder links, nach hinten oder vorne und nach oben oder unten. Die hier gezeichneten Vektoren lauten in Komponentendarstellung also:

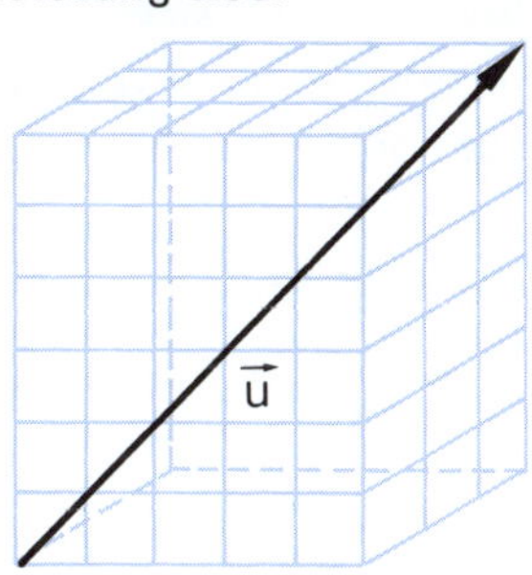

$\vec{u} = \begin{pmatrix} 5 \\ 3 \\ 6 \end{pmatrix}$

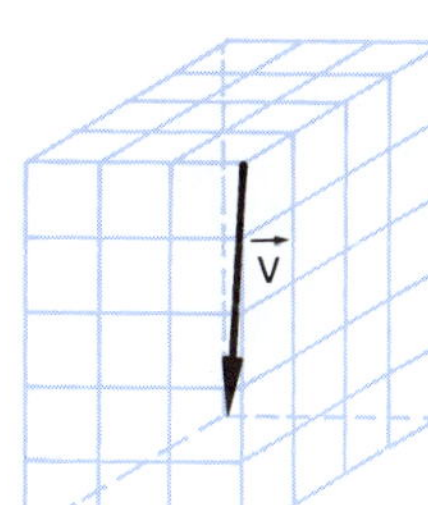

$\vec{v} = \begin{pmatrix} -3 \\ 4 \\ -5 \end{pmatrix}$

Zeichnen Sie die folgenden Vektoren in das räumliche Gitter hier unten ein.

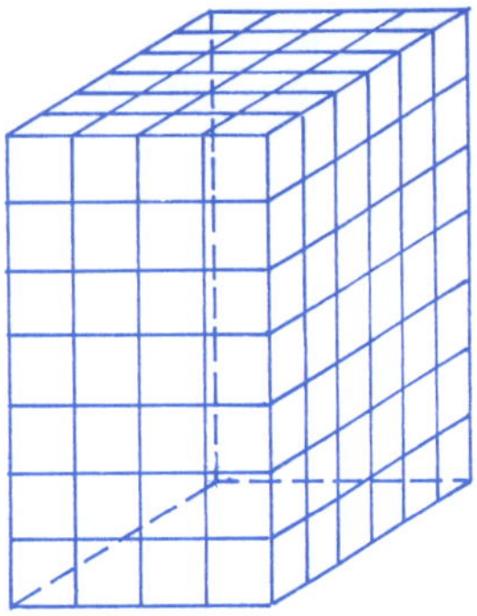

$\vec{a} = \begin{pmatrix} 4 \\ 2 \\ 3 \end{pmatrix}$ $\quad \vec{b} = \begin{pmatrix} -1 \\ 5 \\ 7 \end{pmatrix}$ $\quad \vec{c} = \begin{pmatrix} -2 \\ -6 \\ 5 \end{pmatrix}$

→ (12)

Allgemein hat die Komponentendarstellung eines Vektors im Raum die Form

$$\vec{v} = \begin{pmatrix} v_1 \\ v_2 \\ v_3 \end{pmatrix}$$

Aufgaben zu 3.1

1. Geben Sie die Komponentendarstellung der gezeichneten Vektoren $\vec{u}$, $\vec{v}$ und $\vec{w}$ an.

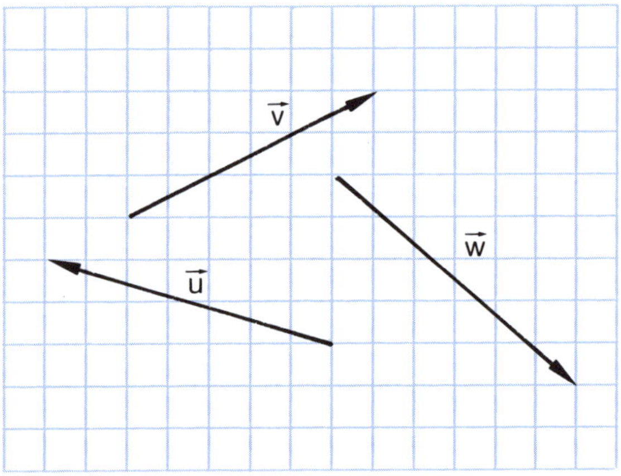

2. Zeichnen Sie in einem Gitternetz die Vektoren

$\vec{e} = \begin{pmatrix} -2 \\ -7 \end{pmatrix}$ $\quad \vec{f} = \begin{pmatrix} 5 \\ -8 \end{pmatrix}$ $\quad \vec{g} = \begin{pmatrix} -3 \\ 4 \end{pmatrix}$

3. Ein Vektor $\vec{x}$ im Raum hat die Komponenten x_1, x_2 und x_3. Welche Zahlenwerte haben diese Komponenten, wenn sie durch „drei nach links“, „fünf nach hinten“ und „zwei nach unten“ beschrieben werden können?

3.2 Addition und S-Multiplikation von Vektoren in Komponentenschreibweise

3

Auch die Addition und die S-Multiplikation von Vektoren lassen sich in der Komponentenschreibweise recht einfach darstellen. Betrachten Sie für die **Vektorsumme** die Vektoren $\vec{a}$ und $\vec{b}$ in nebenstehender Zeichnung. Wie bekannt, müssen die Vektoren zur Bestimmung des Summenvektors aneinandergehängt werden.

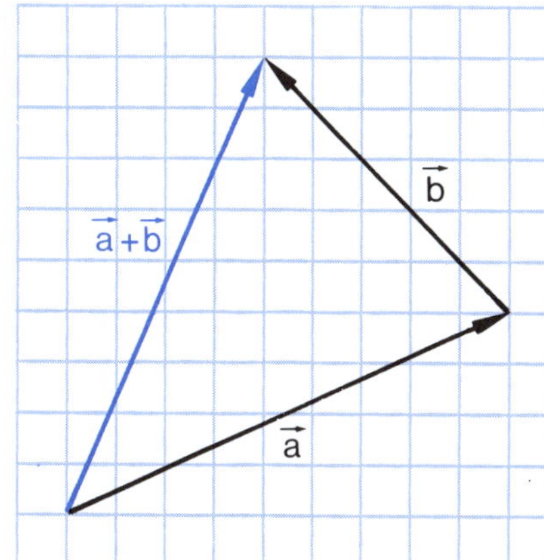

Lesen Sie in der Zeichnung ab. Es ist

$\vec{a} = \begin{pmatrix} 9 \\ 4 \end{pmatrix}$ $\vec{b} = \begin{pmatrix} -5 \\ 5 \end{pmatrix}$ $\vec{a}+\vec{b} = \begin{pmatrix} \; \\ \; \end{pmatrix}$

→ (16)

Die Addition von Vektoren wird also komponentenweise durchgeführt. Es gilt

$$\begin{pmatrix} a_1 \\ a_2 \end{pmatrix} + \begin{pmatrix} b_1 \\ b_2 \end{pmatrix} = \begin{pmatrix} a_1 + b_1 \\ a_2 + b_2 \end{pmatrix}$$

Prüfen Sie diese Regel an den folgenden Beispielen nach.

$\vec{a} = \begin{pmatrix} \; \\ \; \end{pmatrix}$ $\vec{b} = \begin{pmatrix} \; \\ \; \end{pmatrix}$ $\vec{a}+\vec{b} = \begin{pmatrix} \; \\ \; \end{pmatrix}$; $\vec{c} = \begin{pmatrix} \; \\ \; \end{pmatrix}$ $\vec{d} = \begin{pmatrix} \; \\ \; \end{pmatrix}$ $\vec{c}+\vec{d} = \begin{pmatrix} \; \\ \; \end{pmatrix}$;

$\vec{u} = \begin{pmatrix} \; \\ \; \end{pmatrix}$ $\vec{v} = \begin{pmatrix} \; \\ \; \end{pmatrix}$ $\vec{u}+\vec{v} = \begin{pmatrix} \; \\ \; \end{pmatrix}$

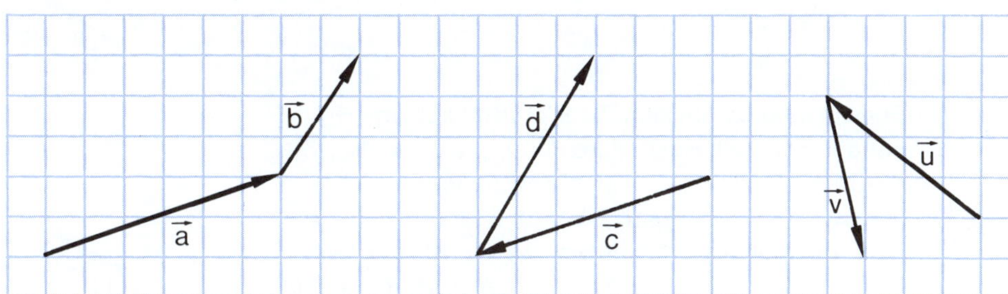

→ (9)

Auch für Vektoren im Raum gilt die komponentenweise Addition:

$$\vec{a} = \begin{pmatrix} a_1 \\ a_2 \\ a_3 \end{pmatrix} \quad \vec{b} = \begin{pmatrix} b_1 \\ b_2 \\ b_3 \end{pmatrix} \quad \vec{a}+\vec{b} = \begin{pmatrix} a_1 + b_1 \\ a_2 + b_2 \\ a_3 + b_3 \end{pmatrix}$$

Dies können Sie an der Zeichnung überprüfen.

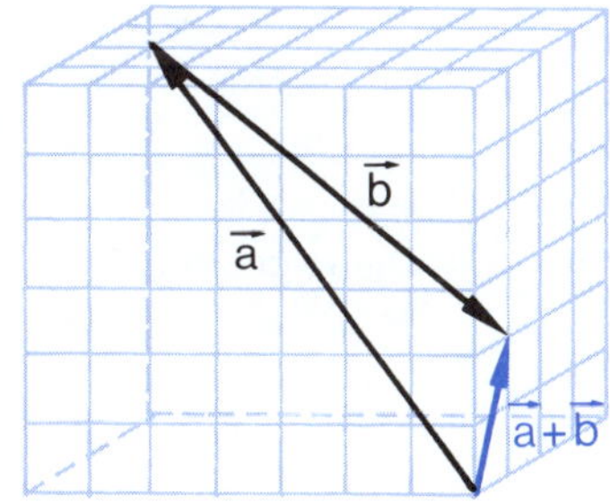

Natürlich kann man auch mehr als zwei Vektoren addieren. Da für die Vektoraddition das Assoziativgesetz gilt, kann man ohne Klammern schreiben:

$$\vec{a} + (\vec{b} + \vec{c}) = \vec{a} + \vec{b} + \vec{c} \quad \Rightarrow \quad \begin{pmatrix} a_1 \\ a_2 \\ a_3 \end{pmatrix} + \begin{pmatrix} b_1 \\ b_2 \\ b_3 \end{pmatrix} + \begin{pmatrix} c_1 \\ c_2 \\ c_3 \end{pmatrix} = \begin{pmatrix} a_1 + b_1 + c_1 \\ a_2 + b_2 + c_2 \\ a_3 + b_3 + c_3 \end{pmatrix}$$

Da die **Subtraktion** die Addition des Gegenvektors darstellt, kann man Vektoren selbstverständlich auch komponentenweise subtrahieren.

$$\vec{a} = \begin{pmatrix} 8 \\ 2 \end{pmatrix} \quad \vec{b} = \begin{pmatrix} 5 \\ -3 \end{pmatrix}$$

$$\vec{a} - \vec{b} = \begin{pmatrix} 8-5 \\ 2-(-3) \end{pmatrix} = \begin{pmatrix} 3 \\ 5 \end{pmatrix}$$

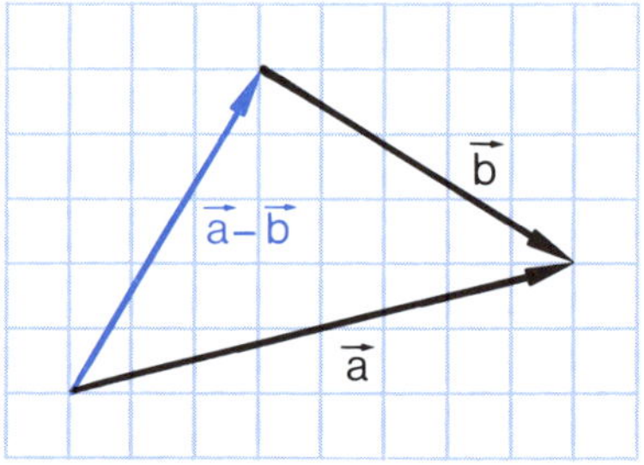

Oder man kann mehrere Vektoren addieren und subtrahieren. Hier ist ein Beispiel:

$$\begin{pmatrix} 6 \\ -3 \end{pmatrix} + \begin{pmatrix} 3 \\ 2 \end{pmatrix} - \begin{pmatrix} -2 \\ -3 \end{pmatrix} + \begin{pmatrix} 4 \\ -2 \end{pmatrix} = \begin{pmatrix} 15 \\ 0 \end{pmatrix}$$

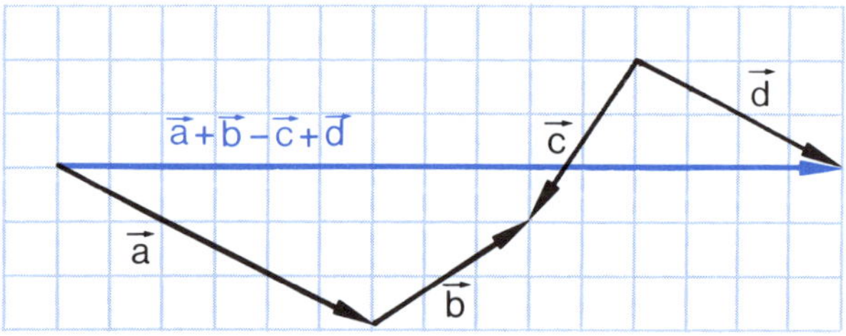

Ebenso einfach läßt sich die **S-Multiplikation** in Komponentenschreibweise durchführen. Betrachten Sie dazu den Vektor $\vec{a}$ mit den Komponenten $a_1 = 4$ und $a_2 = 2$. Dieser Vektor soll mit der Zahl 1,5 multipliziert werden. $1{,}5 \cdot \vec{a}$ ist ein Vektor von gleicher Richtung wie $\vec{a}$ aber mit 1,5-facher Länge. Der Vektor $1{,}5 \cdot \vec{a}$ ist in der Zeichnung rot eingetragen. Seine Komponenten sind 6 und 3. Für das Ergebnis der S-Multiplikation gilt also

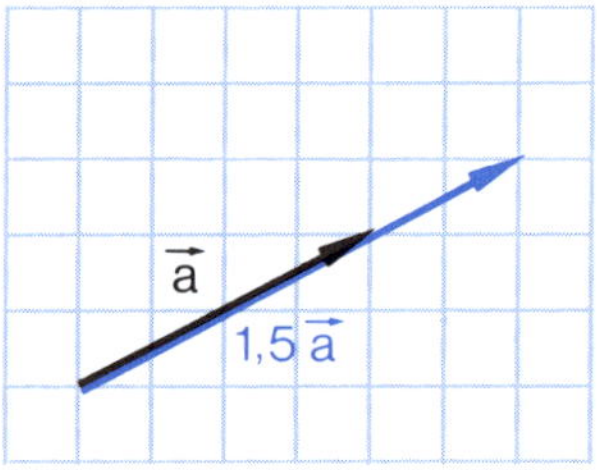

$$r \cdot \vec{a} = r \cdot \begin{pmatrix} a_1 \\ a_2 \end{pmatrix} = \begin{pmatrix} r \cdot a_1 \\ r \cdot a_2 \end{pmatrix}$$

Die folgenden Beispiele zeigen die S-Multiplikation mit weiteren Vektoren. Rechnen und zeichnen Sie bitte.

$$2 \cdot \vec{u} = 2 \cdot \begin{pmatrix} \\ \end{pmatrix} = \begin{pmatrix} \\ \end{pmatrix} \qquad 0{,}5 \cdot \vec{v} = 0{,}5 \cdot \begin{pmatrix} \\ \end{pmatrix} = \begin{pmatrix} \\ \end{pmatrix} \qquad -3 \cdot \vec{w} = -3 \cdot \begin{pmatrix} \\ \end{pmatrix} = \begin{pmatrix} \\ \end{pmatrix}$$

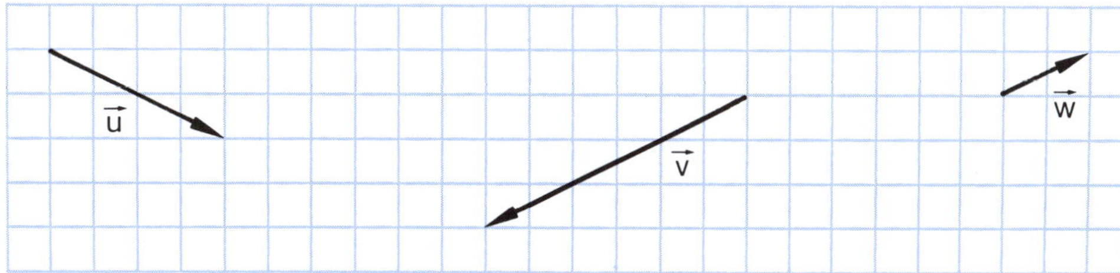

→ ①

Ist die Zahl r negativ, so weist der Ergebnisvektor in die entgegengesetzte Richtung.

Das Verfahren der S-Multiplikation gilt natürlich auch für Vektoren im Raum, also für Vektoren mit drei Komponenten.

$$r \cdot \vec{v} = r \cdot \begin{pmatrix} v_1 \\ v_2 \\ v_3 \end{pmatrix} = \begin{pmatrix} r\,v_1 \\ r\,v_2 \\ r\,v_3 \end{pmatrix}$$

Schließlich kann man auch Vektoren mit Skalaren multiplizieren und anschließend addieren und subtrahieren. Ein Beispiel dafür ist:

$$3 \cdot \begin{pmatrix} 2 \\ -1 \\ 3 \end{pmatrix} + 1{,}5 \cdot \begin{pmatrix} -4 \\ 6 \\ -2 \end{pmatrix} - 2 \cdot \begin{pmatrix} 3 \\ -5 \\ 2 \end{pmatrix} = \begin{pmatrix} 6 \\ -3 \\ 9 \end{pmatrix} + \begin{pmatrix} -6 \\ 9 \\ -3 \end{pmatrix} - \begin{pmatrix} 6 \\ -10 \\ 4 \end{pmatrix} = \begin{pmatrix} -6 \\ 16 \\ 2 \end{pmatrix}$$

Mit der Komponentendarstellung können Sie jetzt Vektorgleichungen lösen.
Zum Beispiel: Bestimmen Sie den Vektor $\vec{x}$, so daß die Gleichung

$$\vec{x} + \begin{pmatrix} 2 \\ 0 \\ -1 \end{pmatrix} = \begin{pmatrix} 3 \\ -2 \\ 5 \end{pmatrix}$$ erfüllt ist.

Man subtrahiert

$$\vec{x} + \begin{pmatrix} 2 \\ 0 \\ -1 \end{pmatrix} - \begin{pmatrix} 2 \\ 0 \\ -1 \end{pmatrix} = \begin{pmatrix} 3 \\ -2 \\ 5 \end{pmatrix} - \begin{pmatrix} 2 \\ 0 \\ -1 \end{pmatrix}$$

und erhält

$$\vec{x} = \begin{pmatrix} 1 \\ -2 \\ 6 \end{pmatrix}$$

Ein zweites Beispiel:

$$\begin{pmatrix} -5 \\ 1 \\ 2 \end{pmatrix} - 2 \cdot \vec{x} = \begin{pmatrix} 5 \\ 3 \\ -6 \end{pmatrix}$$ Bitte lösen Sie selbst.

→ ⑥

Aufgaben zu 3.2

1. Gegeben sind die Vektoren $\vec{a} = \begin{pmatrix} 2 \\ 3 \end{pmatrix}$, $\vec{b} = \begin{pmatrix} -1 \\ 0 \end{pmatrix}$, $\vec{c} = \begin{pmatrix} 4 \\ -3 \end{pmatrix}$ und $\vec{d} = \begin{pmatrix} -1 \\ -2 \end{pmatrix}$.

Bestimmen Sie $\vec{a} + \vec{b}$, $\vec{a} - \vec{b}$, $\vec{a} + \vec{b} - \vec{c}$, $\vec{d} - \vec{a} - \vec{b} - \vec{c}$, $3\vec{a} - 2\vec{b}$, $4\vec{b} + 0{,}5\vec{c} - 5\vec{d}$.

2. Lösen Sie die Gleichungen für $\vec{u} = \begin{pmatrix} -5 \\ 7 \end{pmatrix}$, $\vec{v} = \begin{pmatrix} -3 \\ -4 \end{pmatrix}$.

a) $\vec{u} + \vec{x} = \vec{v}$ b) $\vec{x} - \vec{v} = 2\vec{u}$

c) $2\vec{x} + 3\vec{u} = 4\vec{v}$ d) $0{,}5\vec{u} - 5\vec{x} = 6\vec{v}$

3. Gegeben sind die Vektoren $\vec{a} = \begin{pmatrix} 5 \\ -2 \end{pmatrix}$, $\vec{b} = \begin{pmatrix} 7 \\ 10 \end{pmatrix}$, $\vec{c} = \begin{pmatrix} -4 \\ 0 \end{pmatrix}$.

Bestimmen Sie den Vektor $\vec{d}$ so, daß

a) $\vec{a} + \vec{b} + \vec{c} + \vec{d}$ b) $3\vec{a} - 5\vec{b} + \vec{c} - 2\vec{d}$

einen geschlossenen Vektorzug darstellt.

3.3 Betrag eines Vektors in Komponentenschreibweise

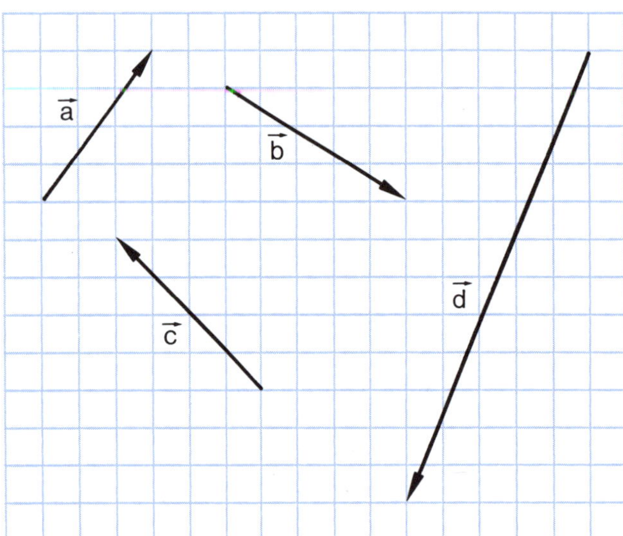

Auch den **Betrag eines Vektors** kann man in der Komponentenschreibweise ausrechnen. Der Betrag eines Vektors wird ja durch die Länge des Pfeiles dargestellt. Im Gitternetz bilden die beiden Komponenten des Vektors zusammen mit dem Vektorpfeil stets ein rechtwinkliges Dreieck. Also läßt sich der Satz des Pythagoras anwenden. Für den Vektor $\vec{a}$ gilt

$$|\vec{a}|^2 = a_1^2 + a_2^2$$
$$|\vec{a}|^2 = 3^2 + 4^2$$
$$|\vec{a}|^2 = 9 + 16$$
$$|\vec{a}|^2 = 25$$
$$|\vec{a}| = 5$$

Bestimmen Sie auf dieselbe Weise die Beträge der Vektoren $\vec{b}$, $\vec{c}$ und $\vec{d}$.

→ (14)

Allgemein heißt das: $|\vec{v}| = \sqrt{v_1^2 + v_2^2}$

Für die Vektoren im Raum muß man wieder mit drei Komponenten rechnen. Der Vektorpfeil ist sozusagen die Raumdiagonale im Quader aus den Komponenten a_1 , a_2 und a_3 .

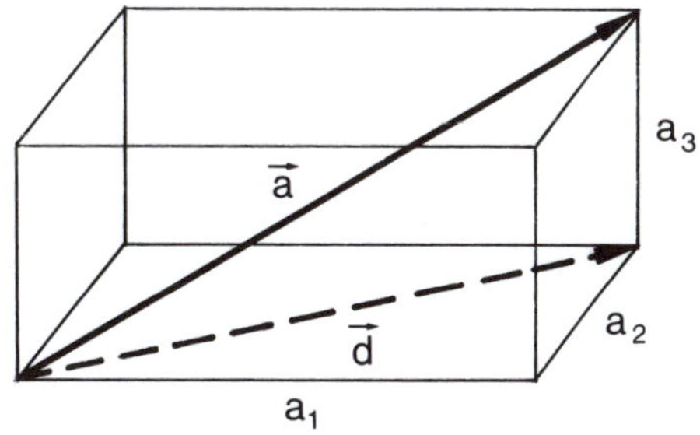

Man wendet an zwei rechtwinkligen Dreiecken den Satz des Pythagoras an. Zunächst erhält man die Länge der Diagonale der Grundfläche.

$$|\vec{d}| = \sqrt{a_1^2 + a_2^2}$$

und dann $$|\vec{a}| = \sqrt{|\vec{d}|^2 + a_3^2}$$

also $$|\vec{a}| = \sqrt{a_1^2 + a_2^2 + a_3^2}$$

Bestimmen Sie bitte mit den Formeln für den Betrag eines Vektors (in der Ebene bzw. im Raum) die Beträge der folgenden Vektoren:

In der Ebene: $\vec{a} = \begin{pmatrix} \frac{3}{5} \\ \frac{4}{5} \end{pmatrix} \Rightarrow |\vec{a}| =$ ______

$\vec{b} = \begin{pmatrix} 0 \\ 1 \end{pmatrix} \Rightarrow |\vec{b}| =$ ______

$\vec{c} = \begin{pmatrix} \frac{12}{13} \\ \frac{5}{13} \end{pmatrix} \Rightarrow |\vec{c}| =$ ______

Im Raum: $\vec{d} = \begin{pmatrix} \frac{2}{3} \\ \frac{1}{3} \\ \frac{2}{3} \end{pmatrix} \Rightarrow |\vec{d}| =$ ______

$\vec{e} = \begin{pmatrix} 1 \\ 0 \\ 0 \end{pmatrix} \Rightarrow |\vec{e}| =$ ______

$\vec{f} = \begin{pmatrix} \frac{2}{11} \\ \frac{6}{11} \\ \frac{9}{11} \end{pmatrix} \Rightarrow |\vec{f}| =$ ______ → (7)

Die eben gelösten Aufgaben führen immer zum selben Ergebnis. Es handelt sich um Vektoren mit dem Betrag 1 . Die zugehörigen Pfeile im Gitternetz haben die Länge 1 . Für solche Vektoren führt man einen besonderen Namen ein.

Ein Vektor $\vec{a}$ mit $|\vec{a}| = 1$ heißt **Einheitsvektor**.

Es gibt natürlich viele verschiedene Einheitsvektoren; sie haben zwar denselben Betrag 1, aber sie können ganz verschiedene Richtung haben. Anders ausgedrückt kann man sagen: Zu jeder Richtung gibt es einen Einheitsvektor.

Ist etwa eine Richtung durch den Vektor $\vec{v} = \begin{pmatrix} 3 \\ 4 \end{pmatrix}$ festgelegt, so kann man den zu dieser Richtung gehörenden Einheitsvektor bestimmen: Es muß ein Vektor mit derselben Richtung wie $\vec{v}$ sein, der den Betrag 1 hat. Der Vektor $\vec{v}$ hat den Betrag $|\vec{v}| = \sqrt{3^2+4^2} = \sqrt{25} = 5$. Der zugehörige Einheitsvektor darf nur $\frac{1}{5}$ dieser Länge haben.

Einen Vektor gleicher Richtung, aber anderer Länge, konnte man mit Hilfe der S-Multiplikation erhalten. Der Einheitsvektor zu $\vec{v}$ muß daher $\frac{1}{5}\vec{v} = \begin{pmatrix} 0{,}6 \\ 0{,}8 \end{pmatrix}$ sein. Prüfen Sie dies nach, indem Sie den Betrag des Vektors $\begin{pmatrix} 0{,}6 \\ 0{,}8 \end{pmatrix}$ berechnen.

→ (2)

Den zu einem Vektor $\vec{v}$ gehörenden Einheitsvektor bezeichnet man oft als $\vec{v}^{\,0}$ (gesprochen: v oben Null). Es gilt also allgemein:

> Einheitsvektor in Richtung von $\vec{v}$ ist $\vec{v}^{\,0} = \frac{1}{|\vec{v}|} \cdot \vec{v}$

Bestimmen Sie die Vektoren $\vec{u}^{\,0}$ und $\vec{w}^{\,0}$, wenn $\vec{u} = \begin{pmatrix} 5 \\ 12 \\ 0 \end{pmatrix}$ und $\vec{w} = \begin{pmatrix} 1 \\ 1 \\ 1 \end{pmatrix}$ ist.

→ (15)

Aufgaben zu 3.3

1. Bestimmen Sie den Betrag der Vektoren $\vec{u} = \begin{pmatrix} 1 \\ 0 \end{pmatrix}$, $\vec{v} = \begin{pmatrix} 2 \\ 2 \end{pmatrix}$, $\vec{w} = \begin{pmatrix} -1 \\ 2 \end{pmatrix}$.

2. Wie groß ist $|\vec{c}|$ für $\vec{c} = \begin{pmatrix} 9 \\ -2 \\ 6 \end{pmatrix}$?

3. Ein Vektor hat die drei Komponenten x_1, x_2 und x_3. Wie groß ist x_3, wenn $x_1 = 3$, $x_2 = 2$ und $|\vec{x}| = 4$ sind?

4. Wie groß ist der Betrag von $4 \cdot \begin{pmatrix} -4 \\ 3 \\ 0 \end{pmatrix}$?

5. Welche Komponenten kann ein Vektor in der Ebene haben, wenn sein Betrag 5 ist?

6. Berechnen Sie die Einheitsvektoren $\vec{r}^{\,0}$ und $\vec{s}^{\,0}$, wenn $\vec{r} = \begin{pmatrix} 1 \\ 2 \\ -2 \end{pmatrix}$ und $\vec{s} = \begin{pmatrix} 2{,}5 \\ 0 \\ -6 \end{pmatrix}$ sind.

3.4 Vektoren im Koordinatensystem – Ortsvektoren

Sie wissen, daß Pfeile Vektoren darstellen können. Ein Vektor $\vec{a}$ mit den Komponenten $a_1 = 4$ und $a_2 = 3$ wird zum Beispiel durch den Pfeil dargestellt, der hier rechts rot eingezeichnet ist. Aber auch alle schwarz gezeichneten Pfeile stellen denselben Vektor dar. Sie erinnern sich sicher an Lektion 1: Eine ganze Pfeilklasse stellt einen Vektor dar.

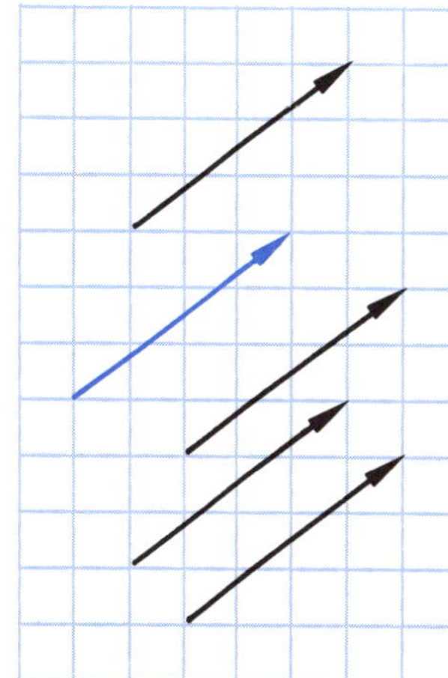

3

Will man nun – wie es etwa bei der Flugüberwachung notwendig ist – eine ganz bestimmte Stelle in der Ebene oder im Raum angeben, so kommt man mit den Vektoren im Gitternetz, wie sie bisher verwendet wurden, nicht vollständig aus. Man braucht noch einen Bezugspunkt, an den man den Vektor anhängt. Dazu ergänzt man das Gitternetz durch einen Ursprungspunkt und erhält so ein Koordinatensystem mit dem Koordinaten-Nullpunkt O und den Koordinatenachsen. Hängt man jetzt den Vektor $\begin{pmatrix} 4 \\ 3 \end{pmatrix}$ an den Nullpunkt des Koordinatensystems, so gibt der Vektor einen festen Ort im Koordinatensystem, nämlich den Punkt A (4 | 3) an. Einen solchen Vektor nennt man einen **Ortsvektor**.

Geben Sie die Ortsvektoren an, die zu den Punkten B , C und D führen. Welcher Ortsvektor führt zum Anfangspunkt des rot gezeichneten Pfeiles?

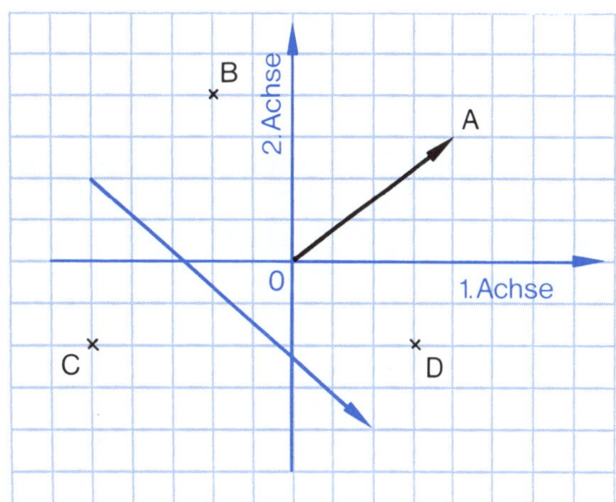

→ (10)

Addiert man zu einem Ortsvektor einen anderen Vektor, so läßt sich das Ergebnis wieder durch einen Ortsvektor angeben.

Zum Beispiel soll zum Ortsvektor $\begin{pmatrix} 1 \\ 2 \end{pmatrix}$ der Vektor $\begin{pmatrix} -3 \\ 5 \end{pmatrix}$ addiert werden. Das Ergebnis kann man als den Ortsvektor $\begin{pmatrix} -2 \\ 7 \end{pmatrix}$ auffassen.

In dem nebenstehenden Koordinatensystem ist ein Ortsvektor $\vec{p}$ vorgegeben. Außerdem sind die Punkte Q , R und S eingezeichnet.
Geben Sie zu jedem Punkt den Ortsvektor an und bestimmen Sie die Vektoren, die man zu $\vec{p}$ addieren muß, um zu den Punkten Q , R bzw. S zu gelangen.

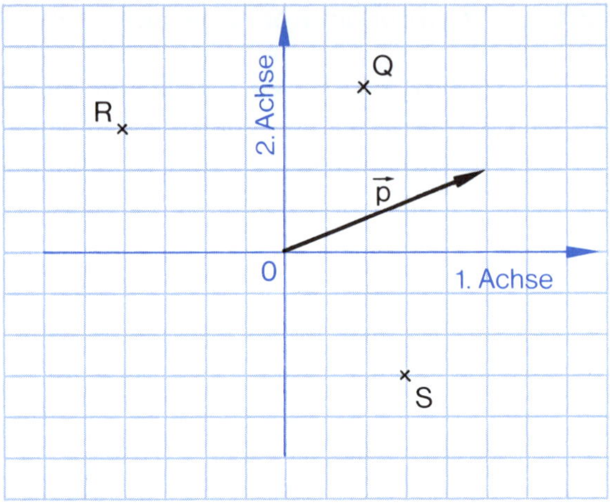

→ (17)

Alle bisherigen Überlegungen gelten nicht nur in der Ebene, sondern auch im dreidimensionalen Raum. Wie alle Vektoren im Raum haben dann natürlich auch die Ortsvektoren drei Komponenten.
Durch die Festlegung eines Koordinatensystems im Raum mit dem Nullpunkt O und den drei Koordinatenachsen gibt es zu jedem Punkt im Raum einen Ortsvektor

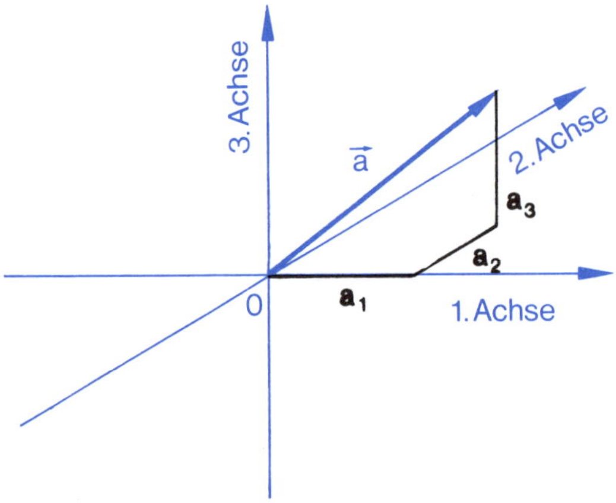

Aufgaben zu 3.4

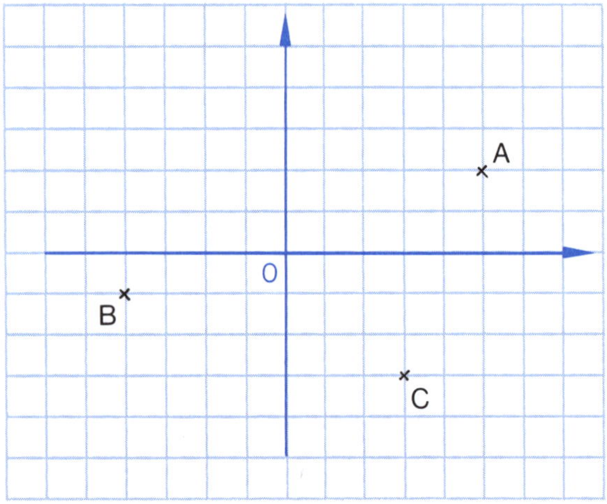

1. Geben Sie die Ortsvektoren an, die zu den Punkten A , B und C führen.

2. Welche Entfernung haben die Punkte A , B und C vom Nullpunkt?

3. Wo liegen die Punkte, deren Ortsvektoren Einheitsvektoren sind?

3.5 Die vektorielle Geradengleichung

Betrachten Sie zunächst folgendes Beispiel in der Ebene:
Der zum Punkt A führende Ortsvektor sei $\vec{a} = \begin{pmatrix} 3 \\ 2 \end{pmatrix}$. Zeichnen Sie in dem Koordinatensystem die Punkte ein, die durch $\vec{a} + \vec{u}$, $\vec{a} + 2\vec{u}$, $\vec{a} + 3\vec{u}$, $\vec{a} - \vec{u}$, $\vec{a} - 2\vec{u}$ gegeben sind, wenn $\vec{u} = \begin{pmatrix} -2 \\ 1 \end{pmatrix}$ ist.

→ 3

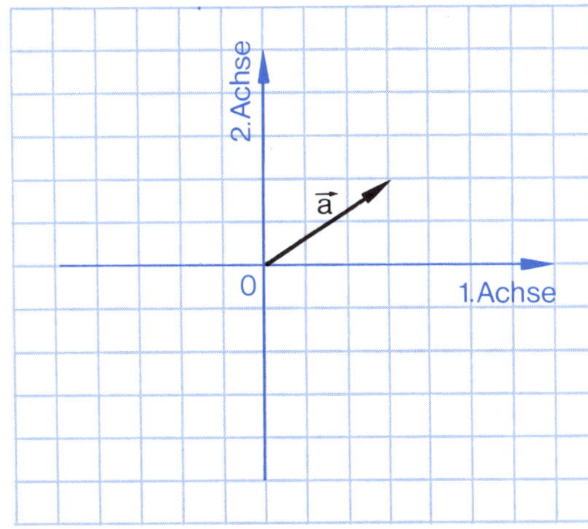

Sie können feststellen, daß die so gefundenen Punkte alle auf einer Geraden g liegen.
Nun soll ein beliebiges Vielfaches von $\vec{u}$ gewählt werden, indem $\vec{u}$ mit der reellen Zahl λ (griechischer Buchstabe, gesprochen: lambda) multipliziert wird. Man bildet also $\lambda \cdot \vec{u}$ und addiert es zu $\vec{a}$.
Jeder Punkt, der durch $\vec{a} + \lambda \cdot \vec{u}$ angegeben wird, liegt ebenfalls auf der oben gefundenen Geraden g.

Umgekehrt läßt sich auch jeder Punkt auf der Geraden g in der Form $\vec{a} + \lambda \cdot \vec{u}$ (mit $\lambda \in \mathbb{R}$) angeben, zum Beispiel
der Punkt B durch $\vec{a} + 1{,}5\vec{u}$;
der Punkt C durch $\vec{a} - 0{,}8\vec{u}$;
der Punkt A durch $\vec{a} + 0 \cdot \vec{u}$.

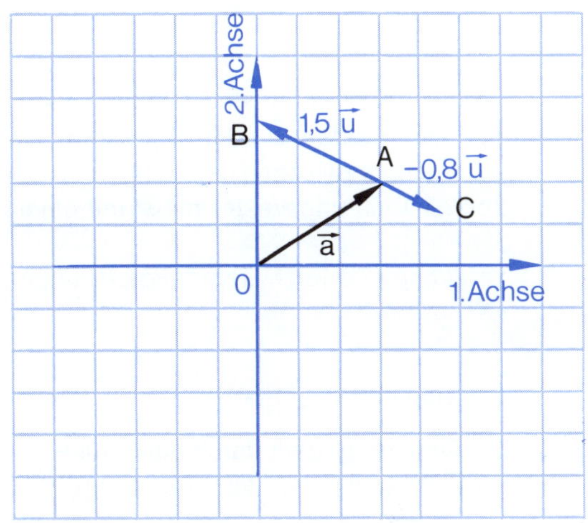

Allgemein kann man sagen:
Jeder Punkt X auf der Geraden g wird durch einen Ortsvektor der Form

$$\vec{x} = \vec{a} + \lambda \cdot \vec{u}$$

angegeben.

Man nennt daher $\vec{x} = \vec{a} + \lambda \cdot \vec{u}$ die vektorielle Gleichung der Geraden g und schreibt dafür kurz

$$g: \quad \vec{x} = \vec{a} + \lambda \cdot \vec{u}$$

Die reelle Zahl λ durchläuft alle reellen Zahlen. Eine solche Zahl nennt man auch einen Parameter. Deshalb spricht man auch von der **Parametergleichung der Geraden.**
Die gleiche Überlegung kann man auch im Raum anstellen. Die Vektoren haben dann natürlich wieder drei Komponenten. Um alle Punkte auf einer Geraden im Raum anzugeben, muß man zunächst mit einem Ortsvektor $\vec{a}$ vom Koordinatenursprung zu einem Punkt A auf der Geraden kommen. Vom Punkt A aus gelangt man zu jedem Punkt auf der Geraden durch ein entsprechendes Vielfaches eines Vektors, der die Richtung der Geraden hat. Man nennt einen solchen Vektor deswegen auch **Richtungsvektor der Geraden**. Die vektorielle Gleichung der Geraden g im Raum ist also ebenfalls von der Gestalt

$$g: \quad \vec{x} = \vec{a} + \lambda \cdot \vec{u}$$

Hier rechts finden Sie ein Beispiel für eine solche Gerade im Raum.

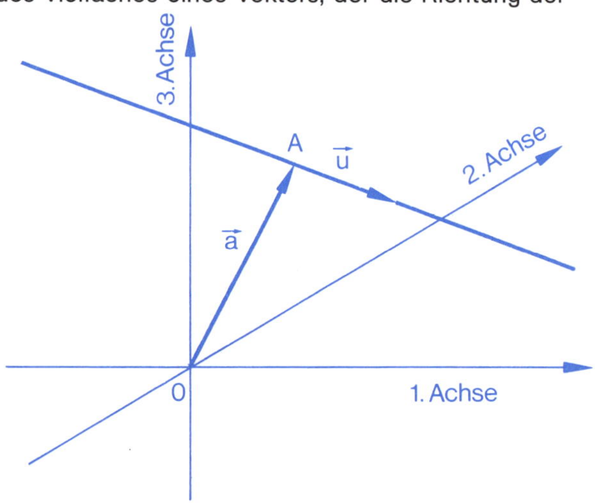

Natürlich kann man den Richtungsvektor mit jedem beliebigen Buchstaben bezeichnen, also ihn $\vec{b}$ oder $\vec{c}$ oder $\vec{d}$ nennen. Damit man sich bei solchen Gleichungen an den Unterschied zwischen dem Ortsvektor und dem Richtungsvektor erinnert, wird im folgenden ein Richtungsvektor meist mit einem der Buchstaben $\vec{u}$, $\vec{v}$ oder $\vec{w}$ bezeichnet.

Versuchen Sie jetzt, Geradengleichungen aufzustellen und Zeichnungen dieser Geraden anzufertigen.

1. Beispiel (in der Ebene):

Die Gerade g geht durch den Punkt A (4 | 1) und hat als Richtungsvektor $\vec{u} = \begin{pmatrix} -1 \\ 1 \end{pmatrix}$.

$$g: \quad \vec{x} = \vec{a} + \lambda \cdot \vec{u}$$

oder in Komponentenschreibweise

g: ____________________

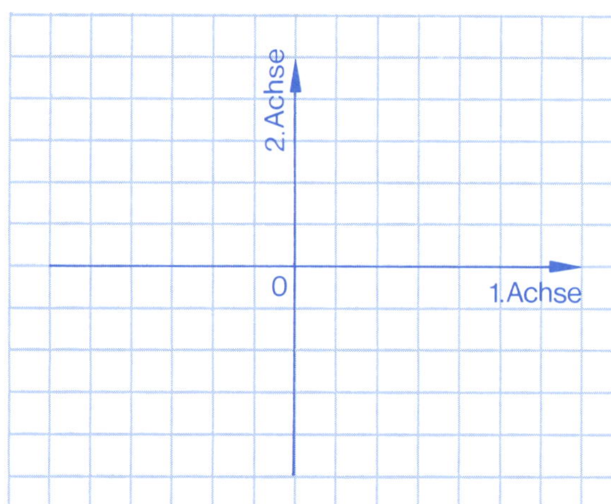

→ 13

2. Beispiel (im Raum):

Die Gerade h soll durch den Punkt B (−2 | 1 | 3) gehen und den Richtungsvektor $\vec{v} = \begin{pmatrix} 3 \\ 1 \\ 2 \end{pmatrix}$ haben.

Durch den Punkt B ist der Ortsvektor $\vec{b}$ festgelegt. Die Geradengleichung muß also lauten

h: $\vec{x} = \vec{b} + \lambda \cdot \vec{v}$

oder in Komponentenschreibweise

h: ____________________

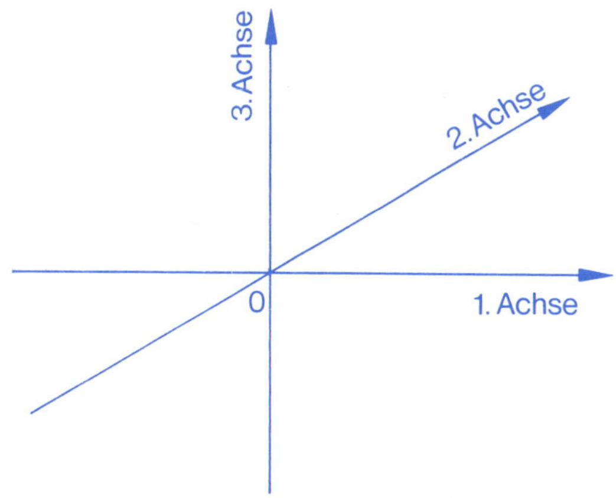

→ (8)

3

Zur Bestimmung der Geraden wurden ein Punkt und die Richtung der Geraden angegeben. Damit ist die Gerade eindeutig festgelegt. In der Geradengleichung treten der Punkt als Ortsvektor und die Richtung als Richtungsvektor auf. Diese Form der Geradengleichung bezeichnet man daher auch als **Punkt-Richtungs-Form der Geradengleichung**.

Sie wissen, daß eine Gerade g auch eindeutig festgelegt ist, wenn man zwei Punkte auf ihr kennt. Die Punkte A und B in der Zeichnung bestimmen die Gerade g. Jeder Punkt kann durch den zugehörigen Ortsvektor angegeben werden. Aus der Zeichnung sehen Sie sofort, daß man einen Richtungsvektor der Geraden als Differenz der beiden Ortsvektoren berechnen kann.
Der rot eingezeichnete Vektor ist

$\vec{b} - \vec{a}$

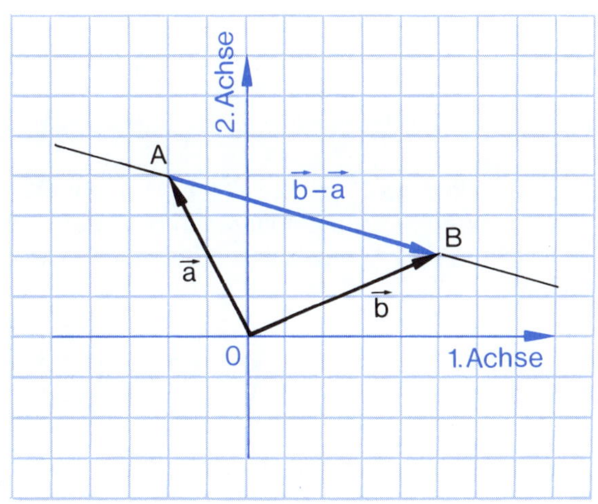

Dieser Vektor gibt die Richtung der Geraden an. Sind zwei Punkte A und B der Geraden g gegeben, so läßt sich die vektorielle Geradengleichung schreiben als

$$g: \quad \vec{x} = \vec{a} + \lambda \cdot (\vec{b} - \vec{a})$$

Diese Form heißt **Zwei-Punkte-Form der Geradengleichung**.

Beispiele:

Bestimmen Sie die Gleichung der Geraden g durch die beiden Punkte A (3 | −4) und B (−1 | 3) .

$$g:\quad \vec{x} = \begin{pmatrix} \ \end{pmatrix} + \lambda \cdot \left(\begin{pmatrix} \ \end{pmatrix} - \begin{pmatrix} \ \end{pmatrix} \right)$$

$$g:\quad \vec{x} = \begin{pmatrix} \ \end{pmatrix} + \lambda \cdot \begin{pmatrix} \ \end{pmatrix}$$

→ 5

Wie lautet die Gleichung der Geraden g , auf der die Punkte C (5 | 3 | −2) und D (−2 | 4 | 1) liegen?

$$g:\quad \vec{x} = \begin{pmatrix} \ \end{pmatrix} + \lambda \cdot \left(\begin{pmatrix} \ \end{pmatrix} - \begin{pmatrix} \ \end{pmatrix} \right)$$

$$g:\quad \vec{x} = \begin{pmatrix} \ \end{pmatrix} + \lambda \cdot \begin{pmatrix} \ \end{pmatrix}$$

→ 11

Wie kann man nun umgekehrt feststellen, ob ein Punkt Z auf einer Geraden g liegt oder nicht? Natürlich könnte man eine Zeichnung anfertigen und an Hand der Zeichnung den Sachverhalt prüfen. Für Geraden in der Ebene könnte die Zeichnung jedoch ungenau sein und für Geraden im Raum läßt sich aus einer Zeichnung nicht ohne weiteres erkennen, ob ein Punkt auf der Geraden liegt. Ein rechnerisches Verfahren ist auf jeden Fall einfacher.

Betrachten Sie dazu das folgende Beispiel: Gegeben ist die Gerade g durch die Gleichung

$$g:\quad \vec{x} = \begin{pmatrix} 2 \\ -1 \\ 3 \end{pmatrix} + \lambda \cdot \begin{pmatrix} 5 \\ 1 \\ -2 \end{pmatrix}$$

Liegt der Punkt Z (12 | 1 | −1) auf dieser Geraden?
Wenn Z auf der Geraden liegt, dann muß es eine bestimmte reelle Zahl λ_Z geben, so daß der Ortsvektor $\vec{z}$, der zum Punkt Z führt, als

$$\vec{z} = \begin{pmatrix} 2 \\ -1 \\ 3 \end{pmatrix} + \lambda_Z \cdot \begin{pmatrix} 5 \\ 1 \\ -2 \end{pmatrix}$$

geschrieben werden kann. In Komponenten ausgedrückt bedeutet dies: Die Gleichung

$$\begin{pmatrix} 12 \\ 1 \\ -1 \end{pmatrix} = \begin{pmatrix} z_1 \\ z_2 \\ z_3 \end{pmatrix} = \begin{pmatrix} 2 \\ -1 \\ 3 \end{pmatrix} + \lambda_Z \cdot \begin{pmatrix} 5 \\ 1 \\ -2 \end{pmatrix}$$

muß erfüllt sein. Eine Vektorgleichung ist aber genau dann erfüllt, wenn die einzelnen Komponentengleichungen erfüllt sind; hier also, wenn die drei Gleichungen

$$\begin{aligned} 12 &= 2 + 5\,\lambda_Z \\ 1 &= -1 + \lambda_Z \\ -1 &= 3 - 2\,\lambda_Z \end{aligned}$$

gelten. Aus der ersten Gleichung können Sie $\lambda_Z = 2$ bestimmen. Dieser Wert für λ_Z erfüllt auch die beiden anderen Gleichungen. Der Punkt Z liegt auf der Geraden.

Der Punkt R (−3 | −2 | 4) liegt nicht auf der Geraden g. Um dies zu sehen, müssen Sie wieder die Gleichung

$$\begin{pmatrix} -3 \\ -2 \\ 4 \end{pmatrix} = \begin{pmatrix} 2 \\ -1 \\ 3 \end{pmatrix} + \lambda_R \cdot \begin{pmatrix} 5 \\ 1 \\ -2 \end{pmatrix}$$

bzw. im einzelnen die drei Komponentengleichungen

$$\begin{aligned} -3 &= 2 + 5\,\lambda_R \\ -2 &= -1 + \lambda_R \\ 4 &= 3 - 2\,\lambda_R \end{aligned}$$

betrachten. Aus der ersten Gleichung ergibt sich $\lambda_R = -1$. Dieser Wert für die erste Gleichung erfüllt auch noch die zweite Gleichung, jedoch nicht mehr die dritte. Da nicht alle drei Gleichungen erfüllt sind, liegt R nicht auf g.

Aufgaben zu 3.5

1. Geben Sie drei Punkte an, die auf der Geraden g: $\vec{x} = \begin{pmatrix} 4 \\ -1 \end{pmatrix} + \lambda \cdot \begin{pmatrix} 2 \\ 3 \end{pmatrix}$ liegen.

2. Welche vektoriellen Gleichungen haben die Winkelhalbierenden in einem ebenen Koordinatensystem?

3. Liegt der Punkt A (5 | 12), der Punkt B (−3 | −1) auf der Geraden mit der Gleichung $\vec{x} = \begin{pmatrix} 1 \\ 2 \end{pmatrix} + \lambda \cdot \begin{pmatrix} 2 \\ 5 \end{pmatrix}$?

4. Wie lautet die Gleichung der Geraden g durch den Punkt (1 | 0 | −1) mit dem Richtungsvektor $\begin{pmatrix} 0 \\ -1 \\ 2 \end{pmatrix}$?

[5.] Welche Lage hat die Gerade a) $\vec{x} = \lambda \cdot \begin{pmatrix} 0 \\ 0 \\ 1 \end{pmatrix}$ b) $\vec{x} = \lambda \cdot \begin{pmatrix} 1 \\ 1 \\ 1 \end{pmatrix}$?

6. Geben Sie die Gleichung der Geraden durch die Punkte A (2 | 0 | −1) und B (5 | 3 | 1) an.

7. Liegen die Punkte K (3 | 2 | 1) und L (−2 | 3 | −4) auf der Geraden

g: $\vec{x} = \begin{pmatrix} 0 \\ 5 \\ -2 \end{pmatrix} + \lambda \cdot \begin{pmatrix} 1 \\ 1 \\ 1 \end{pmatrix}$?

3.6 Die vektorielle Ebenengleichung

Zwei Geraden im Raum können verschiedene Lagen zueinander haben. Sie können

1. **parallel** sein 2. **sich schneiden** 3. **windschief** sein

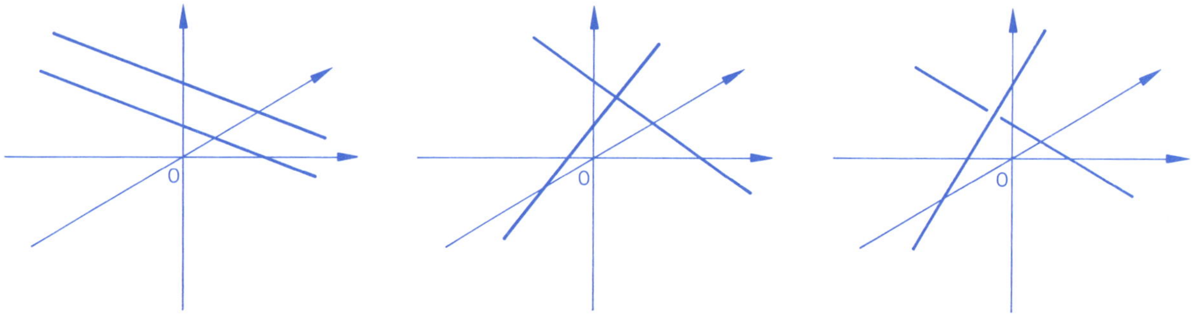

Den dritten Fall kann man sich wahrscheinlich am wenigsten vorstellen. Eine Hilfe ist vielleicht, zwei lange Stäbe so im Raum zu halten, daß sie nicht parallel sind, sich aber auch sicher nicht schneiden. Denken Sie etwa an die Bahnen zweier Flugzeuge, die nicht parallel verlaufen und so liegen müssen, daß es auf keinen Fall einen Zusammenstoß geben kann. Die verschiedenen Lagen von Geraden im Raum zueinander werden in der folgenden Lektion noch genauer betrachtet. Jetzt soll nur festgehalten werden, daß zwei sich schneidende Geraden auf einer Ebene liegen, zwei windschiefe jedoch nicht. Auch dies können Sie sich praktisch klarmachen, wenn Sie die zwei langen Stäbe einmal so halten, daß ein Schnittpunkt auftritt und einmal so halten, daß kein Schnittpunkt entstehen kann. Lassen Sie jedesmal jemanden versuchen, einen ebenen Karton an beide Geraden gleichzeitig anzulegen. Bei windschiefen Geraden wird dies nicht gelingen. Warum aber geht es bei sich schneidenden Geraden?

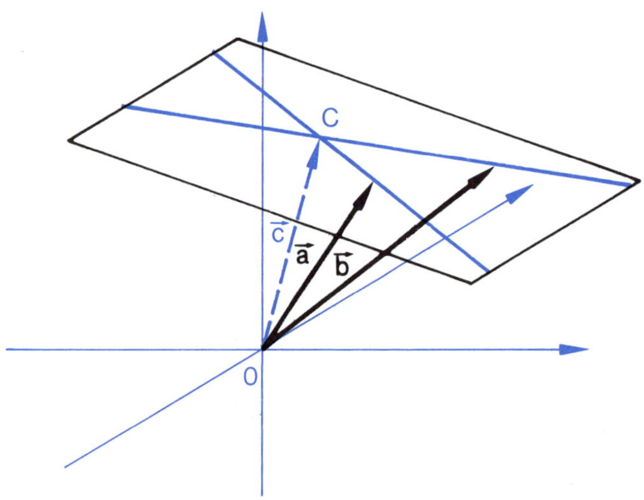

Die erste Gerade hat die Gleichung

$$g_1: \quad \vec{x} = \vec{a} + \lambda_1 \cdot \vec{u}$$

die zweite Gerade hat die Gleichung

$$g_2: \quad \vec{x} = \vec{b} + \lambda_2 \cdot \vec{v}$$

Da sich die beiden Geraden schneiden, gibt es einen Schnittpunkt C mit dem Ortsvektor $\vec{c}$. Nun läßt sich die Gleichung einer jeden Geraden mit dem Ortsvektor $\vec{c}$ schreiben, denn $\vec{c}$ führt sowohl zu g_1 als auch zu g_2. Also

$$g_1: \quad \vec{x} = \vec{c} + \lambda \cdot \vec{u} \qquad \text{und} \qquad g_2: \quad \vec{x} = \vec{c} + \mu \cdot \vec{v}$$

(Als zweiter Parameter ist hier das griechische m geschrieben worden: μ, gesprochen mü.)

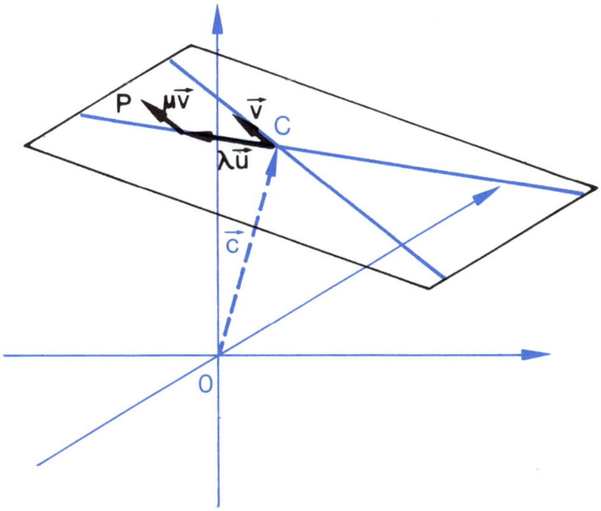

Will man nun zu irgendeinem Punkt P der Ebene gelangen, so muß man zunächst mit dem Ortsvektor $\vec{c}$ zum Punkt C gehen, dann muß man ein entsprechendes Vielfaches von $\vec{u}$ und anschließend ein entsprechendes Vielfaches von $\vec{v}$ weitergehen.

3

Bei entsprechender Wahl von λ und μ läßt sich tatsächlich jeder Punkt der Ebene erreichen. Umgekehrt führt jede Wahl von λ und μ immer zu einem Punkt auf der Ebene, denn es gibt vom Punkt C aus keinen Richtungsvektor, der aus der Ebene herausführt.

Die vektorielle Gleichung der Ebene e lautet also:

$$e: \quad \vec{x} = \vec{a} + \lambda \cdot \vec{u} + \mu \cdot \vec{v}$$

λ und μ durchlaufen unabhängig voneinander alle reellen Zahlen. Die Ebene wird hierbei bestimmt durch einen Punkt und zwei Richtungen. Man spricht von der **Punkt-Richtungs-Form der Ebenengleichung**. Die beiden Richtungen dürfen natürlich nicht parallel sein, sonst käme man nur zu den Punkten einer Geraden.

Ist eine Ebenengleichung gegeben, so kann man nachprüfen, ob ein bestimmter Punkt auf der Ebene liegt oder nicht. Zum Beispiel:

Es sei $\quad e: \quad \vec{x} = \begin{pmatrix} 1 \\ 2 \\ -1 \end{pmatrix} + \lambda \cdot \begin{pmatrix} -3 \\ 0 \\ 2 \end{pmatrix} + \mu \cdot \begin{pmatrix} 1 \\ 1 \\ -1 \end{pmatrix} \quad$ und $\quad B\,(6\,|\,4\,|\,-5).$

Liegt B auf e ? Wenn das der Fall ist, muß der Ortsvektor $\vec{b}$ die Ebenengleichung erfüllen. Man muß untersuchen, ob es zwei reelle Zahlen λ und μ gibt, so daß

$$\begin{pmatrix} 6 \\ 4 \\ -5 \end{pmatrix} = \begin{pmatrix} 1 \\ 2 \\ -1 \end{pmatrix} + \lambda \cdot \begin{pmatrix} -3 \\ 0 \\ 2 \end{pmatrix} + \mu \cdot \begin{pmatrix} 1 \\ 1 \\ -1 \end{pmatrix} \qquad \text{gilt,}$$

oder in drei Komponentengleichungen geschrieben:

$$\begin{aligned} 6 &= 1 - 3\lambda + \mu \\ 4 &= 2 + 0 \;\; + \mu \\ -5 &= -1 + 2\lambda - \mu \end{aligned}$$

Aus den ersten beiden Gleichungen kann man λ und μ berechnen.

$$\begin{array}{rcll} 6 &=& 1-3\lambda+\mu & \\ 4 &=& 2+\mu & \Rightarrow \quad \mu = 2 \\ \hline 6 &=& 1-3\lambda+2 & \\ 3 &=& -3\lambda & \Rightarrow \quad \lambda = -1 \end{array}$$

Wenn mit diesen Werten auch die dritte Gleichung erfüllt ist, liegt B auf der Ebene, andernfalls nicht.

$$\begin{aligned} -5 &= -1-2-2 \\ -5 &= -5 \end{aligned}$$

Tatsächlich ist hier auch die dritte Gleichung erfüllt. B liegt auf e.

Aufgaben zu 3.6

1. Wie lautet die Gleichung der Ebene e durch den Punkt A $(-2 \mid 0 \mid 3)$, die von den Vektoren $\vec{u} = \begin{pmatrix} -1 \\ 1 \\ 0 \end{pmatrix}$ und $\vec{v} = \begin{pmatrix} 5 \\ 3 \\ 1 \end{pmatrix}$ aufgespannt wird?

2. Eine Ebene sei durch die Gleichung e: $\vec{x} = \begin{pmatrix} 3 \\ -2 \\ 8 \end{pmatrix} + \lambda \cdot \begin{pmatrix} -1 \\ 1 \\ 0 \end{pmatrix} + \mu \cdot \begin{pmatrix} 4 \\ -5 \\ 2 \end{pmatrix}$ gegeben. Geben Sie drei verschiedene Punkte dieser Ebene an.

3. Die beiden Geraden g_1: $\vec{x} = \begin{pmatrix} 1 \\ 0 \\ 1 \end{pmatrix} + \lambda \cdot \begin{pmatrix} 1 \\ 2 \\ 3 \end{pmatrix}$ und g_2: $\vec{x} = \begin{pmatrix} 10 \\ 4 \\ 0 \end{pmatrix} + \mu \cdot \begin{pmatrix} -1 \\ 0 \\ 1 \end{pmatrix}$ schneiden sich im Punkt S $(3 \mid 4 \mid 7)$. Geben Sie die Gleichung der Ebene an, in der die beiden Geraden liegen.

4. Welche der Punkte O $(0 \mid 0 \mid 0)$, A $(2 \mid -6 \mid 4)$ und B $(2 \mid 6 \mid -4)$ liegen auf der Ebene e: $\vec{x} = \begin{pmatrix} 1 \\ -3 \\ 2 \end{pmatrix} + \lambda \cdot \begin{pmatrix} 2 \\ 3 \\ 0 \end{pmatrix} + \mu \cdot \begin{pmatrix} 3 \\ 0 \\ 2 \end{pmatrix}$?

Wiederholungsaufgaben

1. Bestimmen Sie die Beträge der Vektoren $\vec{a} = \begin{pmatrix} 2 \\ -1 \\ 2 \end{pmatrix}$, $\vec{b} = \begin{pmatrix} 0 \\ 5 \\ 3 \end{pmatrix}$, $\vec{c} = \begin{pmatrix} 12 \\ -5 \\ 0 \end{pmatrix}$.

2. Bilden Sie mit $\vec{a}$, $\vec{b}$ und $\vec{c}$ aus Aufgabe 1:

a) $\vec{a} - \vec{b} + \vec{c}$ b) $2\vec{a} - 3\vec{c}$ c) $3\vec{a} - 2\vec{b} + 5\vec{c}$

d) $-2\vec{a} + 3\vec{c}$ e) $1{,}5\vec{a} + 2{,}5\vec{b} - 0{,}5\vec{c}$

3

3. Lösen Sie die Gleichungen:

a) $\vec{x} + \vec{a} = \vec{b}$ b) $2\vec{x} - \vec{b} = 3\vec{c}$ c) $1{,}5\vec{a} - 3\vec{x} = 2{,}5\vec{c}$

($\vec{a}$, $\vec{b}$ und $\vec{c}$ wie in Aufgabe 1)

4. Welches sind die zu den Vektoren $\vec{a}$, $\vec{b}$ und $\vec{c}$ aus Aufgabe 1 gehörenden Einheitsvektoren?

5. Bestimmen Sie die Gleichung der Geraden durch die Punkte A (1 | 0 | –2) und B (0 | 3 | 4). Liegt C (2 | –1 | 2) auf dieser Geraden?

[6.] Wie lautet die Gleichung der Ebene, die durch die drei Punkte P (1 | 0 | 2), Q (3 | 3 | 3) und R (–4 | 1 | 0) geht? Liegt der Punkt S (1 | 1 | 1) auf dieser Ebene?

7. Liegt der Nullpunkt in der Ebene des Dreiecks ABC mit A (1 | –3 | 2), B (4 | –3 | 2) und C (3 | 0 | 2) ?

8. Sind die Geraden g_1 und g_2 parallel?

a) g_1: $\vec{x} = \begin{pmatrix} 1 \\ 3 \end{pmatrix} + \lambda_1 \cdot \begin{pmatrix} 4 \\ 5 \end{pmatrix}$ g_2: $\vec{x} = \begin{pmatrix} 0 \\ 5 \end{pmatrix} + \lambda_2 \cdot \begin{pmatrix} 6 \\ 7{,}5 \end{pmatrix}$

b) g_1: $\vec{x} = \begin{pmatrix} 4 \\ 0 \\ -3 \end{pmatrix} + \lambda_1 \cdot \begin{pmatrix} -1 \\ 2 \\ -3 \end{pmatrix}$ g_2: $\vec{x} = \begin{pmatrix} 0 \\ 1 \\ 1 \end{pmatrix} + \lambda_2 \cdot \begin{pmatrix} 2 \\ -4 \\ 6 \end{pmatrix}$

9. Wie lautet die Gleichung der Ebene e, die den Punkt P (1 | 1 | 1) und die Gerade g: $\vec{x} = \begin{pmatrix} 1 \\ 0 \\ 0 \end{pmatrix} + \lambda \cdot \begin{pmatrix} 2 \\ 1 \\ 0 \end{pmatrix}$ enthält?

4. Vektoren in der Geometrie II

Vor der Sendung

Diese Lektion wird die Überlegungen der vorhergehenden aufgreifen und weiterführen. Sie müssen also die vektorielle Geradengleichung und die Ebenengleichung kennen und mit Ihnen umgehen können. Bei der Frage nach den Schnittpunkten von Geraden und Ebenen treten lineare Gleichungssysteme mit zwei und drei Unbekannten auf. Sie benötigen die Lösungsverfahren solcher Gleichungssysteme aus der Algebra.
Bei der Herleitung der Komponentendarstellung des Skalarprodukts wird eine Formel aus der Trigonometrie benutzt, nämlich für die Kosinusfunktion der Differenz zweier Winkel. Diese Formel finden Sie in der Formelsammlung auf S. 163.
Es ist $\cos(\alpha - \beta) = \cos\alpha \cos\beta + \sin\alpha \sin\beta$.

Übersicht

1. **Zwei Geraden im Raum** können unterschiedlich zueinander liegen: Sie können zueinander parallel sein (im Spezialfall sogar identisch), sie können sich schneiden oder sie können windschief zueinander sein. Die Parallelität von Geraden erkennt man an den Richtungsvektoren. Ob zwei Geraden sich schneiden oder zueinander windschief sind, muß in der Regel durch eine Rechnung gefunden werden.

2. Der **Schnittpunkt zweier Geraden** läßt sich errechnen, wenn man die rechten Seiten der beiden Geradengleichungen gleich setzt. Man erhält dann ein lineares Gleichungssystem mit den beiden Unbekannten λ und μ . Ist das Gleichungssystem lösbar, so schneiden sich die Geraden.

3. Sind zwei Vektoren $\vec{u} = \begin{pmatrix} u_1 \\ u_2 \\ u_3 \end{pmatrix}$ und $\vec{v} = \begin{pmatrix} v_1 \\ v_2 \\ v_3 \end{pmatrix}$ mit ihren Komponenten gegeben, so ist

   das **Skalarprodukt in Komponentenschreibweise:**

$$\vec{u} \cdot \vec{v} = \begin{pmatrix} u_1 \\ u_2 \\ u_3 \end{pmatrix} \cdot \begin{pmatrix} v_1 \\ v_2 \\ v_3 \end{pmatrix} = u_1v_1 + u_2v_2 + u_3v_3$$

   Mit Hilfe des Skalarproduktes läßt sich entscheiden, ob zwei Geraden senkrecht zueinander sind.

4. Auch **Gerade und Ebene** können verschiedene Lagen zueinander haben. Eine Gerade kann parallel zu einer Ebene liegen. Dann liegt sie entweder ganz in der Ebene oder sie trifft die Ebene gar nicht. Ist eine Gerade nicht parallel zu einer Ebene, dann haben Gerade und Ebene einen Schnittpunkt.

4.1 Zwei Geraden im Raum

Schon im letzten Abschnitt der vorhergehenden Lektion war gezeigt worden, daß zwei Geraden im Raum verschiedene Lagen zueinander haben können. Zum Beispiel können sie parallel zueinander liegen. Kann man die **Parallelität zweier Geraden** an ihren Gleichungen erkennen? Betrachten Sie die beiden Gleichungen

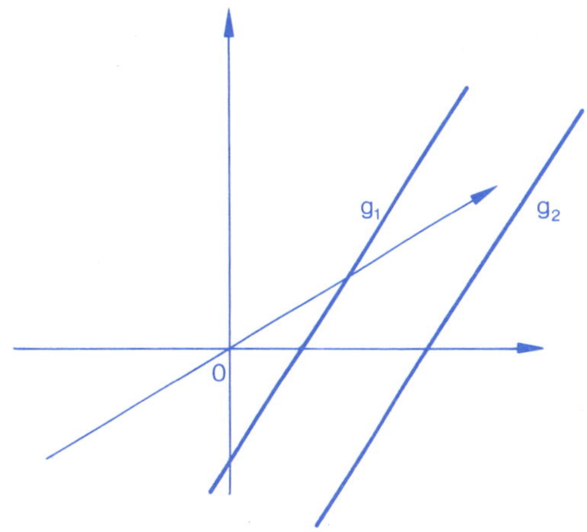

$$g_1:\quad \vec{x} = \begin{pmatrix} 1 \\ 0 \\ -2 \end{pmatrix} + \lambda \cdot \begin{pmatrix} 3 \\ -1 \\ 4 \end{pmatrix}$$

$$g_2:\quad \vec{x} = \begin{pmatrix} 2 \\ 5 \\ -3 \end{pmatrix} + \mu \cdot \begin{pmatrix} 3 \\ -1 \\ 4 \end{pmatrix}$$

Die Geraden g_1 und g_2 haben denselben Richtungsvektor $\begin{pmatrix} 3 \\ -1 \\ 4 \end{pmatrix}$. Da der Richtungsvektor die Richtung der Geraden bestimmt, müssen diese beiden Geraden parallel sein. Aber nicht immer sieht man die Parallelität so einfach. Zum Beispiel bei diesen beiden Gleichungen:

$$g_1:\quad \vec{x} = \begin{pmatrix} 1 \\ 0 \\ -2 \end{pmatrix} + \lambda \cdot \begin{pmatrix} 3 \\ -1 \\ 4 \end{pmatrix} \qquad \text{und} \qquad g_2:\quad \vec{x} = \begin{pmatrix} 2 \\ 5 \\ -3 \end{pmatrix} + \mu \cdot \begin{pmatrix} -6 \\ 2 \\ -8 \end{pmatrix}$$

Die Richtungsvektoren sind nicht gleich; trotzdem sind die beiden Geraden parallel. Dies läßt sich an den Richtungsvektoren ablesen. Die Geraden haben dieselbe Richtung, aber nicht denselben Richtungsvektor. Die beiden Richtungsvektoren unterscheiden sich jedoch nicht in ihrer Richtung, sondern nur in ihrem Betrag. Das bedeutet: ein Richtungsvektor ist ein Vielfaches des anderen Richtungsvektors. Es ist nämlich

$$\begin{pmatrix} -6 \\ 2 \\ -8 \end{pmatrix} = -2 \cdot \begin{pmatrix} 3 \\ -1 \\ 4 \end{pmatrix}$$

Von der S-Multiplikation her wissen Sie schon, daß alle Vektoren $k \cdot \vec{a}$ mit $k \in \mathbb{R}^*$ die gleiche oder entgegengesetzte Richtung haben. Das ist aber gleichbedeutend mit der Parallelität.

Für solche Fälle, in denen ein Vektor das Vielfache des anderen Vektors ist, hat man in der Mathematik einen besonderen Begriff eingeführt: Man nennt solche Vektoren **linear abhängig**.

Zwei vom Nullvektor verschiedene Vektoren $\vec{u}$ und $\vec{v}$ heißen **linear abhängig**, wenn es eine reelle Zahl k gibt, so daß

$$\vec{u} = k \cdot \vec{v}$$

Da hier Richtungsvektoren von Geraden betrachtet werden, ist es selbstverständlich, daß die Vektoren nicht dem Nullvektor gleich sind, da sonst gar keine Geraden entstehen könnten.

Prüfen Sie bitte jetzt selbst nach, welche der vier Geraden zueinander parallel sind.

$$g_1: \quad \vec{x} = \begin{pmatrix} -1 \\ -3 \\ 2 \end{pmatrix} + \lambda_1 \cdot \begin{pmatrix} 2 \\ 4 \\ -1 \end{pmatrix} \qquad g_2: \quad \vec{x} = \begin{pmatrix} -1 \\ -3 \\ 2 \end{pmatrix} + \lambda_2 \cdot \begin{pmatrix} 2 \\ 3 \\ -1 \end{pmatrix}$$

$$g_3: \quad \vec{x} = \begin{pmatrix} 0 \\ -5 \\ 3 \end{pmatrix} + \lambda_3 \cdot \begin{pmatrix} -1 \\ -2 \\ 0,5 \end{pmatrix} \qquad g_4: \quad \vec{x} = \begin{pmatrix} 1 \\ 1 \\ 1 \end{pmatrix} + \lambda_4 \cdot \begin{pmatrix} 1 \\ 2 \\ -\frac{1}{2} \end{pmatrix}$$

→ (2)

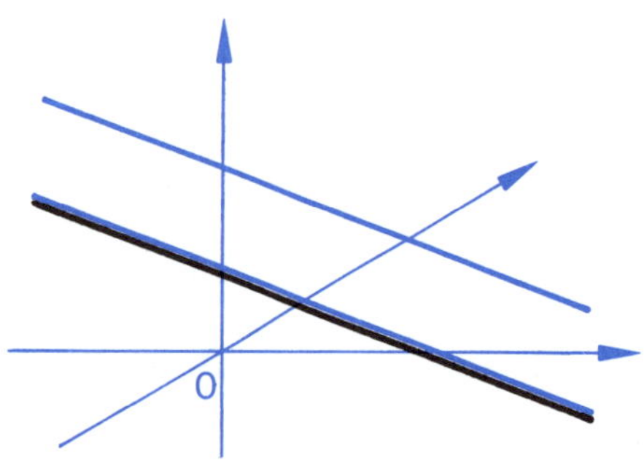

Für zwei zueinander parallele Geraden gilt: Entweder schneiden sie sich nie oder sie sind Punkt für Punkt gleich. Solche Punkt für Punkt gleichen Geraden nennt man **identische Geraden**.

Wie kann man an den Gleichungen identische Geraden erkennen? Wenn schon die Gleichungen identisch sind, also in Ortsvektor und Richtungsvektor übereinstimmen, dann ist alles klar. Wenn derselbe Ortsvektor auftritt und die Richtungsvektoren linear abhängig sind, dann sieht man auch sofort die Identität der Geraden. Die Gleichungen identischer Geraden müssen aber nicht denselben Ortsvektor aufweisen. An der Zeichnung erkennen Sie, daß ein und dieselbe Gerade g sich durch die beiden Gleichungen

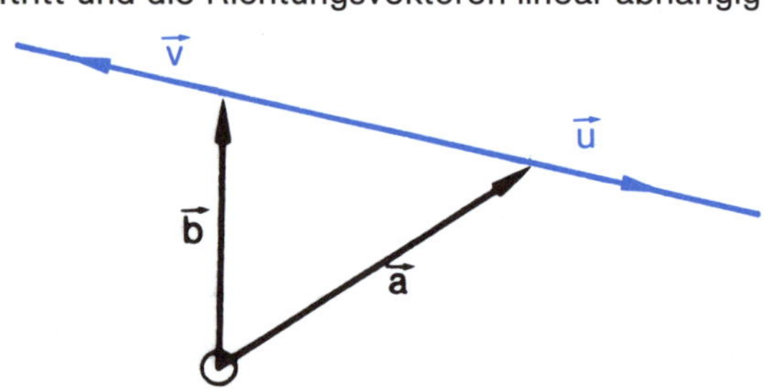

$$g_1: \quad \vec{x} = \vec{a} + \lambda \cdot \vec{u} \qquad \text{und} \qquad g_2: \quad \vec{x} = \vec{b} + \mu \cdot \vec{v}$$

oder beispielsweise mit den Komponenten ausgedrückt:

$$g_1: \quad \vec{x} = \begin{pmatrix} 2 \\ 3 \\ 4 \end{pmatrix} + \lambda \cdot \begin{pmatrix} 1 \\ 4 \\ -3 \end{pmatrix} \qquad \text{und} \qquad g_2: \quad \vec{x} = \begin{pmatrix} 0 \\ -5 \\ 10 \end{pmatrix} + \mu \cdot \begin{pmatrix} -1 \\ -4 \\ 3 \end{pmatrix}$$

schreiben läßt. Die Richtungsvektoren sind linear abhängig $(\vec{v} = -1 \cdot \vec{u})$; damit ist die Parallelität gegeben. Wenn die Geraden identisch sind, muß sich zusätzlich der Vektor $\vec{b}$ mit der Geradengleichung $\vec{x} = \vec{a} + \lambda \cdot \vec{u}$ darstellen lassen. Es muß also ein λ geben, so daß

$$\begin{pmatrix} 0 \\ -5 \\ 10 \end{pmatrix} = \begin{pmatrix} 2 \\ 3 \\ 4 \end{pmatrix} + \lambda \cdot \begin{pmatrix} 1 \\ 4 \\ -3 \end{pmatrix} \qquad \text{ist.}$$

Oder in Komponenten:

$$\begin{aligned} 0 &= 2 + \lambda \\ -5 &= 3 + 4\lambda \\ 10 &= 4 - 3\lambda \end{aligned}$$

Diese Gleichungen werden für $\lambda = -2$ erfüllt. Damit ist gezeigt, daß die beiden Geradengleichungen dieselbe Gerade darstellen.

Die bisherigen Ergebnisse lassen sich so zusammenfassen:

Es sind zwei Geradengleichungen gegeben:

$$g_1: \quad \vec{x} = \vec{a} + \lambda \cdot \vec{u} \qquad (\vec{u} \neq \vec{o})$$

$$g_2: \quad \vec{x} = \vec{b} + \mu \cdot \vec{v} \qquad (\vec{v} \neq \vec{o})$$

g_1 ist **parallel** zu g_2 , wenn $\vec{v} = k \cdot \vec{u}$ mit $k \in \mathbb{R}$.

g_1 ist **identisch** mit g_2 , wenn zusätzlich $\vec{b} = \vec{a} + \lambda \cdot \vec{u}$ für ein $\lambda \in \mathbb{R}$.

Sind zwei Geraden g_1 und g_2 im Raum nicht parallel, so sind ihre Richtungsvektoren nicht linear abhängig. Man nennt die Vektoren in diesem Fall **linear unabhängig**.

Zwei Vektoren $\vec{u}$ und $\vec{v}$ sind **linear unabhängig**, wenn keiner als Vielfaches des anderen darstellbar ist.

Die beiden Geraden g_1 und g_2 haben dann **genau einen Schnittpunkt oder** sie sind **windschief zueinander**.
Die Gleichungen der beiden Geraden g_1 und g_2 seien:

$$g_1: \quad \vec{x} = \vec{a} + \lambda \cdot \vec{u} \qquad \text{und} \qquad g_2: \quad \vec{x} = \vec{b} + \mu \cdot \vec{v}$$

4

Wenn ein Schnittpunkt Z existiert, so muß dies ein gemeinsamer Punkt der beiden Geraden sein. Z muß auf g_1 **und zugleich** auf g_2 liegen. Das bedeutet ja gerade Schnittpunkt. Für den Ortsvektor $\vec{z}$, der zum Punkt Z führt, muß gelten:

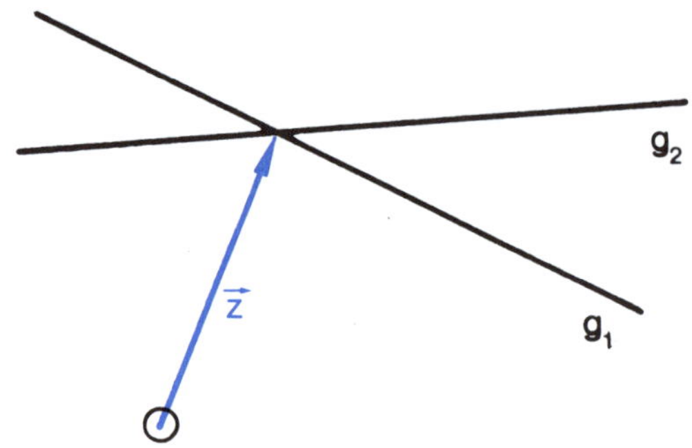

$\vec{z} = \vec{a} + \lambda_Z \cdot \vec{u}$

für ein bestimmtes λ_Z

und

$\vec{z} = \vec{b} + \mu_Z \cdot \vec{v}$

für ein bestimmtes μ_Z .

Also kann man die rechten Seiten gleichsetzen:

$\vec{a} + \lambda_Z \cdot \vec{u} = \vec{b} + \mu_Z \cdot \vec{v}$

Das ergibt in Komponenten geschrieben wieder drei Gleichungen:

$a_1 + \lambda_Z u_1 = b_1 + \mu_Z v_1$

$a_2 + \lambda_Z u_2 = b_2 + \mu_Z v_2$

$a_3 + \lambda_Z u_3 = b_3 + \mu_Z v_3$ mit den beiden Unbekannten λ_Z und μ_Z .

Wenn dieses Gleichungssystem lösbar ist, schneiden sich die Geraden g_1 und g_2 , andernfalls sind sie windschief zueinander.

Diese Ergebnisse kann man wieder zusammenfassen:

Es sind zwei Geradengleichungen gegeben:

g_1: $\vec{x} = \vec{a} + \lambda \cdot \vec{u}$ $(\vec{u} \neq \vec{o})$

g_2: $\vec{x} = \vec{b} + \mu \cdot \vec{v}$ $(\vec{v} \neq \vec{o})$

$\vec{u}$ und $\vec{v}$ sind linear unabhängig.

g_1 und g_2 schneiden sich, wenn es reelle Zahlen λ und μ gibt, so daß

$\vec{a} + \lambda \cdot \vec{u} = \vec{b} + \mu \cdot \vec{v}$

g_1 und g_2 sind zueinander windschief, wenn für alle reellen Zahlen λ und μ gilt

$\vec{a} + \lambda \cdot \vec{u} \neq \vec{b} + \mu \cdot \vec{v}$

Rechenbeispiele zur Bestimmung von Schnittpunkten von Geraden werden Sie im nächsten Abschnitt finden.

Hier folgt eine Übersicht über alle Fälle, wie zwei Geraden im Raum zueinander liegen können.

Lage zweier Geraden g_1 und g_2 zueinander

- parallel – Richtungsvektoren linear abhängig
  - identisch
  - nicht identisch
- nicht parallel – Richtungsvektoren linear unabhängig
  - ein Schnittpunkt
  - windschief

Aufgaben zu 4.1

1. Prüfen Sie auf Parallelität.

g_1: $\vec{x} = \begin{pmatrix} 2 \\ -1 \end{pmatrix} + \lambda \cdot \begin{pmatrix} 4 \\ -8 \end{pmatrix}$ $\quad$ g_2: $\vec{x} = \begin{pmatrix} 0 \\ 1 \end{pmatrix} + \mu \cdot \begin{pmatrix} -1 \\ 2 \end{pmatrix}$

2. Welche Geraden sind zueinander parallel, welche sind sogar identisch?

g_1: $\vec{x} = \begin{pmatrix} 0 \\ 2 \\ 4 \end{pmatrix} + \lambda_1 \cdot \begin{pmatrix} 1 \\ -2 \\ 1 \end{pmatrix}$ $\quad$ g_2: $\vec{x} = \begin{pmatrix} 4 \\ 2 \\ 0 \end{pmatrix} + \lambda_2 \cdot \begin{pmatrix} -5 \\ 10 \\ -5 \end{pmatrix}$

g_3: $\vec{x} = \begin{pmatrix} 3 \\ -4 \\ 7 \end{pmatrix} + \lambda_3 \cdot \begin{pmatrix} 0{,}5 \\ -1 \\ 0{,}5 \end{pmatrix}$ $\quad$ g_4: $\vec{x} = \begin{pmatrix} 3 \\ -4 \\ 7 \end{pmatrix} + \lambda_4 \cdot \begin{pmatrix} 3 \\ 6 \\ 3 \end{pmatrix}$

3. Es sei $\vec{a} = \begin{pmatrix} 2 \\ 1 \\ -3 \end{pmatrix}$, $\vec{b} = \begin{pmatrix} -4 \\ -2 \\ 6 \end{pmatrix}$, $\vec{c} = \begin{pmatrix} -2 \\ 4 \\ 6 \end{pmatrix}$

Prüfen Sie auf lineare Abhängigkeit

a) $\vec{a}$ und $\vec{b}$ $\quad$ b) $\vec{a}$ und $\vec{c}$ $\quad$ c) $\vec{b}$ und $\vec{c}$ $\quad$ d) $\vec{a}+\vec{b}$ und $\vec{c}$

e) $\vec{a}+\vec{b}$ und $\vec{b}+\vec{c}$

4.2 Schnittpunkt zweier Geraden

Im vorhergehenden Abschnitt haben Sie das Verfahren zur Bestimmung des Schnittpunktes zweier Geraden im Prinzip schon kennengelernt. In diesem Abschnitt geht es um die praktische Berechnung. Es wird daher zunächst mit dem einfacheren Fall der **Geraden in der Ebene** begonnen. Bei der zeichnerischen Darstellung wird klar, daß es in der Ebene nur die folgenden Möglichkeiten gibt:

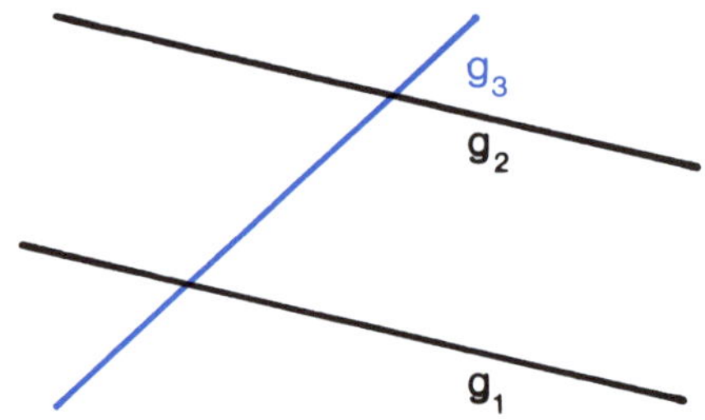

1. Zwei Geraden sind parallel, evtl. sogar identisch.
2. Zwei Geraden haben genau einen Schnittpunkt.

Der Fall windschiefer Geraden kann in der Ebene nicht eintreten.

Wenn man die Lage, die zwei Geraden zueinander haben, bestimmen soll, kann man so vorgehen, daß man erst auf Parallelität prüft: Sind die Richtungsvektoren linear abhängig?

Betrachten Sie das Beispiel:

$$g_1: \quad \vec{x} = \begin{pmatrix} 2 \\ 1 \end{pmatrix} + \lambda \cdot \begin{pmatrix} 1 \\ -3 \end{pmatrix} \qquad \text{und} \qquad g_2: \quad \vec{x} = \begin{pmatrix} 8 \\ -6 \end{pmatrix} + \mu \cdot \begin{pmatrix} 3 \\ 2 \end{pmatrix}$$

Die Richtungsvektoren sind linear unabhängig. Also gibt es einen Schnittpunkt. Man setzt die rechten Seiten der Geradengleichungen gleich:

$$\begin{pmatrix} 2 \\ 1 \end{pmatrix} + \lambda \cdot \begin{pmatrix} 1 \\ -3 \end{pmatrix} = \begin{pmatrix} 8 \\ -6 \end{pmatrix} + \mu \cdot \begin{pmatrix} 3 \\ 2 \end{pmatrix}$$

In Komponenten geschrieben ergibt sich ein lineares Gleichungssystem aus zwei Gleichungen mit zwei Unbekannten.

$$\begin{aligned} 2 + \lambda &= 8 + 3\mu \\ 1 - 3\lambda &= -6 + 2\mu \end{aligned}$$

Dieses Gleichungssystem wird mit einer der aus der Algebra bekannten Methoden gelöst (Additionsverfahren, Gleichsetzungsverfahren oder Einsetzungsverfahren).

$$\begin{aligned} \lambda - 3\mu &= 6 \\ -3\lambda - 2\mu &= -7 \\ \hline 3\lambda - 9\mu &= 18 \\ -3\lambda - 2\mu &= -7 \end{aligned} \qquad\qquad \begin{aligned} -11\mu &= 11 \\ \mu &= -1 \\ \hline \lambda &= 3\mu + 6 \\ \lambda &= 3 \end{aligned}$$

Der Ortsvektor, der zum Schnittpunkt S führt, ist $\vec{s} = \begin{pmatrix} 2 \\ 1 \end{pmatrix} + 3 \cdot \begin{pmatrix} 1 \\ -3 \end{pmatrix}$. Der Schnittpunkt ist also S $(5 \mid -8)$.

Nun zu einem Beispiel zweier **Geraden im Raum:**

$$g_1:\quad \vec{x} = \begin{pmatrix} 2 \\ -2 \\ 1 \end{pmatrix} + \lambda \cdot \begin{pmatrix} -1 \\ 5 \\ 3 \end{pmatrix} \qquad \text{und} \qquad g_2:\quad \vec{x} = \begin{pmatrix} 5 \\ 7 \\ 2 \end{pmatrix} + \mu \cdot \begin{pmatrix} 2 \\ 2 \\ -1 \end{pmatrix}$$

Die Richtungsvektoren sind linear unabhängig, d. h. die Geraden schneiden sich oder sie sind windschief. Die Entscheidung darüber bringt die Rechnung. Die rechten Seiten der Gleichungen werden gleichgesetzt:

$$\begin{pmatrix} 2 \\ -2 \\ 1 \end{pmatrix} + \lambda \cdot \begin{pmatrix} -1 \\ 5 \\ 3 \end{pmatrix} = \begin{pmatrix} 5 \\ 7 \\ 2 \end{pmatrix} + \mu \cdot \begin{pmatrix} 2 \\ 2 \\ -1 \end{pmatrix}$$

oder in Komponenten

$$\begin{aligned} 2 - \lambda &= 5 + 2\mu \\ -2 + 5\lambda &= 7 + 2\mu \\ 1 + 3\lambda &= 2 - \mu \end{aligned}$$

Das Gleichungssystem aus drei Gleichungen mit zwei Unbekannten muß gelöst werden. Dazu errechnet man λ und μ aus den beiden ersten Gleichungen.

$$\begin{aligned} -\lambda - 2\mu &= 3 \\ 5\lambda - 2\mu &= 9 \\ \hline 6\lambda &= 6 \\ \lambda &= 1 \\ \hline -1 - 2\mu &= 3 \\ 2\mu &= -4 \\ \mu &= -2 \end{aligned}$$

Schließlich prüft man, ob die für λ und μ gefundenen Werte auch die dritte Gleichung erfüllen.

$$\begin{aligned} 1 + 3 \cdot 1 &= 2 - (-2) \\ 4 &= 4 \end{aligned}$$

Dies ist der Fall. Es gibt also einen Schnittpunkt. Sein Ortsvektor ist

$$\vec{s} = \begin{pmatrix} 2 \\ -2 \\ 1 \end{pmatrix} + 1 \cdot \begin{pmatrix} -1 \\ 5 \\ 3 \end{pmatrix} = \begin{pmatrix} 1 \\ 3 \\ 4 \end{pmatrix}$$

Der Schnittpunkt ist $S\,(1 \mid 3 \mid 4)$.

Im nächsten Beispiel gibt es keinen Schnittpunkt. Die Geradengleichungen sind

$$g_1:\quad \vec{x} = \begin{pmatrix} 2 \\ -2 \\ 1 \end{pmatrix} + \lambda \cdot \begin{pmatrix} -1 \\ 5 \\ 3 \end{pmatrix} \qquad \text{und} \qquad g_2:\quad \vec{x} = \begin{pmatrix} 5 \\ 7 \\ 2 \end{pmatrix} + \mu \cdot \begin{pmatrix} 2 \\ 2 \\ -2 \end{pmatrix}$$

Gleichsetzen liefert die Gleichung

$$\begin{pmatrix} 2 \\ -2 \\ 1 \end{pmatrix} + \lambda \cdot \begin{pmatrix} -1 \\ 5 \\ 3 \end{pmatrix} = \begin{pmatrix} 5 \\ 7 \\ 2 \end{pmatrix} + \mu \cdot \begin{pmatrix} 2 \\ 2 \\ -2 \end{pmatrix}$$

oder in Komponenten das Gleichungssystem (bitte füllen Sie aus!)

_____ + _____ = _____ + _____

_____ + _____ = _____ + _____

_____ + _____ = _____ + _____

Führen Sie die Rechnung weiter.

→ (4)

Aus den beiden ersten Gleichungen ergeben sich $\lambda =$ _____ und $\mu =$ _____ .

Setzt man diese Werte in die dritte Gleichung ein, so entsteht ein Widerspruch:

_____ + _____ = _____ + _____

_____ = _____

→ (1)

Das Gleichungssystem ist nicht lösbar. Die beiden Geraden sind windschief zueinander.

Aufgaben zu 4.2

1. Sind die folgenden Geraden parallel, sogar identisch, oder haben sie genau einen Schnittpunkt? Bestimmen Sie gegebenenfalls den Schnittpunkt.

a) $g_1\colon \vec{x} = \begin{pmatrix} 7 \\ 9 \end{pmatrix} + \lambda \cdot \begin{pmatrix} 1 \\ 2 \end{pmatrix}$ $\quad g_2\colon \vec{x} = \begin{pmatrix} 2 \\ 1 \end{pmatrix} + \mu \cdot \begin{pmatrix} 1 \\ 1 \end{pmatrix}$

b) $g_1\colon \vec{x} = \begin{pmatrix} 3 \\ 5 \end{pmatrix} + \lambda \cdot \begin{pmatrix} 2 \\ 3 \end{pmatrix}$ $\quad g_2\colon \vec{x} = \begin{pmatrix} 8 \\ 2 \end{pmatrix} + \mu \cdot \begin{pmatrix} 3 \\ 1 \end{pmatrix}$

c) $g_1\colon \vec{x} = \begin{pmatrix} 8 \\ 4 \\ -1 \end{pmatrix} + \lambda \cdot \begin{pmatrix} 2 \\ 1 \\ -2 \end{pmatrix}$ $\quad g_2\colon \vec{x} = \begin{pmatrix} 5 \\ 2 \\ 0 \end{pmatrix} + \mu \cdot \begin{pmatrix} 2 \\ 3 \\ 2 \end{pmatrix}$

d) $g_1\colon \vec{x} = \begin{pmatrix} 9 \\ 0 \\ 4 \end{pmatrix} + \lambda \cdot \begin{pmatrix} 3 \\ -\frac{1}{2} \\ 1 \end{pmatrix}$ $\quad g_2\colon \vec{x} = \begin{pmatrix} 15 \\ -1 \\ 6 \end{pmatrix} + \mu \cdot \begin{pmatrix} -4 \\ 1 \\ -2 \end{pmatrix}$

2. Die Seiten eines Dreiecks liegen auf den Geraden g_1 , g_2 und g_3 .
Berechnen Sie die Eckpunkte des Dreiecks.

$$g_1: \vec{x} = \begin{pmatrix} 2 \\ 5 \\ 5 \end{pmatrix} + \lambda_1 \cdot \begin{pmatrix} 1 \\ 2 \\ 1 \end{pmatrix} \qquad g_2: \vec{x} = \begin{pmatrix} 1 \\ -9 \\ 2 \end{pmatrix} + \lambda_2 \cdot \begin{pmatrix} 2 \\ 10 \\ 3 \end{pmatrix}$$

$$g_3: \vec{x} = \begin{pmatrix} -3 \\ 1 \\ 1 \end{pmatrix} + \lambda_3 \cdot \begin{pmatrix} 3 \\ 0 \\ 2 \end{pmatrix}$$

3. Die Punkte $R(9 \mid 3 \mid 4)$, $S(10 \mid -4 \mid 0)$, $T(3 \mid 5 \mid 0)$ und $U(4 \mid 8 \mid 3)$ bilden ein Viereck. Prüfen Sie, ob sich die Diagonalen des Vierecks schneiden. Berechnen Sie den Schnittpunkt, falls er existiert.

4

4.3 Skalarprodukt in Komponentenschreibweise

Nachdem Sie nun Vektoren durch Komponenten angeben und die Addition sowie die S-Multiplikation von Vektoren in Komponenten ausführen können, liegt es nahe, auch das Skalarprodukt von Vektoren in Komponenten zu berechnen.

Betrachten Sie dazu zunächst zwei Vektoren in der Ebene in einem Koordinatensystem.
Der Vektor $\vec{u}$ hat die Komponenten u_1 und u_2.
Der Vektor $\vec{v}$ hat die Komponenten v_1 und v_2.
Der Vektor $\vec{u}$ bildet mit der ersten Koordinatenachse den Winkel α.
Der Vektor $\vec{v}$ bildet mit der ersten Koordinatenachse den Winkel β.

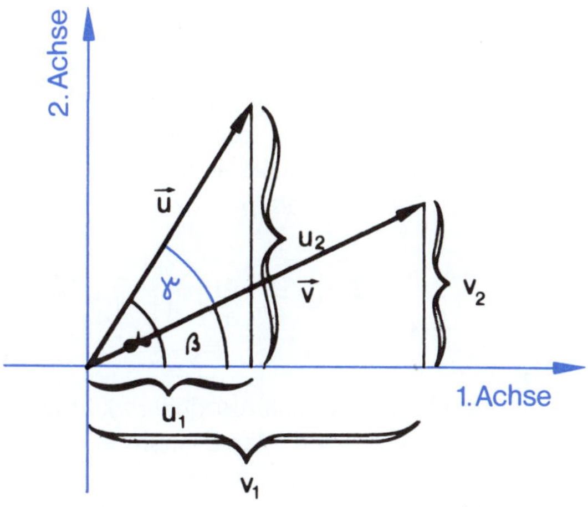

Dann gilt

$$\cos\alpha = \frac{u_1}{|\vec{u}|} \qquad \sin\alpha = \frac{u_2}{|\vec{u}|} \qquad \cos\beta = \frac{v_1}{|\vec{v}|} \qquad \sin\beta = \frac{v_2}{|\vec{v}|}$$

Der Winkel γ zwischen $\vec{u}$ und $\vec{v}$ ist die Differenz der Winkel α und β.

$$\gamma = \alpha - \beta$$

Aus Lektion 2 kennen Sie das Skalarprodukt der Vektoren $\vec{u}$ und $\vec{v}$.

$$\vec{u} \cdot \vec{v} = |\vec{u}| \cdot |\vec{v}| \cdot \cos\gamma$$

Also gilt $\quad \vec{u} \cdot \vec{v} = |\vec{u}| \cdot |\vec{v}| \cdot \cos\gamma = |\vec{u}| \cdot |\vec{v}| \cdot \cos(\alpha - \beta)$

Mit der Formel für die Kosinusfunktion einer Differenz von Winkeln (vgl. Formelsammlung, S. 163) ergibt sich daraus

$$\vec{u} \cdot \vec{v} = |\vec{u}| \cdot |\vec{v}| \cdot \cos(\alpha - \beta) = |\vec{u}| \cdot |\vec{v}| \cdot (\cos\alpha \cos\beta + \sin\alpha \sin\beta)$$

Setzt man die Werte für $\cos\alpha$, $\cos\beta$, $\sin\alpha$ und $\sin\beta$ von oben ein, so erhält man

$$\vec{u} \cdot \vec{v} = |\vec{u}| \cdot |\vec{v}| \cdot \left(\frac{u_1}{|\vec{u}|} \cdot \frac{v_1}{|\vec{v}|} + \frac{u_2}{|\vec{u}|} \cdot \frac{v_2}{|\vec{v}|} \right)$$

$$\vec{u} \cdot \vec{v} = |\vec{u}| \cdot |\vec{v}| \cdot \frac{u_1 v_1 + u_2 v_2}{|\vec{u}| \cdot |\vec{v}|}$$

Da sich $|\vec{u}| \cdot |\vec{v}|$ kürzen läßt, erhält man schließlich für das Skalarprodukt

$$\vec{u} \cdot \vec{v} = \begin{pmatrix} u_1 \\ u_2 \end{pmatrix} \cdot \begin{pmatrix} v_1 \\ v_2 \end{pmatrix} = u_1 v_1 + u_2 v_2$$

Dies ist eine recht einfache Formel, mit der sich ein Skalarprodukt zweier Vektoren leicht berechnen läßt. Prüfen Sie es nach. Sie wissen aus Abschnitt 2.3 bereits, daß das Skalarprodukt zweier zueinander senkrechter Vektoren null sein muß. Hier rechts sind zwei zueinander senkrechte Vektoren gezeichnet. Berechnen Sie das Skalarprodukt.

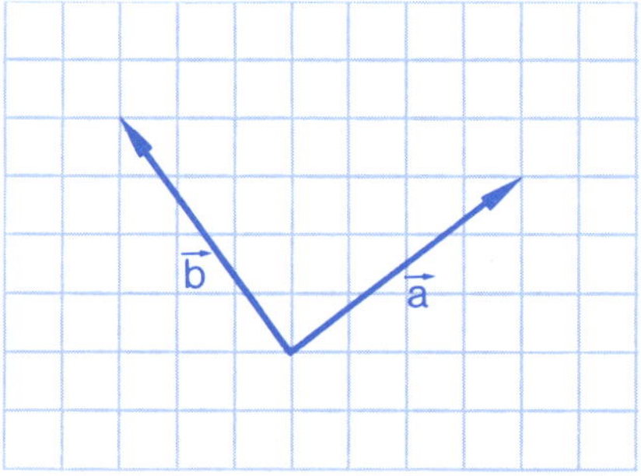

$$\vec{a} \cdot \vec{b} = \begin{pmatrix} a_1 \\ a_2 \end{pmatrix} \cdot \begin{pmatrix} b_1 \\ b_2 \end{pmatrix} = \begin{pmatrix} \quad \end{pmatrix} \cdot \begin{pmatrix} \quad \end{pmatrix} = \underline{\qquad\qquad} = \underline{\qquad}$$

→ 7

Mit Hilfe des Skalarproduktes kann man den Winkel bestimmen, den zwei Vektoren miteinander bilden. Man braucht ja nur die Gleichung

$$\vec{a} \cdot \vec{b} = |\vec{a}| \cdot |\vec{b}| \cdot \cos\gamma$$

nach $\cos\gamma$ aufzulösen

$$\cos\gamma = \frac{\vec{a} \cdot \vec{b}}{|\vec{a}| \cdot |\vec{b}|}$$

Das Skalarprodukt der Vektoren $\vec{a}$ und $\vec{b}$ und die Beträge $|\vec{a}|$ und $|\vec{b}|$ können Sie mit den Komponenten berechnen.

Zum Beispiel: $\vec{a} = \begin{pmatrix} -3 \\ 4 \end{pmatrix}$ $\qquad$ $\vec{b} = \begin{pmatrix} 12 \\ 5 \end{pmatrix}$

$|\vec{a}| = \sqrt{a_1^2 + a_2^2}$ $\qquad$ $|\vec{b}| = \sqrt{b_1^2 + b_2^2}$

$$|\vec{a}| = \sqrt{9+16} = 5 \qquad |\vec{b}| = \sqrt{144+25} = 13$$

$$\vec{a}\cdot\vec{b} = a_1b_1 + a_2b_2$$
$$= (-3)(12) + 4\cdot 5$$
$$= -16$$

Also wird $\cos\gamma = \dfrac{-16}{5\cdot 13}$

Mit Ihrem Taschenrechner
können Sie daraus bestimmen $\gamma = 104{,}25°$

Hat man Vektoren im Raum, so muß man wieder mit jeweils drei Komponenten rechnen. Für das Skalarprodukt gilt in diesem Fall

$$\vec{u}\cdot\vec{v} = u_1v_1 + u_2v_2 + u_3v_3$$

Diese Formel kann man sich folgendermaßen erklären: Die zwei Vektoren $\vec{u}$ und $\vec{v}$ im Raum schließen den Winkel γ ein. Der Differenzvektor $\vec{u}-\vec{v}$ bildet zusammen mit $\vec{u}$ und $\vec{v}$ ein Dreieck. Quadriert man $\vec{u}-\vec{v}$, so erhält man

$$(\vec{u}-\vec{v})^2 = \vec{u}^{\,2}+\vec{v}^{\,2}-2\,\vec{u}\cdot\vec{v}$$

oder nach $2\,\vec{u}\cdot\vec{v}$ aufgelöst für das Skalarprodukt

$$2\,\vec{u}\cdot\vec{v} = \vec{u}^{\,2}+\vec{v}^{\,2}-(\vec{u}-\vec{v})^2$$

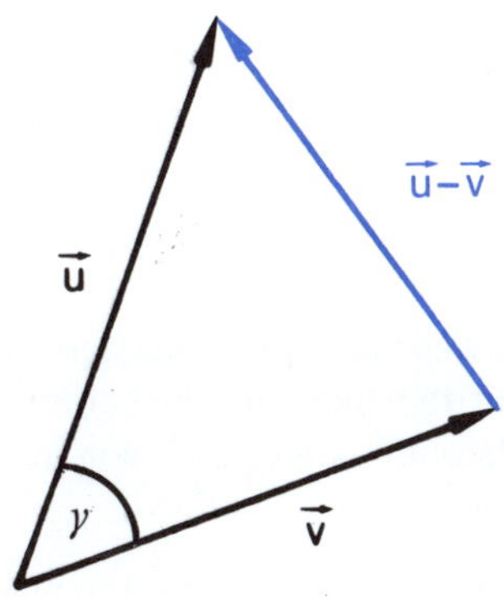

Aus Abschnitt 2.3 wissen Sie, daß für jeden Vektor $\vec{a}$ gilt $\vec{a}^{\,2} = |\vec{a}|^2$, und mit Ihren Kenntnissen aus Abschnitt 3.3 können Sie die Beträge aus den Komponenten berechnen. Demnach ist

$$|\vec{u}|^2 = u_1^2 + u_2^2 + u_3^2$$
$$|\vec{v}|^2 = v_1^2 + v_2^2 + v_3^2$$
$$|\vec{u}-\vec{v}|^2 = (u_1-v_1)^2 + (u_2-v_2)^2 + (u_3-v_3)^2$$

Setzt man diese Beziehungen oben ein und multipliziert die Klammern aus, so ergibt sich für das doppelte Skalarprodukt von $\vec{u}$ und $\vec{v}$

$$2\,\vec{u}\cdot\vec{v} = u_1^2+u_2^2+u_3^2+v_1^2+v_2^2+v_3^2-(u_1-v_1)^2-(u_2-v_2)^2-(u_3-v_3)^2$$
$$= u_1^2+u_2^2+u_3^2+v_1^2+v_2^2+v_3^2-u_1^2-v_1^2+2u_1v_1-u_2^2-v_2^2+2u_2v_2-u_3^2-v_3^2+2u_3v_3$$
$$= 2u_1v_1 + 2u_2v_2 + 2u_3v_3$$
$$= 2\,(u_1v_1 + u_2v_2 + u_3v_3)$$

Das bedeutet

$$\vec{u} \cdot \vec{v} = \begin{pmatrix} u_1 \\ u_2 \\ u_3 \end{pmatrix} \cdot \begin{pmatrix} v_1 \\ v_2 \\ v_3 \end{pmatrix} = u_1v_1 + u_2v_2 + u_3v_3$$

Mit dieser Formel kann man den Winkel bestimmen, den zwei Vektoren im Raum miteinander bilden. Auch hier gilt

$$\cos\gamma = \frac{\vec{u} \cdot \vec{v}}{|\vec{u}| \cdot |\vec{v}|}$$

Berechnen Sie die Winkel zwischen $\vec{a}$ und $\vec{b}$, $\vec{a}$ und $\vec{c}$ sowie $\vec{b}$ und $\vec{c}$.

$$\vec{a} = \begin{pmatrix} 2 \\ 2 \\ 1 \end{pmatrix} \qquad \vec{b} = \begin{pmatrix} 4 \\ 5 \\ 0 \end{pmatrix} \qquad \vec{c} = \begin{pmatrix} 1 \\ 1 \\ 1 \end{pmatrix}$$

Es ist $|\vec{a}| =$ ______ $|\vec{b}| =$ ______ $|\vec{c}| =$ ______

$\vec{a} \cdot \vec{b} =$ ______ $\vec{a} \cdot \vec{c} =$ ______ $\vec{b} \cdot \vec{c} =$ ______

$\cos\gamma =$ ______ $\cos\beta =$ ______ $\cos\alpha =$ ______

$\gamma =$ ______ $\beta =$ ______ $\alpha =$ ______

→ 3

Da man mit Hilfe des Skalarprodukts den Winkel zwischen zwei Vektoren bestimmen kann, läßt sich auch mit dem Skalarprodukt untersuchen, ob zwei Geraden senkrecht zueinander sind. Senkrechtstehen zweier Geraden bedeutet ja, daß ihre Richtungsvektoren zueinander senkrecht sind.

Zum Beispiel sind die beiden Geraden in der Ebene

$$g_1: \quad \vec{x} = \begin{pmatrix} 1 \\ 0 \end{pmatrix} + \lambda \cdot \begin{pmatrix} 2 \\ -1 \end{pmatrix} \qquad \text{und} \qquad g_2: \quad \vec{x} = \begin{pmatrix} 2 \\ 3 \end{pmatrix} + \mu \cdot \begin{pmatrix} 3 \\ 6 \end{pmatrix}$$

zueinander senkrecht.

Für die Richtungsvektoren gilt nämlich: $\begin{pmatrix} 2 \\ -1 \end{pmatrix} \cdot \begin{pmatrix} 3 \\ 6 \end{pmatrix} = 2 \cdot 3 + (-1) \cdot 6 = 6 - 6 = 0$

Auch für Geraden im Raum kann man diese Methode anwenden. Prüfen Sie, ob die beiden Geraden

$$g_1: \quad \vec{x} = \begin{pmatrix} 2 \\ 0 \\ 1 \end{pmatrix} + \lambda \cdot \begin{pmatrix} 3 \\ -2 \\ 1 \end{pmatrix} \qquad \text{und} \qquad g_2: \quad \vec{x} = \begin{pmatrix} 5 \\ -2 \\ 2 \end{pmatrix} + \mu \cdot \begin{pmatrix} 1 \\ 2 \\ 1 \end{pmatrix}$$

zueinander senkrecht sind.

→ 6

Dieses Ergebnis sagt allerdings nur, daß die Richtungsvektoren zueinander senkrecht stehen, und sagt nichts darüber aus, ob sich die Geraden schneiden oder zueinander windschief sind. Dafür müßte man noch die Bestimmung des evtl. Schnittpunktes vornehmen.

Zum Schluß dieses Abschnittes noch eine weitere Aufgabe: In der Zeichnung ist in der Ebene die Gerade

$$g_1: \quad \vec{x} = \begin{pmatrix} 5 \\ 2 \end{pmatrix} + \lambda \cdot \begin{pmatrix} -4 \\ 3 \end{pmatrix}$$

dargestellt. Wie groß ist der Abstand des Nullpunktes von dieser Geraden?

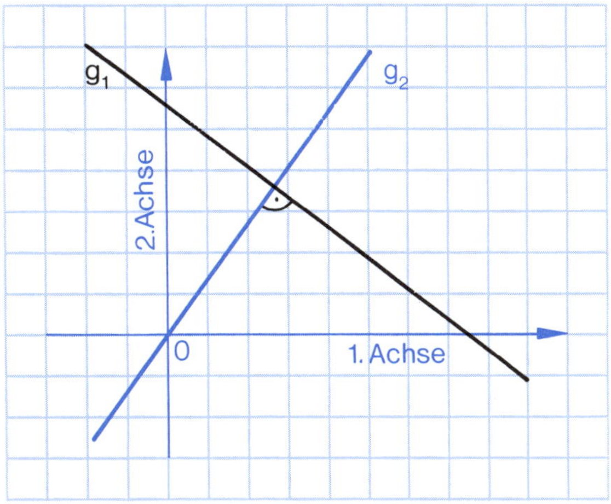

4

Sie wissen, daß man in der Geometrie unter dem Abstand eines Punktes von einer Geraden die kürzeste Entfernung versteht. Für den Nullpunkt wird diese kürzeste Entfernung aber dargestellt durch eine Strecke auf der Geraden g_2, die durch den Nullpunkt geht und senkrecht zur Geraden g_1 ist. Daher muß die Gleichung dieser Geraden g_2 bestimmt werden.

Von g_2 kennt man einen Punkt, nämlich den Nullpunkt $O\ (0 \mid 0)$. Der Richtungsvektor $\vec{v}$ von g_2 muß senkrecht zum Richtungsvektor von g_1 sein. Da das Skalarprodukt der beiden Richtungsvektoren null sein muß, kann man die Gleichung aufstellen

$$\vec{v} \cdot \begin{pmatrix} -4 \\ 3 \end{pmatrix} = \begin{pmatrix} v_1 \\ v_2 \end{pmatrix} \cdot \begin{pmatrix} -4 \\ 3 \end{pmatrix} = -4\,v_1 + 3\,v_2 = 0$$

Aus dieser Gleichung kann man für v_1 und v_2 mehrere Lösungen finden. Zum Beispiel ist $v_1 = 3$, $v_2 = 4$ eine Lösung. Die Gerade g_2 hat daher die Gleichung

$$\vec{x} = \mu \cdot \begin{pmatrix} 3 \\ 4 \end{pmatrix}$$

Jetzt bestimmt man den Schnittpunkt von g_1 und g_2 durch Gleichsetzen der rechten Seiten der beiden Geradengleichungen:

$$\mu \cdot \begin{pmatrix} 3 \\ 4 \end{pmatrix} = \begin{pmatrix} 5 \\ 2 \end{pmatrix} + \lambda \cdot \begin{pmatrix} -4 \\ 3 \end{pmatrix}$$

Man erhält das lineare Gleichungssystem

$$\begin{aligned} 3\mu &= 5 - 4\lambda \\ 4\mu &= 2 + 3\lambda \end{aligned}$$

und dessen Lösungen $\lambda = \frac{14}{25}$ $\quad \mu = \frac{23}{25}$

Der Schnittpunkt der Geraden g_1 und g_2 ist der Punkt $P\left(2\frac{19}{25} \mid 3\frac{17}{25}\right)$.

Der Abstand des Nullpunktes von der Geraden g_1 ist die Entfernung von O nach P oder der Betrag des Vektors $\vec{p} = \overrightarrow{OP} = \frac{1}{25}\begin{pmatrix} 69 \\ 92 \end{pmatrix}$.

Die Berechnung des Betrages ergibt $|\vec{p}| = \sqrt{\left(\frac{69}{25}\right)^2 + \left(\frac{92}{25}\right)^2} = 4\frac{3}{5}$

Damit hat man den gesuchten Abstand berechnet.

Aufgaben zu 4.3

1. Bestimmen Sie die Skalarprodukte $\vec{a} \cdot \vec{b}$, $\vec{b} \cdot \vec{c}$ und $\vec{c} \cdot \vec{a}$ zu den Vektoren

$$\vec{a} = \begin{pmatrix} 3 \\ 1 \\ 2 \end{pmatrix},\ \vec{b} = \begin{pmatrix} 2 \\ 0 \\ -3 \end{pmatrix} \text{ und } \vec{c} = \begin{pmatrix} -5 \\ -1 \\ 1 \end{pmatrix}.$$

2. Gibt es bei den Vektoren aus Aufgabe 1 zueinander senkrechte? Welche?

3. Wie groß ist der Winkel zwischen den Vektoren $\vec{u} = \begin{pmatrix} 1 \\ 1 \end{pmatrix}$ und $\vec{v} = \begin{pmatrix} -2 \\ 5 \end{pmatrix}$?

[4.] Wie groß sind die Winkel zwischen den Vektoren aus Aufgabe 1?

[5.] Wie groß ist der Abstand des Punktes $P(1 \mid 0)$ von der Geraden

$$\vec{x} = \begin{pmatrix} -1 \\ 2 \end{pmatrix} + \lambda \cdot \begin{pmatrix} 5 \\ -2 \end{pmatrix} ?$$

4.4 Gerade und Ebene

Bisher haben Sie die Lage zweier Geraden zueinander bestimmt und gegebenenfalls den Schnittpunkt der Geraden ausgerechnet. In diesem Abschnitt geht es um die **Lage von Gerade und Ebene zueinander**. Im Raum gibt es nur drei Möglichkeiten dafür: Die Gerade liegt in der Ebene (dann ist sie natürlich auch parallel zur Ebene), die Gerade ist parallel zur Ebene, ohne in ihr zu liegen, und schließlich die Gerade ist nicht parallel zur Ebene, dann gibt es einen Schnittpunkt. Etwas den windschiefen Geraden Entsprechendes kann es nicht geben, wie Sie sich anschaulich leicht klarmachen können. Die folgende Übersicht zeigt die verschiedenen Fälle:

Lage von Gerade und Ebene zueinander

Gerade parallel Ebene — Gerade nicht parallel Ebene

Gerade parallel Ebene: Gerade liegt in der Ebene | Gerade nicht in der Ebene

Gerade nicht parallel Ebene: Gerade und Ebene haben einen Schnittpunkt

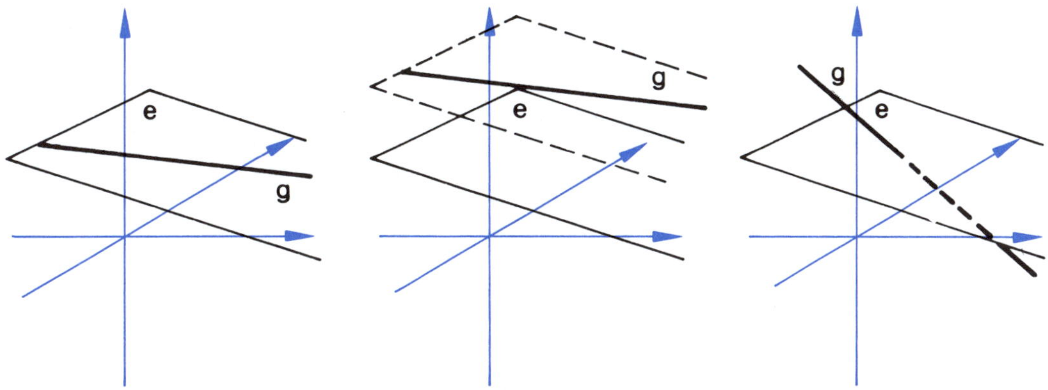

Woran erkennt man, ob eine Gerade parallel zu einer Ebene ist? Eine Gerade hat einen Richtungsvektor $\vec{u}$, eine Ebene wird von zwei Richtungsvektoren $\vec{v}_1$ und $\vec{v}_2$ aufgespannt. Ob die Gerade parallel zur Ebene ist oder nicht, hängt allein von den Richtungsvektoren ab. Soll die Gerade in der Ebene oder in einer Parallelebene liegen, so muß der Richtungsvektor $\vec{u}$ durch eine Vielfachsumme der Richtungsvektoren $\vec{v}_1$ und $\vec{v}_2$ dargestellt werden können. Es muß also zwei reelle Zahlen μ_1 und μ_2 geben, so daß

$$\vec{u} = \mu_1 \cdot \vec{v}_1 + \mu_2 \cdot \vec{v}_2 \qquad \text{ist.}$$

Man sagt dafür: $\vec{u}$ ist von $\vec{v}_1$ und $\vec{v}_2$ linear abhängig.

Oder allgemein:

> Drei Vektoren $\vec{u}$, $\vec{v}$ und $\vec{w}$ heißen linear abhängig, wenn einer von ihnen sich als Vielfachsumme der beiden anderen darstellen läßt.

Dafür kann man auch schreiben:

> Drei Vektoren $\vec{u}$, $\vec{v}$ und $\vec{w}$ heißen linear abhängig, wenn es reelle Zahlen λ_1, λ_2 und λ_3 gibt, die nicht alle Null sind, so daß
>
> $$\lambda_1 \cdot \vec{u} + \lambda_2 \cdot \vec{v} + \lambda_3 \cdot \vec{w} = \vec{o} \qquad \text{ist.}$$

> Ist die Gleichung $\lambda_1 \cdot \vec{u} + \lambda_2 \cdot \vec{v} + \lambda_3 \cdot \vec{w} = \vec{o}$ nur für $\lambda_1 = 0$, $\lambda_2 = 0$, $\lambda_3 = 0$ erfüllt, so heißen $\vec{u}$, $\vec{v}$ und $\vec{w}$ linear unabhängig.

Mit dieser Definition kann man nun sagen:

> Eine Gerade g: $\vec{x} = \vec{a} + \lambda \cdot \vec{u}$ ist genau dann parallel zu einer Ebene e: $\vec{x} = \vec{b} + \mu_1 \cdot \vec{v}_1 + \mu_2 \cdot \vec{v}_2$, wenn der Richtungsvektor $\vec{u}$ der Geraden sich als Vielfachsumme der Richtungsvektoren $\vec{v}_1$ und $\vec{v}_2$ der Ebene darstellen läßt.

Ein Beispiel dazu:

Ist die Gerade g: $\vec{x} = \begin{pmatrix} 1 \\ 0 \\ 1 \end{pmatrix} + \lambda \cdot \begin{pmatrix} 2 \\ -1 \\ 3 \end{pmatrix}$ parallel zur Ebene

e: $\vec{x} = \begin{pmatrix} 0 \\ 2 \\ 3 \end{pmatrix} + \mu_1 \cdot \begin{pmatrix} 2 \\ 1 \\ 0 \end{pmatrix} + \mu_2 \cdot \begin{pmatrix} 0 \\ -1 \\ 1 \end{pmatrix}$?

Zur Entscheidung dieser Frage betrachtet man die Gleichung

$$\begin{pmatrix} 2 \\ -1 \\ 3 \end{pmatrix} = \mu_1 \cdot \begin{pmatrix} 2 \\ 1 \\ 0 \end{pmatrix} + \mu_2 \cdot \begin{pmatrix} 0 \\ -1 \\ 1 \end{pmatrix}$$

oder das entsprechende Gleichungssystem mit den Komponenten

$$\begin{aligned} 2 &= 2\mu_1 \\ -1 &= \mu_1 - \mu_2 \\ 3 &= \mu_2 \end{aligned}$$

Aus der 1. Gleichung $\mu_1 = 1$

Aus der 3. Gleichung $\mu_2 = 3$

Widerspruch bei der 2. Gleichung: $-1 = 1 - 3$

Dieses Gleichungssystem ist nicht lösbar. Das heißt: Gerade und Ebene sind nicht parallel.

Für die Gerade g: $\vec{x} = \begin{pmatrix} 4 \\ 5 \\ 2 \end{pmatrix} + \lambda \cdot \begin{pmatrix} 2 \\ -1 \\ 2 \end{pmatrix}$ und die Ebene

e: $\vec{x} = \begin{pmatrix} 0 \\ 2 \\ 3 \end{pmatrix} + \mu_1 \cdot \begin{pmatrix} 2 \\ 1 \\ 0 \end{pmatrix} + \mu_2 \cdot \begin{pmatrix} 0 \\ -1 \\ 1 \end{pmatrix}$

ergibt sich die Gleichung $\begin{pmatrix} 2 \\ -1 \\ 2 \end{pmatrix} = \mu_1 \cdot \begin{pmatrix} 2 \\ 1 \\ 0 \end{pmatrix} + \mu_2 \cdot \begin{pmatrix} 0 \\ -1 \\ 1 \end{pmatrix}$

bzw. das Gleichungssystem

$$\begin{aligned} 2 &= 2\mu_1 \\ -1 &= \mu_1 - \mu_2 \\ 2 &= \mu_2 \end{aligned}$$

mit der Lösung $\mu_1 = 1$ aus der 1. Gleichung
$\mu_2 = 2$ aus der 3. Gleichung

Mit diesen Werten ist auch die 2. Gleichung erfüllt: $-1 = 1 - 2$

Das Gleichungssystem hat die Lösung $\mu_1 = 1$; $\mu_2 = 2$. Hier sind die Richtungsvektoren linear abhängig, die Gerade g ist parallel zur Ebene e.

Mit diesem Verfahren läßt sich die Parallelität prüfen. Woran erkennt man, ob die Gerade in der Ebene liegt oder nicht? Dies ist recht einfach: Wenn die Gerade in der Ebene liegt, dann liegt jeder ihrer Punkte in der Ebene. Insbesondere liegt dann auch der Punkt A mit dem Ortsvektor $\vec{a}$ (aus der Geradengleichung) in der Ebene. Sie müssen also prüfen, ob der Punkt A in der Ebene e liegt. Dieses Verfahren kennen Sie bereits aus dem Abschnitt 6 der Lektion 3.
Die Aufgabenstellung heißt: Liegt A (4 | 5 | 2) auf der Ebene e ? Die Rechnung dafür ist:

4

$$\begin{pmatrix}4\\5\\2\end{pmatrix} = \begin{pmatrix}0\\2\\3\end{pmatrix} + \mu_1 \cdot \begin{pmatrix}2\\1\\0\end{pmatrix} + \mu_2 \cdot \begin{pmatrix}0\\-1\\1\end{pmatrix}$$

Gleichungssystem:

$$\begin{aligned} 4 &= 2\mu_1 \\ 5 &= 2 + \mu_1 - \mu_2 \\ 2 &= 3 + \mu_2 \end{aligned}$$

$\mu_1 = 2$ aus der 1. Gleichung
$\mu_2 = -1$ aus der 3. Gleichung

Mit diesen Werten ist auch die 2. Gleichung erfüllt: $5 = 2 + 2 - (-1)$

In diesem Beispiel liegt A auf der Ebene e . Die Gerade liegt in der Ebene.

Will man die Lage einer Geraden und einer Ebene zueinander bestimmen, kann man auch gleich die Rechnung durchführen, die zur **Bestimmung des Schnittpunktes** dient. Das dafür zu lösende Gleichungssystem hat nämlich genau eine Lösung, wenn ein Schnittpunkt existiert, hat keine Lösung, wenn die Gerade parallel zur Ebene ist, ohne in ihr zu liegen, und hat unendlich viele Lösungen, wenn die Gerade in der Ebene liegt. Diese drei Fälle können Sie an den folgenden drei Beispielen sehen.

1. Beispiel

Die Gerade $g: \vec{x} = \begin{pmatrix}1\\0\\1\end{pmatrix} + \lambda \cdot \begin{pmatrix}2\\-1\\3\end{pmatrix}$

und die Ebene $e: \vec{x} = \begin{pmatrix}0\\2\\3\end{pmatrix} + \mu_1 \cdot \begin{pmatrix}2\\1\\0\end{pmatrix} + \mu_2 \cdot \begin{pmatrix}0\\-1\\1\end{pmatrix}$ schneiden sich.

Die rechten Seiten der Gleichungen werden gleichgesetzt.

$$\begin{pmatrix}1\\0\\1\end{pmatrix} + \lambda\cdot\begin{pmatrix}2\\-1\\3\end{pmatrix} = \begin{pmatrix}0\\2\\3\end{pmatrix} + \mu_1\cdot\begin{pmatrix}2\\1\\0\end{pmatrix} + \mu_2\cdot\begin{pmatrix}0\\-1\\1\end{pmatrix}$$

In Komponenten geschrieben ergibt sich das lineare Gleichungssystem:

$$\begin{aligned} 1+2\lambda &= 2\mu_1 \\ -\lambda &= 2+\mu_1-\mu_2 \\ 1+3\lambda &= 3+\mu_2 \end{aligned}$$

Bitte lösen Sie selbst.

Der Schnittpunkt ist S (| |) . → (5)

2. Beispiel

Die Gerade g: $\vec{x} = \begin{pmatrix}4\\5\\1\end{pmatrix} + \lambda\cdot\begin{pmatrix}2\\-1\\2\end{pmatrix}$

und die Ebene e: $\vec{x} = \begin{pmatrix}0\\2\\3\end{pmatrix} + \mu_1\cdot\begin{pmatrix}2\\1\\0\end{pmatrix} + \mu_2\cdot\begin{pmatrix}0\\-1\\1\end{pmatrix}$

sind parallel, ohne daß die Gerade in der Ebene liegt.

Die rechten Seiten der beiden Gleichungen werden gleichgesetzt.

$$\begin{pmatrix}4\\5\\1\end{pmatrix} + \lambda\cdot\begin{pmatrix}2\\-1\\2\end{pmatrix} = \begin{pmatrix}0\\2\\3\end{pmatrix} + \mu_1\cdot\begin{pmatrix}2\\1\\0\end{pmatrix} + \mu_2\cdot\begin{pmatrix}0\\-1\\1\end{pmatrix}$$

In Komponenten geschrieben ergibt sich das lineare Gleichungssystem:

$$\begin{aligned} 4+2\lambda &= 2\mu_1 \\ 5-\lambda &= 2+\mu_1-\mu_2 \\ 1+2\lambda &= 3+\mu_2 \end{aligned}$$

Lösung: $\mu_1 = \lambda+2$ aus der 1. Gleichung
$\mu_2 = 2\lambda-2$ aus der 3. Gleichung

Setzt man diese Werte in die 2. Gleichung ein, so ergibt sich ein Widerspruch:

$$\begin{aligned} 5-\lambda &= 2+\lambda+2-(2\lambda-2) \\ 5-\lambda &= 2+\lambda+2-2\lambda+2 \\ 5 &= 6 \end{aligned}$$

Das Gleichungssystem hat keine Lösungen. Die Gerade und die Ebene haben keine gemeinsamen Punkte.

3. Beispiel

Die Gerade $g: \vec{x} = \begin{pmatrix} 4 \\ 5 \\ 2 \end{pmatrix} + \lambda \cdot \begin{pmatrix} 2 \\ -1 \\ 2 \end{pmatrix}$

und die Ebene $e: \vec{x} = \begin{pmatrix} 0 \\ 2 \\ 3 \end{pmatrix} + \mu_1 \cdot \begin{pmatrix} 2 \\ 1 \\ 0 \end{pmatrix} + \mu_2 \cdot \begin{pmatrix} 0 \\ -1 \\ 1 \end{pmatrix}$

sind parallel und g liegt sogar in e.

Die rechten Seiten der beiden Gleichungen werden gleichgesetzt.

$$\begin{pmatrix} 4 \\ 5 \\ 2 \end{pmatrix} + \lambda \cdot \begin{pmatrix} 2 \\ -1 \\ 2 \end{pmatrix} = \begin{pmatrix} 0 \\ 2 \\ 3 \end{pmatrix} + \mu_1 \cdot \begin{pmatrix} 2 \\ 1 \\ 0 \end{pmatrix} + \mu_2 \cdot \begin{pmatrix} 0 \\ -1 \\ 1 \end{pmatrix}$$

In Komponenten geschrieben ergibt sich das lineare Gleichungssystem:

$$\begin{aligned} 4 + 2\lambda &= 2\mu_1 \\ 5 - \lambda &= 2 + \mu_1 - \mu_2 \\ 2 + 2\lambda &= 3 + \mu_2 \end{aligned}$$

Lösung:

$$\begin{aligned} \mu_1 &= \lambda + 2 && \text{aus der 1. Gleichung} \\ \mu_2 &= 2\lambda - 1 && \text{aus der 3. Gleichung} \end{aligned}$$

In die 2. Gleichung eingesetzt, ergibt sich:

$$\begin{aligned} 5 - \lambda &= 2 + (\lambda + 2) - (2\lambda - 1) \\ 5 - \lambda &= 2 + \lambda + 2 - 2\lambda + 1 \\ 5 - \lambda &= 5 - \lambda \end{aligned}$$

Diese Gleichung ist für jedes λ erfüllt.
Die Lösungsmenge ist also die ganze Menge der reellen Zahlen $\mathbb{R}$.
Das Gleichungssystem hat unendlich viele Lösungen. Es sind dies die Ortsvektoren

$$\vec{x} = \begin{pmatrix} 4 \\ 5 \\ 2 \end{pmatrix} + \lambda \cdot \begin{pmatrix} 2 \\ -1 \\ 2 \end{pmatrix} \quad \text{mit } \lambda \in \mathbb{R} .$$

Diese Ortsvektoren bestimmen gerade alle Punkte der Geraden g. g liegt also in e.

Für die **Lage zweier Ebenen im Raum** zueinander gibt es ebenfalls drei Möglichkeiten: Die beiden Ebenen können identisch sein, sie können parallel sein (ohne Identität), und sie können sich in einer Geraden schneiden. Andere Möglichkeiten kann es nicht geben. Als Übersicht geschrieben:

4

Lage zweier Ebenen zueinander

- parallel
  - identisch (nur gemeinsame Punkte)
  - nicht identisch (keine gemeinsamen Punkte)
- nicht parallel
  - Schnittgerade (alle Punkte der Schnittgeraden sind gemeinsame Punkte)

Die rechnerische Bestimmung der Lage zweier Ebenen zueinander führt wieder auf ein lineares Gleichungssystem. Da bei jeder Ebenengleichung zwei Parameter λ_1 , λ_2 bzw. μ_1 , μ_2 auftreten, erhält man ein Gleichungssystem mit vier Variablen. Dies macht einen etwas höheren Rechenaufwand erforderlich. In dieser Lektion wird auf Aufgaben dieser Art verzichtet.

Aufgaben zu 4.4

1. Wie liegen die folgenden Geraden zu der Ebene

e: $\vec{x} = \begin{pmatrix} 1 \\ 2 \\ 3 \end{pmatrix} + \mu_1 \cdot \begin{pmatrix} 2 \\ 0 \\ 1 \end{pmatrix} + \mu_2 \cdot \begin{pmatrix} 1 \\ 1 \\ 0 \end{pmatrix}$?

a) g: $\vec{x} = \begin{pmatrix} 0 \\ 1 \\ 1 \end{pmatrix} + \lambda \cdot \begin{pmatrix} 3 \\ 1 \\ 1 \end{pmatrix}$

b) g: $\vec{x} = \begin{pmatrix} 1 \\ 0 \\ 1 \end{pmatrix} + \lambda \cdot \begin{pmatrix} 1 \\ 2 \\ 3 \end{pmatrix}$

c) g: $\vec{x} = \begin{pmatrix} 1 \\ 2 \\ 0 \end{pmatrix} + \lambda \cdot \begin{pmatrix} 3 \\ -1 \\ 2 \end{pmatrix}$

2. Eine Gerade g ist parallel zur Ebene e: $\vec{x} = \begin{pmatrix} 2 \\ -1 \\ 0 \end{pmatrix} + \mu_1 \cdot \begin{pmatrix} 2 \\ 1 \\ -1 \end{pmatrix} + \mu_2 \cdot \begin{pmatrix} -1 \\ 3 \\ 2 \end{pmatrix}$ und geht durch den Punkt $P\,(0 \mid 0 \mid 5)$. Geben Sie drei mögliche Geraden (durch ihre Gleichungen) an, die diese Bedingungen erfüllen.

Wiederholungsaufgaben

1. Bestimmen Sie die Lage der beiden Geraden zueinander.

a) g_1: $\vec{x} = \begin{pmatrix} 1 \\ 2 \end{pmatrix} + \lambda \cdot \begin{pmatrix} 3 \\ -2 \end{pmatrix}$ $\qquad$ g_2: $\vec{x} = \begin{pmatrix} 0 \\ 5 \end{pmatrix} + \mu \cdot \begin{pmatrix} 2 \\ 7 \end{pmatrix}$

b) g_1: $\vec{x} = \begin{pmatrix} 0 \\ 1 \\ -1 \end{pmatrix} + \lambda \cdot \begin{pmatrix} 2 \\ -1 \\ 4 \end{pmatrix}$ $\qquad$ g_2: $\vec{x} = \begin{pmatrix} 2 \\ 0 \\ 5 \end{pmatrix} + \mu \cdot \begin{pmatrix} -1 \\ 0{,}5 \\ -2 \end{pmatrix}$

c) g_1: $\vec{x} = \begin{pmatrix} 2 \\ 0 \\ 1 \end{pmatrix} + \lambda \cdot \begin{pmatrix} 3 \\ -1 \\ 4 \end{pmatrix}$ $\qquad$ g_2: $\vec{x} = \begin{pmatrix} -1 \\ 1 \\ -3 \end{pmatrix} + \mu \cdot \begin{pmatrix} -6 \\ 2 \\ -8 \end{pmatrix}$

2. Geben Sie zu der Geraden g_1: $\vec{x} = \begin{pmatrix} 2 \\ 3 \end{pmatrix} + \lambda \cdot \begin{pmatrix} -4 \\ 5 \end{pmatrix}$ eine Gerade g_2 an, die im Punkt S (10 | −7) auf der Geraden g_1 senkrecht steht.

***3.** Wie Aufgabe 2 für g_1: $\vec{x} = \begin{pmatrix} 1 \\ -1 \\ 2 \end{pmatrix} + \lambda \cdot \begin{pmatrix} 2 \\ 1 \\ 2 \end{pmatrix}$ und S (3 | 0 | 4).

4. Berechnen Sie das Skalarprodukt von $\vec{u}$ und $\vec{v}$.

a) $\vec{u} = \begin{pmatrix} 5 \\ 0 \\ -2 \end{pmatrix}$; $\vec{v} = \begin{pmatrix} 1 \\ -3 \\ 7 \end{pmatrix}$ b) $\vec{u} = \begin{pmatrix} 3 \\ -7 \\ 2 \end{pmatrix}$; $\vec{v} = \begin{pmatrix} 5 \\ 2 \\ -\frac{1}{2} \end{pmatrix}$

5. Welche der Vektoren sind senkrecht zueinander?

$\vec{a} = \begin{pmatrix} 2 \\ -3 \\ 1 \end{pmatrix}$; $\vec{b} = \begin{pmatrix} 4 \\ 2 \\ -2 \end{pmatrix}$; $\vec{c} = \begin{pmatrix} 1 \\ -1 \\ 1 \end{pmatrix}$; $\vec{d} = \begin{pmatrix} 5 \\ 3 \\ -1 \end{pmatrix}$; $\vec{e} = \begin{pmatrix} -1 \\ 2 \\ 8 \end{pmatrix}$

6. Wie groß ist der Abstand des Nullpunktes von der Geraden g: $\vec{x} = \begin{pmatrix} 5 \\ 6 \end{pmatrix} + \lambda \cdot \begin{pmatrix} -1 \\ 3 \end{pmatrix}$?

7. Bestimmen Sie den Schnittpunkt der Geraden g: $\vec{x} = \begin{pmatrix} 2 \\ 0 \\ 5 \end{pmatrix} + \lambda \cdot \begin{pmatrix} 0 \\ 4 \\ 3 \end{pmatrix}$ mit der Ebene

e: $\vec{x} = \begin{pmatrix} 0 \\ 1 \\ -1 \end{pmatrix} + \mu_1 \cdot \begin{pmatrix} 1 \\ 0 \\ -2 \end{pmatrix} + \mu_2 \cdot \begin{pmatrix} -1 \\ 4 \\ 0 \end{pmatrix}$.

8. Welche gemeinsamen Punkte

haben die Ebene e: $\vec{x} = \begin{pmatrix} 2 \\ -4 \\ 3 \end{pmatrix} + \mu_1 \cdot \begin{pmatrix} 2 \\ 3 \\ -2 \end{pmatrix} + \mu_2 \cdot \begin{pmatrix} 4 \\ 7 \\ 2 \end{pmatrix}$

und die Gerade g: $\vec{x} = \begin{pmatrix} 4 \\ 0 \\ 7 \end{pmatrix} + \lambda \cdot \begin{pmatrix} 3 \\ 5 \\ 0 \end{pmatrix}$?

9. Welche Lage hat die Gerade durch die beiden Punkte P (− 1 | 5 | 2) und Q (4 | 0 | 1)

zu der Ebene e: $\vec{x} = \begin{pmatrix} 2 \\ 3 \\ -1 \end{pmatrix} + \mu_1 \cdot \begin{pmatrix} 4 \\ -5 \\ 3 \end{pmatrix} + \mu_2 \cdot \begin{pmatrix} -1 \\ -2 \\ 8 \end{pmatrix}$?

Bestimmen Sie gegebenenfalls den Schnittpunkt.

4

5. Vektorprodukt

Vor der Sendung

Sie haben in den bisherigen Lektionen die Multiplikation eines Vektors mit einem Skalar kennen gelernt, die eine Streckung bzw. eine Stauchung des Vektors bewirkt. Ebenso ist Ihnen bereits das Skalarprodukt bekannt, das als Lösung einen Skalar liefert.
In dieser Sendung wird eine weitere Multiplikation mit Vektoren vorgestellt. Diese Multiplikation wird als Vektorprodukt bezeichnet und liefert als Ergebnis einen Vektor. Dieser Lösungsvektor steht u. a. immer senkrecht auf den beiden Vektoren, mit denen die Multiplikation durchgeführt wird. Des Weiteren entspricht der Betrag des Lösungsvektors der Maßzahl des von den beiden Vektoren aufgespannten Parallelogramms.

Übersicht

1. **Multiplikation bei Vektoren** kennen Sie als Multiplikation mit einem Skalar k, dabei liefert $k \cdot \vec{v}$ eine Streckung des Vektors $\vec{v}$, falls $|k| > 1$ ist, bzw. eine Stauchung des Vektors $\vec{v}$, falls $|k| < 1$ ist.
   Als weitere Multiplikation wurde bereits das Skalarprodukt $\vec{a} \circ \vec{b} = |\vec{a}| \cdot |\vec{b}| \cdot \cos\varphi$ erklärt, das als Lösung einen Skalar (Zahl) liefert. Dieser Skalar kann u. a. zur Deutung des Winkels zwischen zwei Vektoren dienen oder in der Physik zur Berechnung der verrichteten Arbeit verwendet werden.

2. Das **Drehmoment** $\vec{M} = \vec{r} \times \vec{F}$ ist eine physikalische Größe und steht senkrecht auf den Vektoren $\vec{r}$ und $\vec{F}$.
   Der Betrag des Drehmoments $|\vec{M}| = M = |\vec{r} \times \vec{F}| = |\vec{r}| \cdot |\vec{F}| \cdot \sin\varphi = r \cdot F \cdot \sin\varphi$ entspricht dem Flächeninhalt des von den Vektoren $\vec{r}$ und $\vec{F}$ aufgespannten Parallelogramms.

3. Für das **Vektorprodukt (Kreuzprodukt)** $\vec{a} \times \vec{b} = \vec{c}$ gelten folgende Gesetzmäßigkeiten:
   a) Die Vektoren $\vec{a}$, $\vec{b}$ und ihr Vektorprodukt $\vec{a} \times \vec{b} = \vec{c}$ bilden in dieser Reihenfolge ein Rechtssystem.
   b) $\vec{a} \times \vec{b} = -(\vec{b} \times \vec{a})$
   Vertauscht man die Vektoren des Kreuzprodukts, ändert sich das Vorzeichen.
   c) $|\vec{a} \times \vec{b}| = |\vec{a}| \cdot |\vec{b}| \cdot \sin\varphi$
   d) $|\vec{a} \times \vec{b}| = |\vec{a}| \cdot |\vec{b}|$, falls $\vec{a} \perp \vec{b}$
   e) $\vec{a} \times \vec{b} = 0$, falls $\vec{a} \parallel \vec{b}$

4. Als **Euklidischen Vektorraum** bezeichnet man das rechtwinklige Koordinatensystem mit den Basiseinheitsvektoren $\vec{e}_1$, $\vec{e}_2$ und $\vec{e}_3$.

5. Mit der **Vektorproduktformel** $\vec{a} \times \vec{b} = \begin{pmatrix} a_2 b_3 - a_3 b_2 \\ a_3 b_1 - a_1 b_3 \\ a_1 b_2 - a_2 b_1 \end{pmatrix}$ kann man die Koordinaten des Lösungsvektors berechnen.

6. Die **Fläche eines Parallelogramms** kann mithilfe des Vektorprodukts bestimmt werden. Für die Maßzahl der Fläche A_P des von den Vektoren $\vec{a}$ und $\vec{b}$ aufgespannten Parallelogramms gilt: $A_P = |\vec{a} \times \vec{b}|$

5.1 Multiplikation bei Vektoren

Sie haben bisher folgende zwei Arten von Multiplikationen mit Vektoren kennen gelernt:

Multiplikation eines Vektors $\vec{v}$ mit einem Skalar k

$$k \cdot \vec{v} = k \cdot \begin{pmatrix} v_1 \\ v_2 \\ v_3 \end{pmatrix} = \begin{pmatrix} k \cdot v_1 \\ k \cdot v_2 \\ k \cdot v_3 \end{pmatrix}$$

Die Multiplikation eines Vektors mit einem Skalar (Zahl) hat als Lösung wieder einen Vektor der gleichen Wirkungslinie (Bild 1). Dieser Vektor ist gegenüber dem Ausgangsvektor gestreckt (länger), falls $|k| > 1$ ist, oder gestaucht (kürzer), falls $|k| < 1$ ist.

Skalarprodukt zweier Vektoren

$$\vec{a} \circ \vec{b}$$

Das Skalarprodukt zweier Vektoren $\vec{a}$ und $\vec{b}$ ergibt als Lösung einen Skalar (Zahl).

Aus den vorhergehenden Kapiteln sind Ihnen zwei Definitionen (Bild 2) für das Skalarprodukt bekannt:

1. $\vec{a} \circ \vec{b} = |\vec{a}| \cdot |\vec{b}| \cdot \cos\varphi$
   Die Lösung dieser Rechenoperation ist ein Skalar, der aus dem Produkt der Beträge der Vektoren $\vec{a}$ und $\vec{b}$ und dem Kosinus des von den Vektoren $\vec{a}$ und $\vec{b}$ eingeschlossenen Winkels entsteht.
2. $\vec{a} \circ \vec{b} = a_1 \cdot b_1 + a_2 \cdot b_2 + a_3 \cdot b_3$
   Die Lösung dieser Rechenoperation ist ein Skalar, der folgende Deutung zulässt:
   - Ist der Skalar positiv, so gilt für den von den beiden Vektoren eingeschlossenen Winkel φ $0° < \varphi < 90°$.
   - Hat das Skalarprodukt den Wert null, so stehen die beiden Vektoren senkrecht zueinander.
   - Ist der Skalar negativ, so gilt für den von den beiden Vektoren eingeschlossenen Winkel φ $90° < \varphi < 180°$.

Multiplikation des Vektors $\vec{v} = \begin{pmatrix} 3 \\ 2 \\ 0 \end{pmatrix}$

a) mit dem Skalar $k = 2$ sowie
b) dem Skalar $k = 0,5$

a) $2 \cdot \begin{pmatrix} 3 \\ 2 \\ 0 \end{pmatrix} = \begin{pmatrix} 2 \cdot 3 \\ 2 \cdot 2 \\ 2 \cdot 0 \end{pmatrix} = \begin{pmatrix} 6 \\ 4 \\ 0 \end{pmatrix}$

b) $0,5 \cdot \begin{pmatrix} 3 \\ 2 \\ 0 \end{pmatrix} = \begin{pmatrix} 0,5 \cdot 3 \\ 0,5 \cdot 2 \\ 0,5 \cdot 0 \end{pmatrix} = \begin{pmatrix} 1,5 \\ 1 \\ 0 \end{pmatrix}$

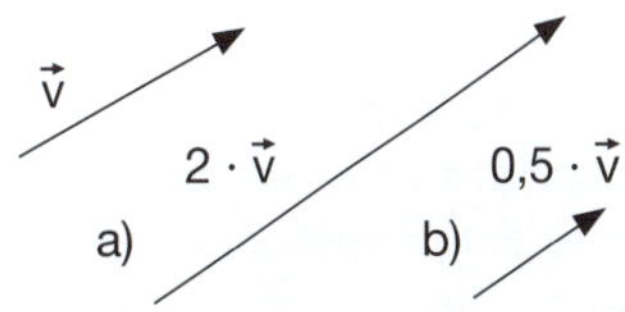

Bild 1: Multiplikation eines Vektors mit einem Skalar

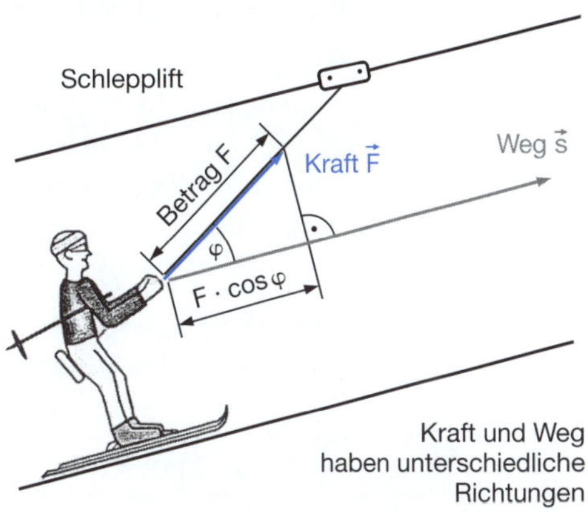

Skalarprodukt: Arbeit $W = \vec{F} \circ \vec{s} = F \cdot s \cdot \cos\varphi$

Bild 2: Skalarprodukt

Aufgaben zu 5.1

1. Ein Skifahrer (Bild 2) wird vom Schlepplift mit der Kraft $|\vec{F}| = F = 600$ N gezogen. Der Weg beträgt 400 m. Berechnen Sie das Skalarprodukt, wenn der Winkel zwischen den Vektoren 35 ° beträgt.
2. Im $\mathbb{R}^3$ sind die Punkte $A(1|2|3)$ und $B_b(b|-2|-2)$ gegeben. Berechnen Sie den Wert von b so, dass der Ortsvektor $\vec{a}$ senkrecht auf dem Ortsvektor $\vec{b}_b$ steht.

5.2 Drehmoment

Sowohl in der Technik als auch im Alltagsleben ist man bemüht mithilfe einfacher Maschinen Kraft auf Kosten des Weges oder Weg auf Kosten der Kraft zu sparen. Bei drehenden Bewegungen wie z. B. der eines Fahrradpedals versucht man, die Hebelwirkung von Fußkraft und Pedalstellung (Hebelarm) auszunutzen. Dabei bewirkt die angreifende Kraft auf einen Hebel ein Drehmoment, das umso größer ist, je länger der wirksame Hebelarm zur Drehachse ist (Bild 1).
Der Begriff **Drehmoment** wird vom lateinischen Wort „movere" (bewegen) abgeleitet und bedeutet so viel wie „**Drehbewegung**".
Das Drehmoment $\vec{M}$ ist das Vektorprodukt von Kraftarm $\vec{r}$ und Kraft $\vec{F}$: $\vec{M} = \vec{r} \times \vec{F}$
(sprich: M gleich r kreuz F)

Aus der Gleichung $\vec{M} = \vec{r} \times \vec{F}$ ist ersichtlich, dass das Vektorprodukt als Lösung wieder ein Vektor ist. Dieser Vektor steht **immer senkrecht** auf der Ebene, die vom Vektor des Hebelarms $\vec{r}$ und vom Vektor der Kraft $\vec{F}$ aufgespannt wird.
Stehen die Vektoren $\vec{r}$ und $\vec{F}$ senkrecht aufeinander, ergibt das Produkt ihrer Beträge $r \cdot F$ den Betrag M des Vektors $\vec{M}$.

Betrachtet man die Vektoren $\vec{r}$ und $\vec{F}$ als Seiten eines Rechtecks (Bild 1), so entspricht der Betrag M des Vektors $\vec{M}$ dem Flächeninhalt des Rechtecks.

$$|\vec{M}| = M = |\vec{r} \times \vec{F}| = |\vec{r}| \cdot |\vec{F}| = r \cdot F$$

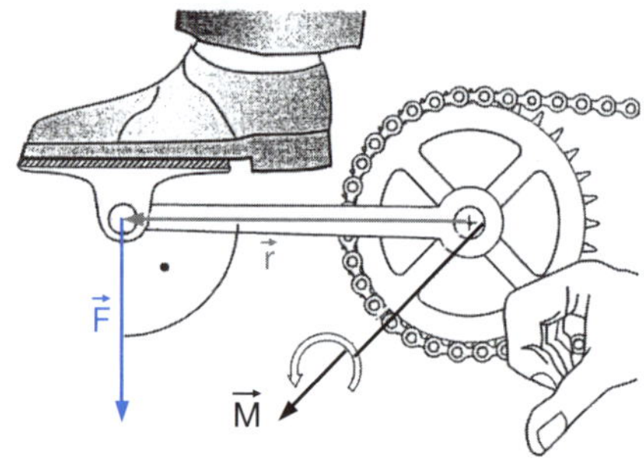

Hält man die rechte Hand so, dass die gekrümmten Finger die Drehrichtung beschreiben, zeigt der abgespreizte Daumen in die selbe Richtung wie das Vektorprodukt $\vec{M}$.

Die Vektoren $\vec{r}$, $\vec{F}$ und ihr Vektorprodukt $\vec{M}$ bilden in dieser Reihenfolge ein Rechtssystem.

Bild 1: Vektorprodukt bei orthogonalen Vektoren

Das Drehmoment $\vec{M}$ ist das Vektorprodukt von Kraftarm $\vec{r}$ und Kraft $\vec{F}$.
Vektorschreibweise: $\vec{M} = \vec{r} \times \vec{F}$

Für beliebige Vektoren $\vec{a}$, $\vec{b}$ und $\vec{n}$ gilt:

$\vec{n} = \vec{a} \times \vec{b}$, dabei steht $\vec{n}$ senkrecht auf $\vec{a}$ und $\vec{b}$
$|\vec{n}| = |\vec{a} \times \vec{b}| = |\vec{a}| \cdot |\vec{b}| \cdot \sin\varphi = a \cdot b \cdot \sin\varphi$

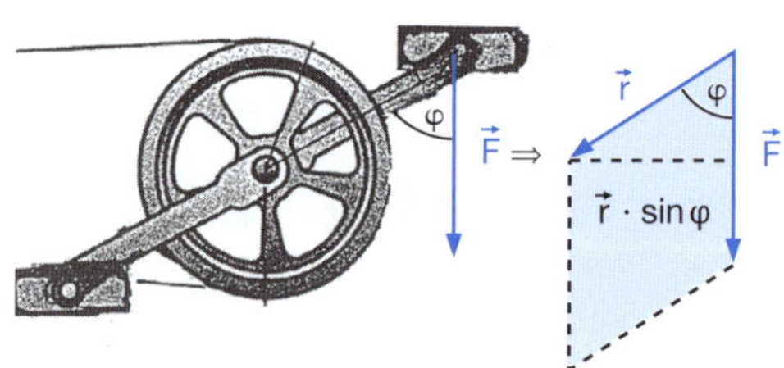

Bild 2: Vektorprodukt bei nicht orthogonalen Vektoren

Stehen die Vektoren $\vec{r}$ und $\vec{F}$ nicht senkrecht aufeinander, so gilt für den wirksamen Hebelarm $r \cdot \sin\varphi$, wobei φ der von den Vektoren $\vec{r}$ und $\vec{F}$ eingeschlossene Winkel ist (Bild 2).

Betrachtet man die Vektoren $\vec{r}$ und $\vec{F}$ als Seiten eines Parallelogramms (Bild 2), so entspricht der Betrag M des Vektors $\vec{M}$ dem Flächeninhalt des Parallelogramms.

$$|\vec{M}| = M = |\vec{r} \times \vec{F}| = |\vec{r}| \cdot |\vec{F}| \cdot \sin\varphi = r \cdot F \cdot \sin\varphi$$

1. Beispiel:
Beim Radfahren (Bild 1) beträgt der Hebelarm 20 cm und die Kraft 600 N. Daher gilt für das Drehmoment (Kraftmoment): $M = r \cdot F = 0{,}2\,\text{m} \cdot 600\,\text{N} = 120\,\text{Nm}$

2. Beispiel:

Sie kennen das Problem beim Start mit einem Fahrrad. Befindet sich das Pedal, auf das Sie mit dem Fuß aufsteigen, ganz unten, so müssen Sie mit dem anderen Fuß am Boden anschieben wie bei einem Roller, damit Sie den nötigen Schwung bekommen.

Befindet sich das Antrittspedal jedoch parallel zum Boden, so ist das Drehmoment (Antriebsmoment) beim Start so groß, dass das Fahrrad beim Tritt auf das Pedal die nötige Geschwindigkeit aufnimmt, um einen korrekten Start hinzulegen.

Im Bild 1 werden verschiedene Stellungen zwischen der Wirkungslinie der Kraft und dem Hebelarm beim Fahrradfahren dargestellt.

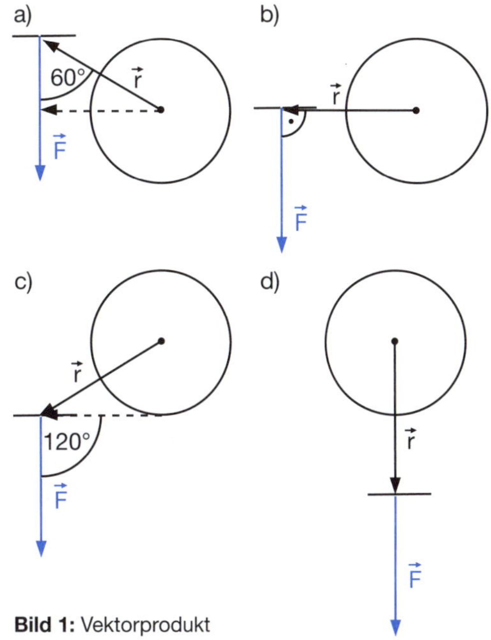

Bild 1: Vektorprodukt

Vektoren sind frei verschiebbar, deshalb gelten bei den abgebildeten Stellungen für den Winkel φ zwischen Kraftvektor $\vec{F}$ und Hebelarmvektor $\vec{r}$ folgende Werte:

a) $\varphi = 180° - 60° = 120°$

b) $\varphi = 180° - 90° = 90°$

c) $\varphi = 180° - 120° = 60°$

d) $\varphi = 180° - 180° = 0°$

Bei einer einwirkenden Kraft F = 400 N auf das Pedal mit einer Hebellänge von 0,2 m errechnet sich das Drehmoment $M = r \cdot F \sin\varphi$ folgendermaßen:

a) $M = 0{,}2\ \text{m} \cdot 400\ \text{N} \cdot \sin 120° = 69{,}3\ \text{Nm}$

b) $M = 0{,}2\ \text{m} \cdot 400\ \text{N} \cdot \sin 90° = 80\ \text{Nm}$

c) $M = 0{,}2\ \text{m} \cdot 400\ \text{N} \cdot \sin 60° = 69{,}3\ \text{Nm}$

d) $M = 0{,}2\ \text{m} \cdot 400\ \text{N} \cdot \sin 0° = 0\ \text{Nm}$

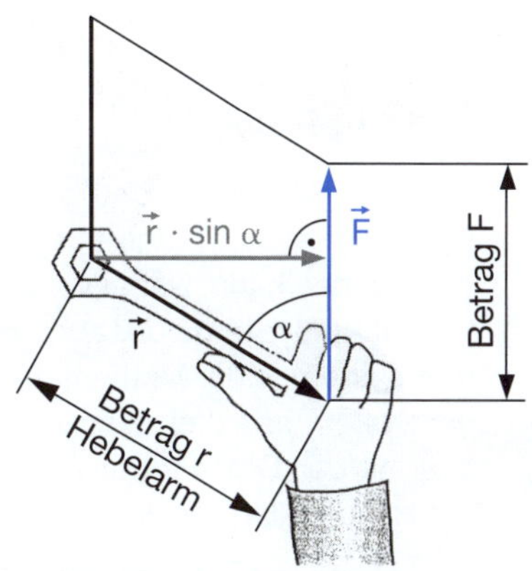

Bild 2: Lösen einer Schraube

Aus den Ergebnissen ist ersichtlich, dass bei einem Winkel von $\varphi = 90°$ das Drehmoment am größten ist, bei einem Winkel von $\varphi = 0°$ das Drehmoment am kleinsten ist.

Aufgaben zu 5.2

1. a) Erstellen Sie für $0° \leqq \varphi \leqq 180°$ eine Wertetabelle mit $\Delta\varphi = 10°$, um das Drehmoment M bei einer Kraft $F = 400$ N und dem Hebelarm $r = 0{,}2$ m beim Fahrradfahren zu berechnen.

b) Wählen Sie einen geeigneten Maßstab und zeichnen Sie mithilfe der Wertetabelle den Graph des Drehmoments.

2. Bild 2 zeigt das Lösen einer Schraube für $r = 20$ cm, $\underline{F} = 140$ N und den Winkel $\alpha = 65°$.

a) Berechnen Sie den Betrag M des Vektorprodukts $\vec{M}$ für diese Stellung.

b) In welche Richtung zeigt das Vektorprodukt $\vec{M}$?

5.3 Vektorprodukt (Kreuzprodukt)

Das Vektorprodukt $\vec{a} \times \vec{b} = \vec{c}$ ist eine weitere Multiplikationsform in der Vektorrechnung und hat als Verknüpfungszeichen das x (kreuz). Deshalb wird das Vektorprodukt auch häufig als „Kreuzprodukt" bezeichnet.

Das Vektorprodukt liefert als **Lösung** wieder einen **Vektor** (siehe 5.2). Dieser Vektor steht immer **senkrecht** auf den durch das Kreuzprodukt gebildeten Vektoren (Bild 1). Auch der nach unten gerichtete Vektor $\vec{c}$ steht senkrecht auf den beiden Vektoren $\vec{a}$ und $\vec{b}$ (Bild 2). Den korrekten Vektor, mit nach oben oder nach unten gerichteter Spitze, liefert die Orientierung des Vektorraums.

Vertauscht man die Vektoren des Kreuzprodukts, ändert sich das Vorzeichen.

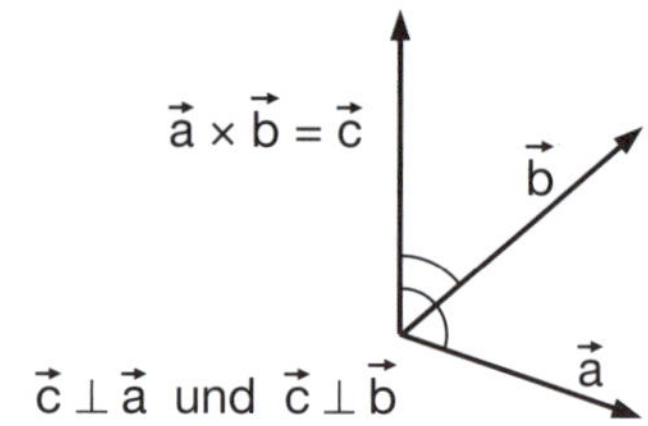

Bild 1: Vektorprodukt $\vec{a} \times \vec{b} = \vec{c}$

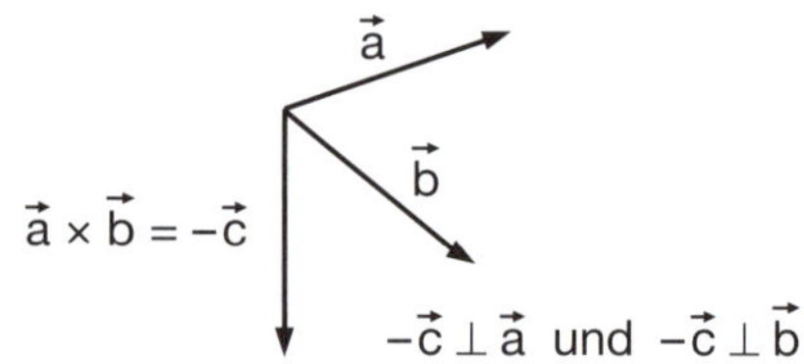

Bild 2: Tausch der Vektoren $\vec{a}$ und $\vec{b}$

Drei-Finger-Regel

Die drei Vektoren $\vec{a}$, $\vec{b}$ und $\vec{a} \times \vec{b} = \vec{c}$ bilden ein Rechtssystem, das nur im $\mathbb{R}^3$ (Raum) vorkommen kann. Dabei versteht man unter **Rechtssystem** oder auch **rechthändiges System** in der Mathematik und Physik ein System aus drei räumlichen Vektoren, das mit der **Drei-Finger-Regel** der rechten Hand erklärt werden kann (Bild 3).

Die Vektoren $\vec{a}$, $\vec{b}$ und ihr Vektorprodukt $\vec{a} \times \vec{b} = \vec{c}$ bilden in dieser Reihenfolge ein Rechtssystem.

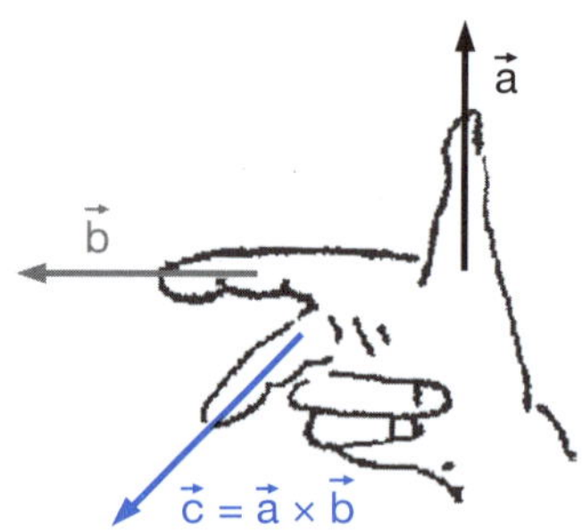

Drei-Finger-Regel (bei einem Rechtssystem):
Daumen zeigt in Richtung des ersten Vektors, Zeigefinger in Richtung des zweiten Vektors, Mittelfinger (rechtwinklig zum Daumen und zum Zeigefinger abgespreizt) in Richtung des dritten Vektors.

Bild 3: Rechtssystem der Vektoren $\vec{a}$, $\vec{b}$ und $\vec{a} \times \vec{b} = \vec{c}$

Beispiel:
Betrachtet man die Achsen des dreidimensionalen rechtwinkligen Koordinatensystems (Bild 4) als Vektoren $\vec{x}$, $\vec{y}$ und $\vec{z}$, so bilden die Vektoren $\vec{x}$, $\vec{y}$, $\vec{z}$ ein Rechtssystem, denn es gilt: $\vec{x} \times \vec{y} = \vec{z}$ (Drei-Finger-Regel)

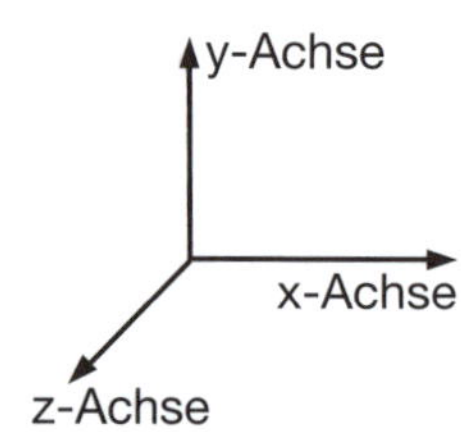

Bild 4: Koordinatensystem

Aufgaben zu 5.3

Geben Sie als Lösung den jeweiligen Vektor aus dem Beispiel an.

a) $\vec{y} \times \vec{z}$; b) $\vec{z} \times \vec{x}$; c) $\vec{y} \times \vec{x}$; d) $\vec{z} \times \vec{y}$; e) $\vec{x} \times \vec{z}$; f) $\vec{y} \times \vec{y}$;

5.4 Euklidischer Vektorraum

Im dreidimensionalen euklidischen Raum (Euklid von Alexandria, ca. 365 v. Chr., griechischer Mathematiker) kennen Sie das rechtwinklige Koordinatensystem mit den Achsen x_1, x_2 und x_3 (Bild 1).
Diese Achsen besitzen die Basiseinheits-

vektoren $\vec{e}_1 = \begin{pmatrix}1\\0\\0\end{pmatrix}$, $\vec{e}_2 = \begin{pmatrix}0\\1\\0\end{pmatrix}$ und $\vec{e}_3 = \begin{pmatrix}0\\0\\1\end{pmatrix}$.

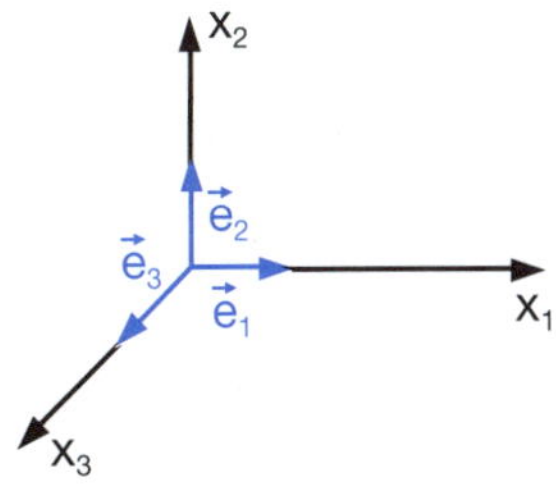

Bild 1: Koordinatensystem mit den Basiseinheitsvektoren

Betrachtet man die Vektoren $\vec{e}_1$ und $\vec{e}_2$ als Richtungsvektoren der x_1-x_2-Ebene, die von den beiden Basiseinheitsvektoren aufgespannt wird, so ist der Vektor $\vec{e}_3$ ein Vektor, der senkrecht auf dieser Ebene steht. Nach Definition des Vektorprodukts gilt: $\vec{e}_1 \times \vec{e}_2 = \vec{e}_3$. Die dazugehörige Komponentendarstellung heißt:

$$\begin{pmatrix}1\\0\\0\end{pmatrix} \times \begin{pmatrix}0\\1\\0\end{pmatrix} = \begin{pmatrix}0\\0\\1\end{pmatrix}$$

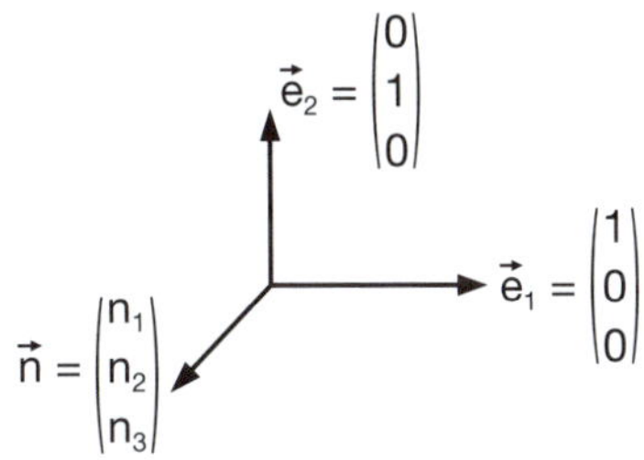

Bild 2: $\vec{e}_1 \times \vec{e}_2 = \vec{n}$

Die Koordinaten der Einheitsvektoren sind bekannt und somit auch die Koordinaten des Lösungsvektors des Vektorprodukts.
Es wird nun versucht, dieses Ergebnis des Vektorprodukts rechnerisch zu ermitteln.
Mit $\vec{n}$ wird der Vektor bezeichnet, der senkrecht auf der x_1-x_2-Ebene steht (Bild 2). Unsere Gleichung lautet $\vec{e}_1 \times \vec{e}_2 = \vec{n}$ und hat die Komponentendarstellung $\begin{pmatrix}1\\0\\0\end{pmatrix} \times \begin{pmatrix}0\\1\\0\end{pmatrix} = \begin{pmatrix}n_1\\n_2\\n_3\end{pmatrix}$.

Da der Vektor $\vec{n}$ senkrecht auf dem Vektor $\vec{e}_1$ und auch senkrecht auf dem Vektor $\vec{e}_2$ steht, muss das Skalarprodukt der Basiseinheitsvektoren $\vec{e}_1$ und $\vec{e}_2$ mit dem Vektor $\vec{n}$ den Wert (Skalar) null ergeben. Es können somit zwei Bedingungen abgeleitet werden:

I: $\vec{e}_1 \perp \vec{n} \Rightarrow \vec{e}_1 \circ \vec{n} = 0$; $\begin{pmatrix}1\\0\\0\end{pmatrix} \circ \begin{pmatrix}n_1\\n_2\\n_3\end{pmatrix} = 1 \cdot n_1 + 0 \cdot n_2 + 0 \cdot n_3 = 0$; $\Rightarrow n_1 = 0$ (und $n_3 \in \mathbb{R}$)

II: $\vec{e}_2 \perp \vec{n} \Rightarrow \vec{e}_2 \circ \vec{n} = 0$; $\begin{pmatrix}0\\1\\0\end{pmatrix} \circ \begin{pmatrix}n_1\\n_2\\n_3\end{pmatrix} = 0 \cdot n_1 + 1 \cdot n_2 + 0 \cdot n_3 = 0$; $\Rightarrow n_2 = 0$ (und $n_3 \in \mathbb{R}$)

Mit $n_1 = 0$ und $n_2 = 0$ und $n_3 = k$; $k \in \mathbb{R}$ gilt: $\vec{n} = \begin{pmatrix}0\\0\\k\end{pmatrix}$

Mit $k = 1$ (Einheitsvektor) gilt: $\vec{n} = \begin{pmatrix}0\\0\\1\end{pmatrix}$

5.5 Vektorproduktformel

Als Nächstes wird versucht eine Formel zu finden, mit der Sie das Vektorprodukt $\vec{a} \times \vec{b}$ für beliebige Vektoren $\vec{a}$ und $\vec{b}$ berechnen können.
Um von zwei nicht orthogonalen Vektoren das Vektorprodukt zu bilden, zerlegt man diese mithilfe der Einheitsvektoren der Koordinatenachsen in die einzelnen Komponenten:

$$\vec{a} = \begin{pmatrix} a_1 \\ a_2 \\ a_3 \end{pmatrix} = a_1 \cdot \vec{e}_1 + a_2 \cdot \vec{e}_2 + a_3 \cdot \vec{e}_3$$

$$\vec{b} = \begin{pmatrix} b_1 \\ b_2 \\ b_3 \end{pmatrix} = b_1 \cdot \vec{e}_1 + b_2 \cdot \vec{e}_2 + b_3 \cdot \vec{e}_3$$

Tabelle 1: Vektorprodukt der Einheitsvektoren der Koordinatenachsen

Vektorprodukt	Ergebnis	Begründung
$\vec{e}_1 \times \vec{e}_2$	$\vec{e}_3$	Rechtssystem
$\vec{e}_2 \times \vec{e}_3$	$\vec{e}_1$	Rechtssystem
$\vec{e}_3 \times \vec{e}_1$	$\vec{e}_2$	Rechtssystem
$\vec{e}_2 \times \vec{e}_1$	$-\vec{e}_3$	Rechtssystem
$\vec{e}_3 \times \vec{e}_2$	$-\vec{e}_1$	Rechtssystem
$\vec{e}_1 \times \vec{e}_3$	$-\vec{e}_2$	Rechtssystem
$\vec{e}_1 \times \vec{e}_1$	$\vec{0}$	Parallele Vektoren
$\vec{e}_2 \times \vec{e}_2$	$\vec{0}$	Parallele Vektoren
$\vec{e}_3 \times \vec{e}_3$	$\vec{0}$	Parallele Vektoren

Als Nächstes multipliziert man die zerlegten Vektoren:

$$\vec{a} \times \vec{b} = \begin{pmatrix} a_1 \\ a_2 \\ a_3 \end{pmatrix} \times \begin{pmatrix} b_1 \\ b_2 \\ b_3 \end{pmatrix} = (a_1 \cdot \vec{e}_1 + a_2 \cdot \vec{e}_2 + a_3 \cdot \vec{e}_3) \times (b_1 \cdot \vec{e}_1 + b_2 \cdot \vec{e}_2 + b_3 \cdot \vec{e}_3)$$

$$= a_1\vec{e}_1 \times b_1\vec{e}_1 + a_1\vec{e}_1 \times b_2\vec{e}_2 + a_1\vec{e}_1 \times b_3\vec{e}_3 + a_2\vec{e}_2 \times b_1\vec{e}_1 + a_2\vec{e}_2 \times b_2\vec{e}_2 + a_2\vec{e}_2 \times b_3\vec{e}_3$$
$$+ a_3\vec{e}_3 \times b_1\vec{e}_1 + a_3\vec{e}_3 \times b_2\vec{e}_2 + a_3\vec{e}_3 \times b_3\vec{e}_3$$

Die Komponenten werden ausgeklammert und die Lösung des Vektorprodukts der Basiseinheitsvektoren (Tabelle 1) angegeben:

$$\vec{a} \times \vec{b} = a_1 b_1 \cdot \underbrace{(\vec{e}_1 \times \vec{e}_1)}_{0} + a_1 b_2 \cdot \underbrace{(\vec{e}_1 \times \vec{e}_2)}_{\vec{e}_3} + a_1 b_3 \cdot \underbrace{(\vec{e}_1 \times \vec{e}_3)}_{-\vec{e}_2} + a_2 b_1 \cdot \underbrace{(\vec{e}_2 \times \vec{e}_1)}_{-\vec{e}_3} + a_2 b_2 \cdot \underbrace{(\vec{e}_2 \times \vec{e}_2)}_{0}$$
$$+ a_2 b_3 \cdot \underbrace{(\vec{e}_2 \times \vec{e}_3)}_{\vec{e}_1} + a_3 b_1 \cdot \underbrace{(\vec{e}_3 \times \vec{e}_1)}_{\vec{e}_2} + a_3 b_2 \cdot \underbrace{(\vec{e}_3 \times \vec{e}_2)}_{-\vec{e}_1} + a_3 b_3 \cdot \underbrace{(\vec{e}_3 \times \vec{e}_3)}_{0}$$

$$\vec{a} \times \vec{b} = (a_2 b_3 - a_3 b_2) \cdot \vec{e}_1 + (a_3 b_1 - a_1 b_3) \cdot \vec{e}_2 + (a_1 b_2 - a_2 b_1) \cdot \vec{e}_3 = \begin{pmatrix} a_2 b_3 - a_3 b_2 \\ a_3 b_1 - a_1 b_3 \\ a_1 b_2 - a_2 b_1 \end{pmatrix}$$

$$\vec{a} \times \vec{b} = \begin{pmatrix} a_2 b_3 - a_3 b_2 \\ a_3 b_1 - a_1 b_3 \\ a_1 b_2 - a_2 b_1 \end{pmatrix}$$

Mit dieser Gleichung haben Sie wieder eine Formel für Ihren Werkzeugkasten, die Sie immer verwenden können, wenn das Vektorprodukt von zwei beliebigen Vektoren gebildet werden muss.

Nachdem Sie nun eine Lösung des Vektorprodukts

$$\vec{a} \times \vec{b} = \begin{pmatrix} a_1 \\ a_2 \\ a_3 \end{pmatrix} \times \begin{pmatrix} b_1 \\ b_2 \\ b_3 \end{pmatrix} = \begin{pmatrix} a_2 b_3 - a_3 b_2 \\ a_3 b_1 - a_1 b_3 \\ a_1 b_2 - a_2 b_1 \end{pmatrix}$$

kennen, soll diese Formel auch angewandt werden.

Aus den vorherigen Kapiteln wissen Sie, dass das Vektorprodukt ein Rechtssystem ist. Ist z. B. ein Vektor $\vec{n}$ gesucht, der senkrecht auf der Ebene

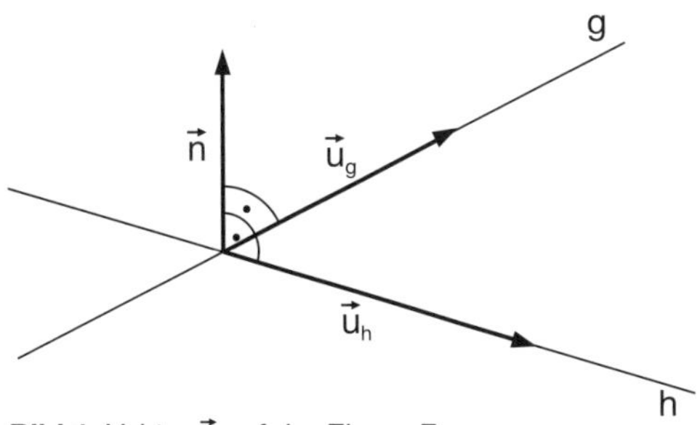

Bild 1: Vektor $\vec{n}$ auf der Ebene E

$$E: \vec{x} = \begin{pmatrix} -2 \\ 3 \\ 4 \end{pmatrix} + \lambda \begin{pmatrix} 5 \\ 4 \\ -1 \end{pmatrix} + \mu \begin{pmatrix} 2 \\ -2 \\ 3 \end{pmatrix}$$

steht (Bild 1), so werden nur die beiden Richtungsvektoren $\vec{u}_g = \begin{pmatrix} 5 \\ 4 \\ -1 \end{pmatrix}$ und $\vec{u}_h = \begin{pmatrix} 2 \\ -2 \\ 3 \end{pmatrix}$ benötigt, um diesen Vektor zu berechnen.

5

Damit Sie Ihr Werkzeug Vektorprodukt anwenden können, ordnen Sie den Komponenten der Richtungsvektoren $\vec{u}_g$ und $\vec{u}_h$ die Komponenten der Vektoren $\vec{a} = \begin{pmatrix} a_1 \\ a_2 \\ a_3 \end{pmatrix}$ und $\vec{b} = \begin{pmatrix} b_1 \\ b_2 \\ b_3 \end{pmatrix}$ zu.

$$\Rightarrow \begin{pmatrix} 5 \\ 4 \\ -1 \end{pmatrix} \Leftrightarrow \begin{pmatrix} a_1 \\ a_2 \\ a_3 \end{pmatrix} \text{ und } \begin{pmatrix} 2 \\ -2 \\ 3 \end{pmatrix} \Leftrightarrow \begin{pmatrix} b_1 \\ b_2 \\ b_3 \end{pmatrix}$$

Als Nächstes erfolgt die entsprechende Zuordnung, um das Vektorprodukt zu erstellen:

$$\begin{pmatrix} a_2 b_3 - a_3 b_2 \\ a_3 b_1 - a_1 b_3 \\ a_1 b_2 - a_2 b_1 \end{pmatrix} \Leftrightarrow \begin{pmatrix} 4 \cdot 3 - (-1) \cdot (-2) \\ -1 \cdot 2 - 5 \cdot 3 \\ 5 \cdot (-2) - 4 \cdot 2 \end{pmatrix} = \begin{pmatrix} 12 - 2 \\ -2 - 15 \\ -10 - 8 \end{pmatrix} = \begin{pmatrix} 10 \\ -17 \\ -18 \end{pmatrix}$$

Um zu zeigen, dass der Vektor $\vec{n} = \begin{pmatrix} 10 \\ -17 \\ -18 \end{pmatrix}$ tatsächlich senkrecht auf den Richtungsvektoren steht, machen Sie die Probe mit dem Skalarprodukt.

Es muss gelten: $\vec{u}_g \circ \vec{n} = 0$ und $\vec{u}_h \circ \vec{n} = 0$

$$\vec{u}_g \circ \vec{n} = 0 \Rightarrow \begin{pmatrix} 5 \\ 4 \\ -1 \end{pmatrix} \circ \begin{pmatrix} 10 \\ -17 \\ -18 \end{pmatrix} = 5 \cdot 10 + 4 \cdot (-17) + (-1) \cdot (-18) = 50 - 68 + 18 = 0 \quad \text{(wahr)}$$

$$\vec{u}_h \circ \vec{n} = 0 \Rightarrow \begin{pmatrix} 2 \\ -2 \\ 3 \end{pmatrix} \circ \begin{pmatrix} 10 \\ -17 \\ -18 \end{pmatrix} = 2 \cdot 10 + (-2) \cdot (-17) + 3 \cdot (-18) = 20 + 34 - 54 = 0 \quad \text{(wahr)}$$

Betrachtet man den Lösungsvektor des Vektorprodukts $\begin{pmatrix} a_2 b_3 - a_3 b_2 \\ a_3 b_1 - a_1 b_3 \\ a_1 b_2 - a_2 b_1 \end{pmatrix}$, so fällt auf, dass in der 1. Zeile $a_2 b_3 - a_3 b_2$ der Index „1", in der 2. Zeile $a_3 b_1 - a_1 b_3$ der Index „2" und in der 3. Zeile $a_1 b_2 - a_2 b_1$ der Index „3" nicht vorkommt. Dies kann Ihnen als Gedächtnisstütze dienen, falls Sie das Vektorprodukt wie andere Formeln auch aus dem Gedächtnis abrufen.

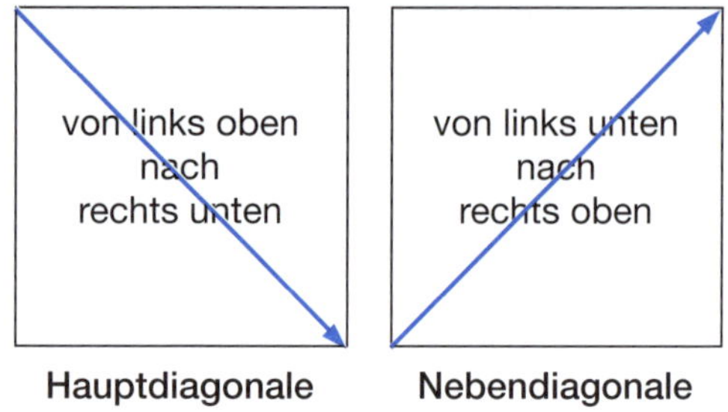

Bild 1: Diagonalen

Entwicklung nach der Zeile

Eine weitere Möglichkeit, den Lösungsvektor zu berechnen, bietet die „Entwicklung nach der Zeile". Dabei werden die beiden Vektoren, von denen das Vektorprodukt gebildet werden soll, angeschrieben und eine Zeile weggestrichen. Es bleibt eine quadratische Form der Zahlen übrig. In dieser quadratischen Formation kann man sich eine Hauptdiagonale und eine Nebendiagonale denken (Bild 1). Dann wird vom Produkt der Hauptdiagonale das Produkt der Nebendiagonale subtrahiert. Dieses Ergebnis ist eine Komponente des Lösungsvektors.

Für die 1. Zeile des Lösungsvektors gilt folgendes Vorgehen:

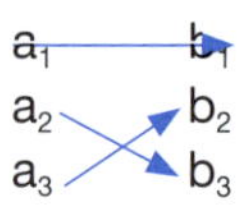

a) 1. Zeile wegstreichen.
b) Das Produkt der Hauptdiagonale $a_2 b_3$ minus Produkt der Nebendiagonale $a_3 b_2$ ergibt die 1. Zeile des Lösungsvektors.

Für die Berechnung der 2. Zeile des Lösungsvektors, wird die 1. Zeile unten angefügt.

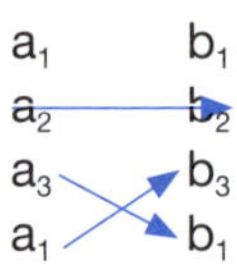

a) 2. Zeile wegstreichen.
b) Bei der verbleibenden quadratischen Form wird wieder das Produkt der Hauptdiagonale $a_3 b_1$ minus Produkt der Nebendiagonale $a_1 b_3$ berechnet. Diese Rechnung führt zur 2. Zeile des Lösungsvektors.

Für die 3. Zeile des Lösungsvektors gilt:

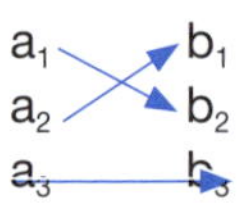

a) 3. Zeile wegstreichen.
b) Bei der verbleibenden quadratischen Form wird wieder das Produkt der Hauptdiagonale $a_1 b_2$ minus Produkt der Nebendiagonale $a_2 b_1$ berechnet. Daraus ergibt sich die 3. Zeile des Lösungsvektors.

Beispiel:
Gegeben sind die Vektoren $\vec{a} = \begin{pmatrix} 2 \\ 1 \\ 2 \end{pmatrix}$ und $\vec{b} = \begin{pmatrix} 5 \\ 3 \\ 8 \end{pmatrix}$. Berechnen Sie das Vektorprodukt $\vec{a} \times \vec{b}$.

1. Komponenten der Vektoren anschreiben.

$$\begin{matrix} \not{2} & \longrightarrow & \not{5} \\ 1 & \times & 3 \\ 2 & & 8 \end{matrix}$$

a) 1. Zeile wegstreichen.
b) Das Produkt der Hauptdiagonale $1 \cdot 8 = 8$ minus Produkt der Nebendiagonale $2 \cdot 3 = 6$ ergibt die 1. Zeile des Lösungsvektors.

$$\begin{pmatrix} 1 \cdot 8 - 2 \cdot 3 \\ \\ \\ \end{pmatrix} = \begin{pmatrix} 8 - 6 \\ \\ \\ \end{pmatrix} = \begin{pmatrix} 2 \\ \\ \\ \end{pmatrix}$$

2. Komponenten der 1. Zeile als 4. Zeile anfügen.

$$\begin{matrix} 2 & & 5 \\ \not{1} & \longrightarrow & \not{3} \\ 2 & \times & 8 \\ 2 & & 5 \end{matrix}$$

a) 2. Zeile wegstreichen.
b) Bei der verbleibenden quadratischen Form wird wieder das Produkt der Hauptdiagonale $2 \cdot 5 = 10$ minus Produkt der Nebendiagonale $2 \cdot 8 = 16$ berechnet. Dadurch erhält man die 2. Zeile des Lösungsvektors.

$$\begin{pmatrix} \\ 2 \cdot 5 - 2 \cdot 8 \\ \\ \end{pmatrix} = \begin{pmatrix} \\ 10 - 16 \\ \\ \end{pmatrix} = \begin{pmatrix} 2 \\ -6 \\ \\ \end{pmatrix}$$

3. Berechnung der 3. Komponente des Vektorprodukts:

$$\begin{matrix} 2 & & 5 \\ 1 & \times & 3 \\ \not{2} & \longrightarrow & \not{8} \end{matrix}$$

a) 3. Zeile wegstreichen.
b) Bei der verbleibenden quadratischen Form wird wieder das Produkt der Hauptdiagonale $2 \cdot 3 = 6$ minus Produkt der Nebendiagonale $1 \cdot 5 = 5$ berechnet. Diese Rechnung führt zur 3. Zeile des Lösungsvektors.

$$\begin{pmatrix} \\ \\ 2 \cdot 3 - 1 \cdot 5 \end{pmatrix} = \begin{pmatrix} \\ \\ 6 - 5 \end{pmatrix} = \begin{pmatrix} 2 \\ -6 \\ 1 \end{pmatrix}$$

$$\Rightarrow \begin{pmatrix} 2 \\ 1 \\ 2 \end{pmatrix} \times \begin{pmatrix} 5 \\ 3 \\ 8 \end{pmatrix} = \begin{pmatrix} 2 \\ -6 \\ 1 \end{pmatrix}$$

Aufgaben zu 5.5

1. Gegeben sind die Vektoren $\vec{a} = \begin{pmatrix} 2 \\ 3 \\ 5 \end{pmatrix}$, $\vec{b} = \begin{pmatrix} -1 \\ 4 \\ 2 \end{pmatrix}$ und $\vec{c} = \begin{pmatrix} 2 \\ -3 \\ 7 \end{pmatrix}$.

Berechnen Sie folgende Vektorprodukte:
a) $\vec{a} \times \vec{b}$; b) $\vec{a} \times \vec{c}$; c) $\vec{b} \times \vec{c}$; d) $\vec{a} \times \vec{a}$;

2. Gegeben ist die Ebene E: $\vec{x} = \begin{pmatrix} -2 \\ 3 \\ 4 \end{pmatrix} + \lambda \begin{pmatrix} 0 \\ 4 \\ 2 \end{pmatrix} + \mu \begin{pmatrix} 2 \\ 0 \\ 1 \end{pmatrix}$.

Berechnen Sie einen Vektor $\vec{n}$, der senkrecht auf der Ebene E steht.

5

5.6 Fläche eines Parallelogramms

Betrachtet man ein Parallelogramm (Bild 1), so gilt für die Berechnung des Flächeninhalts A_P allgemein folgende Formel:

Fläche = Grundlinie · Höhe

$$A_P = g \cdot h$$

Die Höhe h steht dabei senkrecht auf der Grundlinie g.

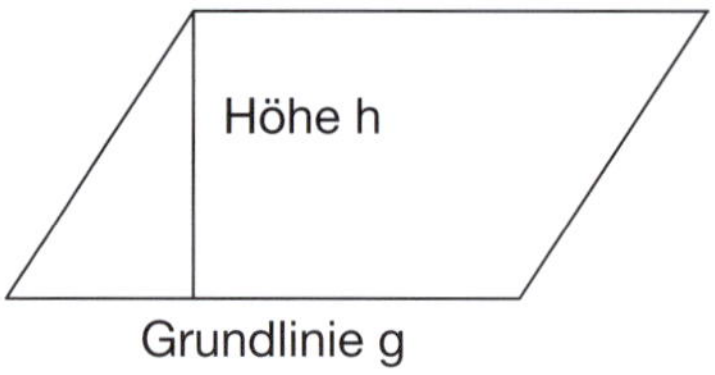

Bild 1: Parallelogramm

Zeichnet man in das Parallelogramm aus Bild 1 Vektoren, so entspricht die Grundlinie g dem Betrag des Vektors $\vec{a}$. Die Höhe h kann durch $|\vec{b}| \cdot \sin\varphi$ ausgedrückt werden. Dabei ist φ der von den Vektoren $\vec{a}$ und $\vec{b}$ eingeschlossene Winkel.

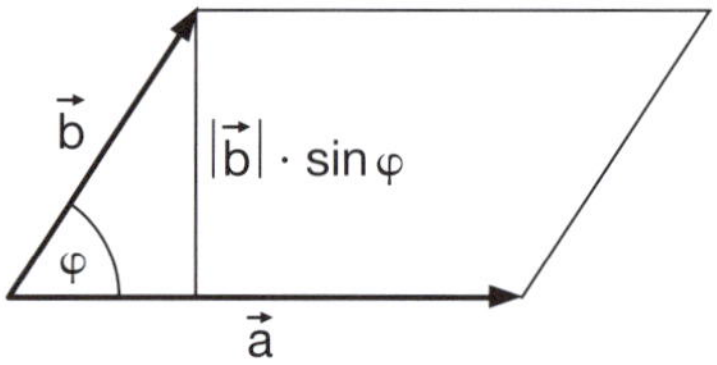

Bild 2: Parallelogramm mit Vektoren

Für die Fläche des Parallelogramms gilt dann:

$$A_P = |\vec{a}| \cdot |\vec{b}| \cdot \sin\varphi$$

Aus Kapitel 5.2 kennen Sie folgende Definition für das Vektorprodukt:

$$|\vec{a} \times \vec{b}| = \underbrace{|\vec{a}| \cdot |\vec{b}| \cdot \sin\varphi}_{A_P}$$

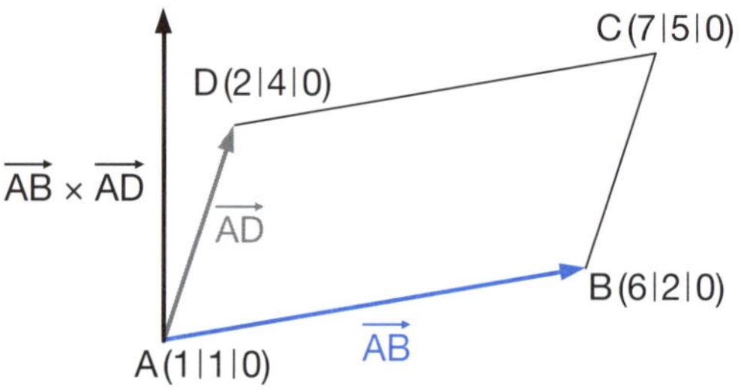

Bild 3: Parallelogramm im $\mathbb{R}^3$

Wenn aber für $|\vec{a}| \cdot |\vec{b}| \cdot \sin\varphi = A_P$ gilt, so ist aus der Definition für das Vektorprodukt ersichtlich, dass für $|\vec{a} \times \vec{b}| = A_P$ gelten muss. Das bedeutet wiederum, dass der Betrag des Vektorprodukts $|\vec{a} \times \vec{b}|$ der Maßzahl des Flächeninhalts des von den Vektoren $\vec{a}$ und $\vec{b}$ aufgespannten Parallelogramms entspricht.

Beispiel: Berechnung der Parallelogrammfläche

Das Parallelogramm ABCD (Bild 3) mit den Punkten A(1|1|0), B(6|2|0), C(7|5|0) und D(2|4|0) hat die Grundlinie g = 5,09 Längeneinheiten (LE) und die Höhe h = 2,75 Längeneinheiten (LE) und somit die Fläche $A_P = g \cdot h = 5{,}09\ (LE) \cdot 2{,}75\ (LE) = 14$ Flächeneinheiten (FE).

Bestätigen Sie die Maßzahl der Fläche A_P des Parallelogramms mit dem Vektorprodukt.

$$A_P = |\overrightarrow{AB} \times \overrightarrow{AD}| \text{ mit } \overrightarrow{AB} = \vec{b} - \vec{a} = \begin{pmatrix} 6-1 \\ 2-1 \\ 0-0 \end{pmatrix} = \begin{pmatrix} 5 \\ 1 \\ 0 \end{pmatrix} \text{ und } \overrightarrow{AD} = \vec{d} - \vec{a} = \begin{pmatrix} 2-1 \\ 4-1 \\ 0-0 \end{pmatrix} = \begin{pmatrix} 1 \\ 3 \\ 0 \end{pmatrix}$$

$$|\overrightarrow{AB} \times \overrightarrow{AD}| = \left|\begin{pmatrix} 5 \\ 1 \\ 0 \end{pmatrix} \times \begin{pmatrix} 1 \\ 3 \\ 0 \end{pmatrix}\right| = \left|\begin{pmatrix} 1 \cdot 0 - 0 \cdot 3 \\ 0 \cdot 1 - 5 \cdot 0 \\ 5 \cdot 3 - 1 \cdot 1 \end{pmatrix}\right| = \left|\begin{pmatrix} 0-0 \\ 0-0 \\ 15-1 \end{pmatrix}\right| = \left|\begin{pmatrix} 0 \\ 0 \\ 14 \end{pmatrix}\right| = \sqrt{0^2 + 0^2 + 14^2} = \sqrt{196} = 14$$

Aufgaben zu 5.6

1. Die Vektoren $\vec{u} = \begin{pmatrix} 12 \\ -8 \\ 14 \end{pmatrix}$ und $\vec{v} = \begin{pmatrix} 4 \\ 0 \\ 8 \end{pmatrix}$ spannen ein Parallelogramm auf (Bild 1). Berechnen Sie die Maßzahl der Fläche des Parallelogramms mit folgenden Formeln:

a) $A_P = |\vec{u}| \cdot |\vec{v}| \cdot \sin\varphi$

b) $A_P = |\vec{u} \times \vec{v}|$

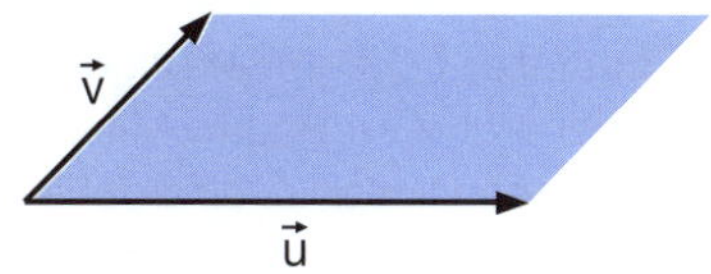

Bild 1: Parallelogramm

2. Parallel zu einem Bahndamm verläuft eine Straße (Bild 2). Dazwischen befindet sich das Grundstück ABCD. Legt man in den Punkt A den Koordinatenursprung, so ergeben sich folgende Punktkoordinaten: A(0|0|0), B(120|0|0), C(135|210|0) und D(15|210|0)

a) Zeigen Sie, dass es sich bei dem Grundstück um ein Parallelogramm handelt.

b) Berechnen Sie die Maßzahl des Flächengrundstücks.

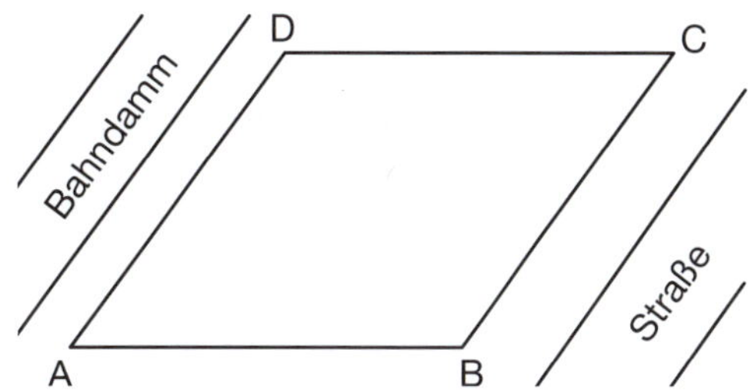

Bild 2: Grundstück

5

Wiederholungsaufgaben

1. Ein Esel wird für die Pumpanlage eines Tiefbrunnens eingesetzt (Bild 3). Berechnen Sie das Drehmoment $\vec{M}$.

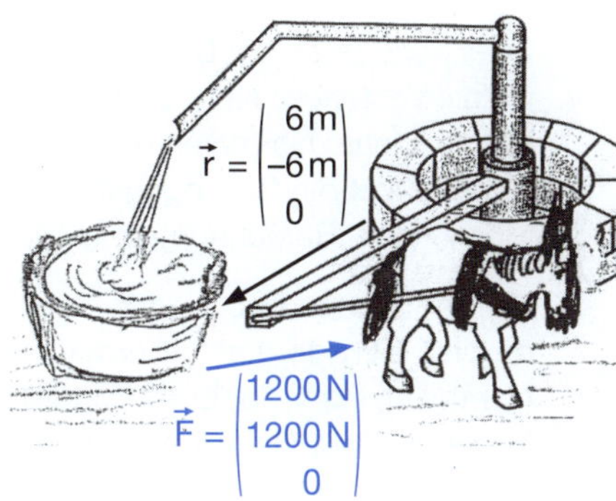

Bild 3: Esel am Tiefbrunnen

2. Gegeben sind die Vektoren $\vec{a} = \begin{pmatrix} 2 \\ 5 \\ 5 \end{pmatrix}$, $\vec{b} = \begin{pmatrix} -1 \\ 4 \\ 2 \end{pmatrix}$ und $\vec{c} = \begin{pmatrix} 2 \\ -3 \\ 7 \end{pmatrix}$. Berechnen Sie $\vec{a} \times \vec{b}$, $\vec{b} \times \vec{a}$, $\vec{a} \times \vec{c}$ und $\vec{b} \times \vec{c}$.

3. Die Ebene E wird mit folgender Gleichung beschrieben:

$$E: \vec{x} = \begin{pmatrix} -2 \\ 3 \\ 4 \end{pmatrix} + \lambda \begin{pmatrix} 5 \\ 4 \\ -1 \end{pmatrix} + \mu \begin{pmatrix} 2 \\ -2 \\ 2 \end{pmatrix}; \ \lambda, \mu \in \mathbb{R}$$

Geben Sie zwei Vektoren an, die senkrecht auf der Ebene stehen.

4. Gegeben Sind die Punkte A, B und C eines Parallelogramms (Bild 4). Berechnen Sie:

a) Punkt D

b) die Fläche des Parallelogramms

c) die Innenwinkel des Parallelogramms

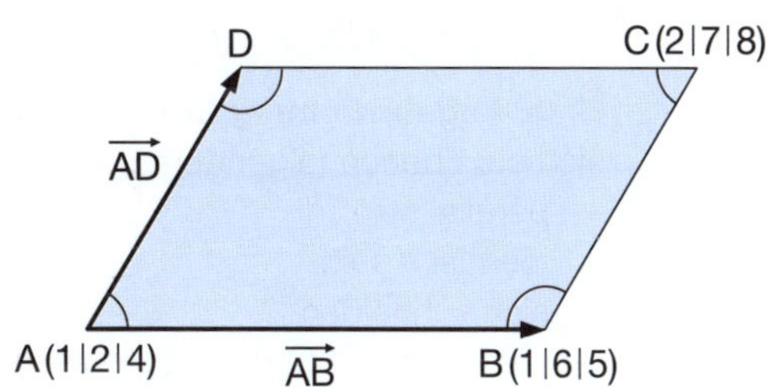

Bild 4: Parallelogramm

6. Ebenengleichung in Normalenform

Vor der Sendung

In dieser Lektion benötigen Sie wieder Ihr Wissen über Gleichungen von Geraden in der Ebene und im Raum. Mit dem Vektorprodukt aus Lektion 5 wird ein Normalenvektor errechnet. Dieser ist erforderlich, um eine Ebenengleichung zu erstellen. Mit der Normalenform der Ebenengleichung können Sie Berechnungen durchführen, die mit der Parameterform der Ebenengleichung ungleich schwieriger sind.

Übersicht

1. **Geraden im $\mathbb{R}^2$** kann man in der Punkt-Steigungsform $g: y = m \cdot x + t$ oder in kartesischer Normalenform $g: x_2 = m \cdot x_1 + t$ darstellen.

2. Die **Geradengleichung in Parameterform** $g: \vec{x} = \vec{a} + \lambda \vec{u}$ ist eine weitere Möglichkeit, eine Gerade zu beschreiben.

3. Neben der Parameterform gibt es auch die **Geradengleichung in Normalenform**. In dieser Form kann man mit der vektoriellen Darstellung $\vec{n} \circ (\vec{x} - \vec{a}) = 0$ oder mit der Koordinatendarstellung $n_1 x_1 + n_2 x_2 + n_0 = 0$ arbeiten.

4. **Geraden im $\mathbb{R}^3$** kann man nicht in der Normalenform darstellen, da unendlich viele Vektoren existieren, die senkrecht auf dem Richtungsvektor der Geraden stehen.

5. Mit einem Vektor, der senkrecht auf der Ebene steht, und einem beliebigen Punkt der Ebene kann man die **Ebenengleichung in Normalenform** erstellen.
   Zwei parameterfreie Darstellungsweisen existieren:
   a) die vektorielle Normalenform E: $\vec{n} \circ (\vec{x} - \vec{a}) = 0$
   b) die lineare Normalenform E: $n_1 x_1 + n_2 x_2 + n_3 x_3 - n_0 = 0$
   Dabei bietet die Gleichung der linearen Normalenform gegenüber der Parameterform die Möglichkeit, Berechnungen ungleich einfacher durchzuführen.

6. Mit der Ebenengleichung in Normalenform kann man die **Lagebeziehung** zwischen **Ebene** und **Gerade** einfach ermitteln. Dabei ist lediglich eine Untersuchung zwischen dem Normalenvektor der Ebene und dem Richtungsvektor der Geraden notwendig, um festzustellen, wie die Gerade zur Ebene liegt:
   - parallel zur Ebene
   - in der Ebene
   - die Gerade schneidet die Ebene

   Der Schnittpunkt $S = g \cap E$ und der Schnittwinkel α können berechnet werden.

7. Unter **Lagebeziehung Ebene – Ebene** versteht man deren Untersuchung. Dabei können sich die Ebenen folgendermaßen zueinander verhalten:
   - parallel sein
   - identisch sein
   - sich schneiden

   Wenn sich zwei Ebenen schneiden, so ist die Lösungsmenge eine Gerade.

8. Mit der Hesseschen Normalenform $\vec{n}^0 \circ (\vec{x} - \vec{a}) = 0$ kann man den Abstand eines Punktes von der Ebene berechnen.

6.1 Geraden im $\mathbb{R}^2$

Kartesische Normalenform

Wie Sie wissen, bedeutet die Bezeichnung $\mathbb{R}^2$, dass in der Ebene (x-y Koordinatensystem), also im zweidimensionalen Bereich, gerechnet wird.
Aus der Analysis kennen Sie die Punkt-Steigungsform der Geradengleichung:

g: $y = m \cdot x + t$

Dabei gibt die Variable m die Steigung der Geraden an, denn es gilt: $m = \frac{\Delta y}{\Delta x} = \tan \alpha$.
Die Variable t gibt den Schnittpunkt S_y mit der y-Achse an, denn an der Stelle $x = 0$ folgt: $y = m \cdot 0 + t = t \Rightarrow S_y(0|t)$

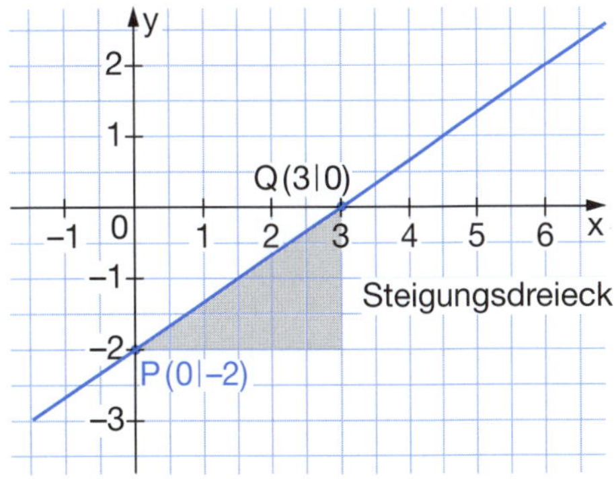

Bild 1: Gerade mit Steigungsdreieck

In der Sendung wurde folgendes Beispiel vorgestellt:
y-Achsenabschnitt $t = -2$ und $m = \frac{2}{3}$

Mit diesen Angaben können Sie den Graph der Geraden zeichnen. Mit $t = -2$ ist der Punkt P(0|–2) festgelegt. Zeichnet man in diesem Punkt das Steigungsdreieck, so erhält man als weiteren Punkt Q(3|0). Da jede Gerade durch zwei Punkte festgelegt ist, kann man die Gerade nun zeichnen (Bild 1).
Werden die Angaben y-Achsenabschnitt $t = -2$ und $m = \frac{2}{3}$ in die Geradengleichung $y = m \cdot x + t$ eingesetzt, so erhält man die Funktionsgleichung g: $y = \frac{2}{3}x - 2$.
Setzt man für die unabhängige Variable x einen beliebigen Wert x_0 ein, so kann man die abhängige Variable y_0 errechnen und hat einen Punkt $P(x_0|y_0)$ der Geraden. Mithilfe eines zweiten Punktes kann die Gerade gezeichnet werden.
In der analytischen Geometrie bezeichnet man die Koordinatenachsen häufig nicht mit x und y, sondern mit x_1 und x_2, d. h. aus der x-Achse wird die x_1-Achse und aus der y-Achse wird die x_2-Achse (Bild 2).
Die Gleichung der Geraden lautet dann:

$$x_2 = m \cdot x_1 + t$$

Tabelle 1: Erstellen einer Geraden	
Bedingung	Beschreibung
Punkt und Steigung	$P(x_0\|y_0)$; $m = \frac{\Delta y}{\Delta x}$
Zwei Punkte	$P(x_0\|y_0)$; $Q(x_1\|y_1)$
Funktionsgleichung	$y = m \cdot x + t$
Zuordnungsvorschrift	$x \mapsto m \cdot x + t$
Kartesische Normalenform	$x_2 = m \cdot x_1 + t$

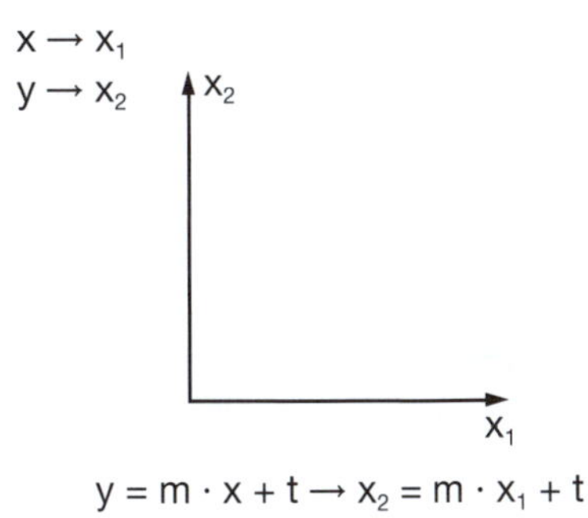

Bild 2: Kartesische Normalenform

6.2 Geradengleichung in Parameterform

In der analytischen Geometrie gibt es weitere Möglichkeiten, um Gleichungen von Geraden im $\mathbb{R}^2$ darzustellen (Tabelle 1).
Aus Lektion 3 kennen Sie die Darstellung der Geradengleichung in Parameterform als **Punkt-Richtungs-Form**:

$$\vec{x} = \vec{a} + \lambda \vec{u};\ \lambda \in \mathbb{R}$$

Dabei ist $\vec{a}$ der Ortsvektor zum Punkt A und $\vec{u}$ der Richtungsvektor der Geraden.

Eine weitere, Ihnen bereits bekannte Darstellungsform beruht auf der Tatsache, dass eine Gerade durch zwei Punkte festgelegt ist. Dies drückt sich in der **Zwei-Punkte-Form** aus:

$$\vec{x} = \vec{a} + \lambda (\vec{b} - \vec{a});\ \lambda \in \mathbb{R}$$

Dabei ist $\vec{a}$ der Ortsvektor zum Punkt A auf der Geraden und $(\vec{b} - \vec{a})$ der Vektor $\overrightarrow{AB}$ (Richtungsvektor) zwischen den Punkten A und B.

Tabelle 1: Gleichungen von Geraden in der analytischen Geometrie

Bezeichnung	Gleichung
Punkt-Richtungs-Form	$\vec{x} = \vec{a} + \lambda \vec{u}$
Zwei-Punkte-Form	$\vec{x} = \vec{a} + \lambda (\vec{b} - \vec{a})$
Normalenform	$n_1 x_1 + n_2 x_2 + n_0 = 0$

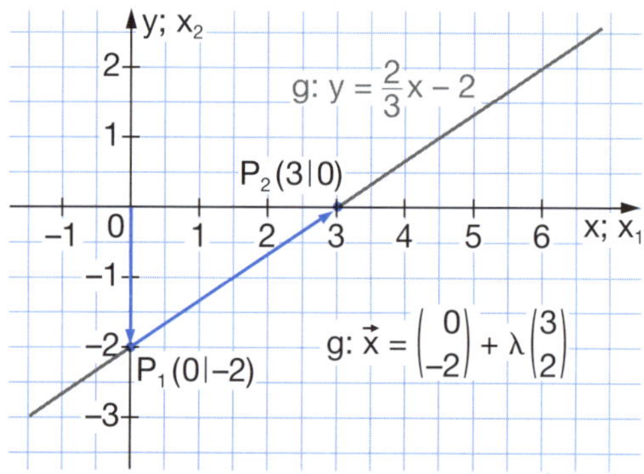

Bild 1: Gerade in Parameterform

Beispiel: Gerade g
Mit der Funktionsgleichung $y = \frac{2}{3}x - 2$ wird die Gerade g beschrieben. Gesucht ist die Parameterform dieser Geraden.

Sie wissen, dass eine Gerade eindeutig festgelegt ist, wenn man zwei Punkte von dieser Geraden hat. Durch Bestimmung von zwei Punkten P_1 und P_2 kann man mithilfe der Zwei-Punkte-Form die Parameterform der Geraden g ermitteln.

Den Punkt P_1 erhalten Sie, indem Sie z. B. für $x = 0$ wählen: $y = \frac{2}{3} \cdot 0 - 2 = -2 \Rightarrow P_1(0|-2)$

Den Punkt P_2 erhalten Sie, indem Sie z. B. für $x = 3$ wählen: $y = \frac{2}{3} \cdot 3 - 2 = 0 \Rightarrow P_2(3|0)$

Mit den Punkten P_1 und P_2 können Sie die Gleichung der Geraden g bestimmen (Bild 1).

$$g: \vec{x} = \vec{p}_1 + \lambda \overrightarrow{P_1P_2} = \vec{x} = \vec{p}_1 + \lambda (\vec{p}_2 - \vec{p}_1) = \begin{pmatrix} 0 \\ -2 \end{pmatrix} + \lambda \begin{pmatrix} 3 - 0 \\ 0 - (-2) \end{pmatrix} = \begin{pmatrix} 0 \\ -2 \end{pmatrix} + \lambda \begin{pmatrix} 3 \\ 2 \end{pmatrix};\ \lambda \in \mathbb{R}$$

Aufgaben zu 6.2

1. Erstellen Sie die Parameterform der Geraden g, die durch die Punkte $A(-2|1)$ und $B(2|-3)$ festgelegt ist.

2. Gegeben ist die Gerade h mit der Funktionsgleichung h: $y = -\frac{3}{4}x + 2$.
   Bestimmen Sie die Parameterform der Geraden h.

6.3 Geradengleichung in Normalenform

Die Gerade $\vec{x} = \begin{pmatrix} 0 \\ -2 \end{pmatrix} + \lambda \begin{pmatrix} 3 \\ 2 \end{pmatrix}$; $\lambda \in \mathbb{R}$ heißt deshalb Parameterform der Geradengleichung, weil darin der Parameter λ vorkommt.
Als Nächstes wird versucht, den Parameter λ aus der Gleichung zu eliminieren, um eine parameterfreie Form der Geradengleichung zu erhalten.

Schreibt man für den Vektor $\vec{x} = \begin{pmatrix} x_1 \\ x_2 \end{pmatrix}$, so lautet die Geradengleichung:

$$\begin{pmatrix} x_1 \\ x_2 \end{pmatrix} = \begin{pmatrix} 0 \\ -2 \end{pmatrix} + \lambda \begin{pmatrix} 3 \\ 2 \end{pmatrix}$$

$$\begin{array}{ll} \text{I} & x_1 = 0 + 3\lambda \\ \text{II} & x_2 = -2 + 2\lambda \end{array}$$

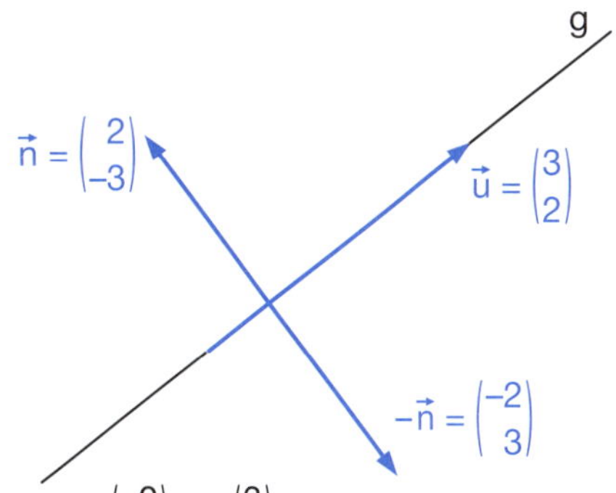

g: $\vec{x} = \begin{pmatrix} 0 \\ -2 \end{pmatrix} + \lambda \begin{pmatrix} 3 \\ 2 \end{pmatrix}$

g: $2x_1 - 3x_2 - 6 = 0$

g: $-2x_1 + 3x_2 + 6 = 0$

Bild 1: Gerade mit Normalenvektoren

Um die Variable λ eliminieren zu können, multipliziert man Gleichung I mit 2 und Gleichung II mit –3 und wendet dann das Additionsverfahren an.

$$\begin{array}{llll} \text{I} & x_1 = & 0 + 3\lambda & |\cdot 2 \\ \text{II} & x_2 = & -2 + 2\lambda & |\cdot(-3) \end{array}$$

$$\begin{array}{ll} \text{I}' & 2x_1 = \quad +6\lambda \\ \text{II}' & -3x_2 = 6 - 6\lambda \end{array}$$

$\text{I}' + \text{II}'$: $2x_1 - 3x_2 = 6$

Nun kann man die Geradengleichung $\vec{x} = \begin{pmatrix} 0 \\ -2 \end{pmatrix} + \lambda \begin{pmatrix} 3 \\ 2 \end{pmatrix}$ in der Form $2x_1 - 3x_2 - 6 = 0$ darstellen und sie ist parameterfrei. In der parameterfreien Gleichung ist interessant, dass die Koeffizienten von x_1 und x_2 den Vektor $\begin{pmatrix} 2 \\ -3 \end{pmatrix}$ bilden. Dieser Vektor soll mit $\vec{n}$ bezeichnet werden, denn er steht senkrecht auf dem Richtungsvektor $\vec{u} = \begin{pmatrix} 3 \\ 2 \end{pmatrix}$ unserer Geraden g.

Beweis: $\vec{n} \perp \vec{u} \Leftrightarrow \vec{n} \circ \vec{u} = 0$; $\begin{pmatrix} 2 \\ -3 \end{pmatrix} \circ \begin{pmatrix} 3 \\ 2 \end{pmatrix} = 2 \cdot 3 + (-3) \cdot 2 = 6 - 6 = 0$

Aber auch der Vektor $-\vec{n} = (-1) \cdot \begin{pmatrix} 2 \\ -3 \end{pmatrix} = \begin{pmatrix} -2 \\ 3 \end{pmatrix}$ steht senkrecht auf dem Richtungsvektor $\vec{u}$.

Beweis: $-\vec{n} \perp \vec{u} \Leftrightarrow -\vec{n} \circ \vec{u} = 0$; $\begin{pmatrix} -2 \\ 3 \end{pmatrix} \circ \begin{pmatrix} 3 \\ 2 \end{pmatrix} = -2 \cdot 3 + 3 \cdot 2 = -6 + 6 = 0$

Die Beweise zeigen, es existieren genau zwei Vektoren, die senkrecht auf der Geraden g stehen (Bild 1). Mit einem dieser Vektoren und einem Punkt der Geraden können Sie die Normalenform der Geraden angeben.

Mithilfe eines Vektors $\vec{n}$, der senkrecht auf dem Richtungsvektor $\vec{u}$ der Geraden steht, kann man also die Gleichung der Geraden darstellen. Diese Tatsache kann man ausnützen, um die allgemeine Normalenform der Geradengleichung zu erstellen.
Die Geradengleichung $\vec{x} = \vec{a} + \lambda \vec{u}$ wird mit dem Vektor $\vec{n}$ multipliziert:

$$\vec{x} = \vec{a} + \lambda \vec{u} \quad | \circ \vec{n}$$
$$\vec{n} \circ \vec{x} = \vec{n} \circ \vec{a} + \underbrace{\lambda \vec{n} \circ \vec{u}}_{=0}$$
$$\vec{n} \circ \vec{x} = \vec{n} \circ \vec{a} \quad | -\vec{n} \circ \vec{a}$$
$$\vec{n} \circ \vec{x} - \vec{n} \circ \vec{a} = 0 \quad | \vec{n} \text{ ausklammern}$$
$$\vec{n} \circ (\vec{x} - \vec{a}) = 0$$

Die vektorielle Normalenform lautet:
$$\vec{n} \circ (\vec{x} - \vec{a}) = 0$$

Tabelle 1: Normalenform

Bezeichnung	Gleichung
Vektorielle Darstellung	$\vec{n} \circ (\vec{x} - \vec{a}) = 0$
Koordinatendarstellung	$n_1 x_1 + n_2 x_2 + n_0 = 0$

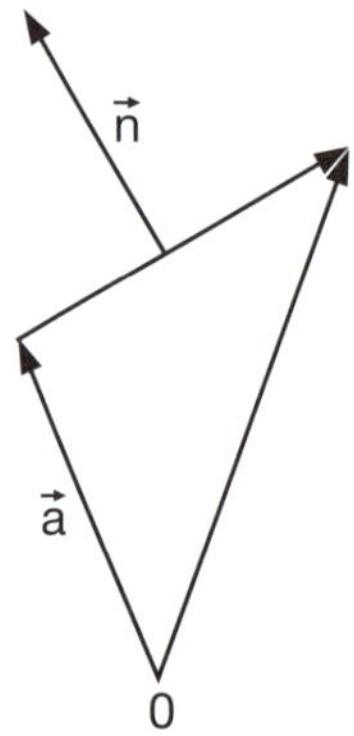

Bild 1: Kartesische Normalenform

Dabei ist $\vec{n}$ ein Normalenvektor zur Geraden und $\vec{a}$ der Ortsvektor zu einem beliebigen Punkt auf der Geraden (Bild 1).
Die Koordinatendarstellung erhält man, indem man die Vektoren in Koordinatenform angibt und das Skalarprodukt berechnet.

$$\begin{pmatrix} n_1 \\ n_2 \end{pmatrix} \circ \left(\begin{pmatrix} x_1 \\ x_2 \end{pmatrix} - \begin{pmatrix} a_1 \\ a_2 \end{pmatrix} \right) = 0 \Rightarrow n_1 \cdot x_1 + n_2 \cdot x_2 \underbrace{- n_1 \cdot a_1 + n_2 \cdot a_2}_{n_0} = 0$$

Die Koordinatendarstellung der Normalenform (Tabelle 1) heißt: $n_1 \cdot x_1 + n_2 \cdot x_2 - n_0 = 0$

Beispiel: Gerade in Parameterform und Normalenform
Durch die Punkte A(0|1) und B(6|4) ist eine Gerade g festgelegt. Geben Sie eine Gleichung der Geraden g in Parameterform und in Normalenform an.

Parameterform der Geraden g
Es sind zwei Punkte der Geraden gegeben, deshalb wird die Zwei-Punkte-Form gewählt.

$$g: \vec{x} = \vec{a} + \lambda \overrightarrow{AB} = \vec{a} + \lambda (\vec{b} - \vec{a}) = \begin{pmatrix} 0 \\ 1 \end{pmatrix} + \lambda \begin{pmatrix} 6-0 \\ 4-1 \end{pmatrix} = \begin{pmatrix} 0 \\ 1 \end{pmatrix} + \lambda \begin{pmatrix} 6 \\ 3 \end{pmatrix}; \ \lambda \in \mathbb{R}$$

Normalenform der Geraden g
Um die Normalenform erstellen zu können, benötigt man einen Normalenvektor (Vektor, der senkrecht auf dem Richtungsvektor der Geraden steht). Eine Möglichkeit, den Vektor zu bestimmen, ist die Lösung des Skalarprodukts: $\overrightarrow{AB} \circ \vec{n} = 0$

$$\begin{pmatrix} 6 \\ 3 \end{pmatrix} \circ \begin{pmatrix} n_1 \\ n_2 \end{pmatrix} = 0 \Rightarrow 6 \cdot n_1 + 3 \cdot n_2 = 0$$

Es liegt eine Gleichung mit zwei Unbekannten vor.

Um eine Lösung zu finden, wird für die eine Unbekannte ein Wert ungleich null gewählt und dann die andere Unbekannte berechnet.
Wählen Sie $n_1 = 1$, folgt daraus:

$$\begin{aligned} 6 \cdot 1 + 3 \cdot n_2 &= 0 && \mid -6 \\ 3 \cdot n_2 &= -6 && \mid : 3 \\ n_2 &= -2 && \Rightarrow \vec{n} = \begin{pmatrix} 1 \\ -2 \end{pmatrix} \end{aligned}$$

Der Vektor $\vec{n} = \begin{pmatrix} 1 \\ -2 \end{pmatrix}$ oder ein Vielfaches dieses Vektors steht senkrecht zum Richtungsvektor $\overrightarrow{AB}$ der Geraden g.

Es gibt eine weitere einfache Möglichkeit, um einen senkrechten Vektor zu bestimmen. Dabei vertauscht man die Koordinaten des Ausgangsvektors und setzt vor eine Koordinate ein Minuszeichen. Der dadurch entstandene Vektor steht dann senkrecht auf dem Ausgangsvektor.

Ausgangsvektor $\overrightarrow{AB} = \begin{pmatrix} 6 \\ 3 \end{pmatrix} \Rightarrow$ Die Koordinaten 6 und 3 werden vertauscht und vor eine Koordinate ein Minuszeichen gesetzt: $\vec{n} = \begin{pmatrix} 3 \\ -6 \end{pmatrix}$ oder $\vec{n} = \begin{pmatrix} -3 \\ 6 \end{pmatrix}$. Einer dieser beiden Vektoren (oder ein Vielfaches der Vektoren) steht nun senkrecht auf dem Vektor $\overrightarrow{AB}$.

Beweis:
$\begin{pmatrix} 6 \\ 3 \end{pmatrix} \circ \begin{pmatrix} 3 \\ -6 \end{pmatrix} = 6 \cdot 3 + 3 \cdot (-6) = 18 - 18 = 0$ bzw. $\begin{pmatrix} 6 \\ 3 \end{pmatrix} \circ \begin{pmatrix} -3 \\ 6 \end{pmatrix} = 6 \cdot (-3) + 3 \cdot 6 = -18 + 18 = 0$

Nachdem nun die Normalenvektoren $\vec{n}$ zum Richtungsvektor $\overrightarrow{AB}$ der Geraden bestimmt wurden, kann man die Normalenform der Geraden g angeben.

Vektorielle Darstellung: $\vec{n} \circ (\vec{x} - \vec{a}) = 0$

g: $\begin{pmatrix} -3 \\ 6 \end{pmatrix} \circ \left((\vec{x}) - \begin{pmatrix} 0 \\ 1 \end{pmatrix} \right) = 0$

Koordinatendarstellung: $n_1 x_1 + n_2 x_2 + n_0 = 0$

g: $\begin{pmatrix} -3 \\ 6 \end{pmatrix} \circ \left(\begin{pmatrix} x_1 \\ x_2 \end{pmatrix} - \begin{pmatrix} 0 \\ 1 \end{pmatrix} \right) = -3 \cdot x_1 + 6 \cdot x_2 - (-3 \cdot 0 + 6 \cdot 1) = -3x_1 + 6x_2 - 6 = 0$

Aufgaben zu 6.3

1. Geben Sie zu den gegebenen Vektoren jeweils zwei senkrechte Vektoren an:

a) $\vec{a} = \begin{pmatrix} 6 \\ 4 \end{pmatrix}$; b) $\vec{b} = \begin{pmatrix} -1 \\ -2 \end{pmatrix}$; c) $\vec{c} = \begin{pmatrix} 2 \\ 0 \end{pmatrix}$; d) $\vec{d} = \begin{pmatrix} 2 \\ d_2 \end{pmatrix}$; e) $\vec{e} = \begin{pmatrix} e_1 \\ -e_2 \end{pmatrix}$;

2. Durch die Punkte R(–1|–1) und S(3|7) ist eine Gerade g festgelegt. Geben Sie eine Gleichung der Geraden g in Parameterform und in Normalenform an.

6.4 Geraden im $\mathbb{R}^3$

Im Kapitel 6.3 haben Sie als Darstellungsform einer Geradengleichung im $\mathbb{R}^2$ die Normalenform kennen gelernt. Als Nächstes wird untersucht, ob diese Darstellungsform auch für eine Gerade im $\mathbb{R}^3$, also im Raum, möglich ist.

Die vorher betrachtete Gerade g war durch die beiden Punkte $P_1(0|-2)$ und $P_2(3|0)$ gegeben. Stellen Sie sich vor, diese Gerade wird an die Tafel gezeichnet (oder auf ein Blatt Papier). Nun legt man den Koordinatenursprung in die Tafelebene. Der Punkt $P_1(0|-2)$ hat dann die Koordinaten $P_1(0|-2|0)$ und der Punkt $P_2(3|0)$ die Koordinaten $P_2(3|0|0)$, denn die x_3 Koordinate hat im Raum den Wert null (Bild 1).

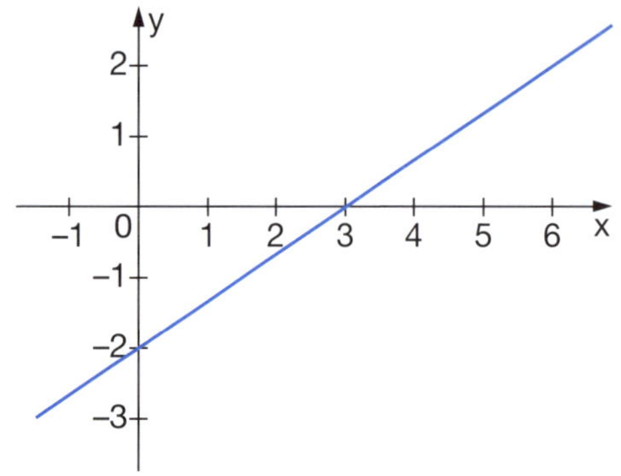

Bild 1: Gerade an der Tafel im $\mathbb{R}^3$

Die Gerade $\vec{x} = \begin{pmatrix} 0 \\ -2 \end{pmatrix} + \lambda \begin{pmatrix} 3 \\ 2 \end{pmatrix};\ \lambda \in \mathbb{R}$

hat dann im $\mathbb{R}^3$ die Gleichung

$$\vec{x} = \begin{pmatrix} 0 \\ -2 \\ 0 \end{pmatrix} + \lambda \begin{pmatrix} 3 \\ 2 \\ 0 \end{pmatrix};\ \lambda \in \mathbb{R}.$$

Um einen Normalenvektor $\vec{n}$ zu finden, ist die Gleichung $\vec{u} \circ \vec{n} = 0$ zu lösen.

$$\begin{pmatrix} 3 \\ 2 \\ 0 \end{pmatrix} \circ \begin{pmatrix} n_1 \\ n_2 \\ n_3 \end{pmatrix} = 0 \Rightarrow 3 \cdot n_1 + 2 \cdot n_2 + 0 \cdot n_3 = 0$$

Ebene mit senkrechten Vektoren zur Geraden

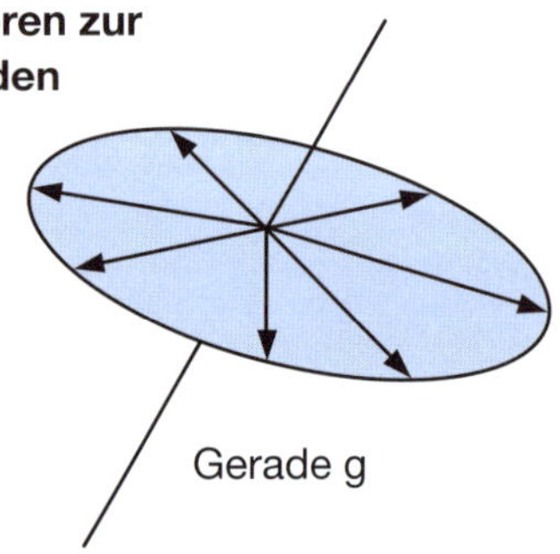

Bild 2: Senkrechte Vektoren zur Geraden im Raum

Um Lösungen für die Gleichung zu finden, wählt man für die Variable n_1 (oder n_2) einen Wert frei und löst dann die Gleichung. Für n_3 kann man jeden beliebigen Wert wählen, da das Produkt $0 \cdot n_3$ immer 0 ergibt.

Wählen Sie $n_1 = -2$ und $n_3 = 0$, folgt daraus: $3 \cdot (-2) + 2 \cdot n_2 + 0 \cdot 0 = 0 \Rightarrow n_2 = 3 \Rightarrow \vec{n} = \begin{pmatrix} -2 \\ 3 \\ 0 \end{pmatrix}$

Wählen Sie $n_1 = -2$ und $n_3 = 1$, folgt daraus: $3 \cdot (-2) + 2 \cdot n_2 + 0 \cdot 1 = 0 \Rightarrow n_2 = 3 \Rightarrow \vec{n} = \begin{pmatrix} -2 \\ 3 \\ 1 \end{pmatrix}$

Wählen Sie $n_1 = -2$ und $n_3 = 2$, folgt daraus: $3 \cdot (-2) + 2 \cdot n_2 + 0 \cdot 2 = 0 \Rightarrow n_2 = 3 \Rightarrow \vec{n} = \begin{pmatrix} -2 \\ 3 \\ 2 \end{pmatrix}$

Die Deutung des Ergebnisses besagt, dass es unendliche viele Vektoren gibt, die im Raum senkrecht zu einem Vektor stehen. Im Bild 2 wird dies dargestellt. Sie sehen, dass in der dargestellten Ebene unendlich viele Vektoren angegeben werden können, die senkrecht zur Geraden bzw. senkrecht zum Richtungsvektor der Geraden im Raum stehen, während nur ein Vektor existiert, der senkrecht zu allen Vektoren (senkrecht auf der Ebene) steht. Dies ist der Normalenvektor auf der Ebene.

6.5 Ebenengleichung in Normalenform

Aus Lektion 3 wissen Sie, dass eine Ebene ein zweidimensionales Gebilde im Raum ist. Sie ist durch folgende Merkmale eindeutig festgelegt:

- einen Punkt und zwei linear unabhängigen Richtungsvektoren
  Gleichung: $\vec{x} = \vec{a} + \lambda\vec{u} + \mu\vec{v};\ \lambda, \mu \in \mathbb{R}$
- drei Punkte, die nicht alle auf einer Geraden liegen
  Gleichung:
  $\vec{x} = \vec{a} + \lambda(\vec{b} - \vec{a}) + \mu(\vec{c} - \vec{a});\ \lambda, \mu \in \mathbb{R}$

Tabelle 1: Ebenengleichungen	
Bezeichnung	Gleichung
Punkt-Richtungs-Form	$\vec{x} = \vec{a} + \lambda\vec{u} + \mu\vec{v}$
Dreipunkteform	$\vec{x} = \vec{a} + \lambda\overrightarrow{AB} + \mu\overrightarrow{AC}$ $\vec{x} = \vec{a} + \lambda(\vec{b} - \vec{a}) + \mu(\vec{c} - \vec{a})$
Vektorielle Normalenform	$\vec{n} \circ (\vec{x} - \vec{a}) = 0$
Parameterfreie Normalenform	$n_1x_1 + n_2x_2 + n_3x_3 - n_0 = 0$

Eine solche Darstellung der Ebene wird als **Parameterform** bezeichnet, weil die Parameter λ und μ in der Gleichung vorkommen (Tabelle 1).
Nun wird wie in Kapitel 6.3 versucht, auch für die Ebene eine parameterfreie Form der Gleichung zu finden. Dafür benötigt man einen Vektor, der senkrecht auf der Ebene steht. Ein solcher Vektor wird als **Normalenvektor** (Normale = Senkrechte) bezeichnet.
Betrachtet man die Ebene E mit ihren Richtungsvektoren $\vec{u}$ und $\vec{v}$ (Bild 1), so sehen Sie, dass der Vektor $\vec{n}$ senkrecht auf den Richtungsvektoren der Ebene steht und somit ein solcher Normalenvektor ist.

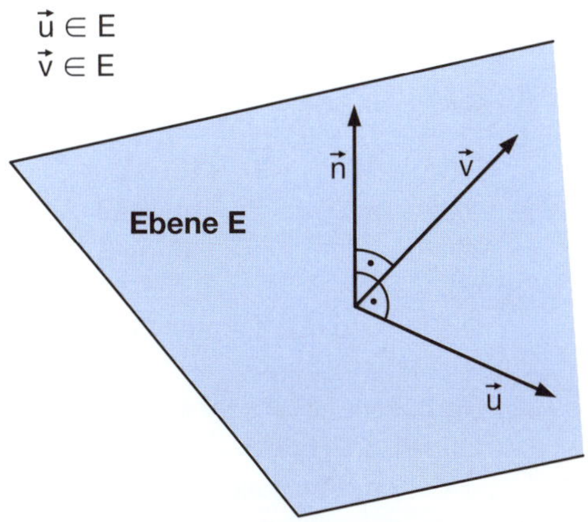

Bild 1: Ebene E mit Normalenvektor

1. Beispiel: Normalenvektor der Ebene
In der Sendung wurde Ihnen die Ebene

$$E: \vec{x} = \begin{pmatrix}5\\3\\2\end{pmatrix} + \lambda\begin{pmatrix}-2\\4\\1\end{pmatrix} + \mu\begin{pmatrix}3\\2\\0\end{pmatrix};\ \lambda, \mu \in \mathbb{R}$$

vorgestellt. Gesucht ist ein Vektor $\vec{n}$, der senkrecht auf der Ebene steht.
Aus Bild 1 ist Folgendes ersichtlich:
$\vec{n} \perp \vec{u} \wedge \vec{n} \perp \vec{v} \Rightarrow \vec{n} \circ \vec{u} = 0 \wedge \vec{n} \circ \vec{v} = 0$
(Tabelle 2)

$$\begin{pmatrix}n_1\\n_2\\n_3\end{pmatrix} \circ \begin{pmatrix}-2\\4\\1\end{pmatrix} = 0 \Rightarrow n_1 \cdot (-2) + n_2 \cdot 4 + n_3 \cdot 1 = 0$$

$$\begin{pmatrix}n_1\\n_2\\n_3\end{pmatrix} \circ \begin{pmatrix}3\\2\\0\end{pmatrix} = 0 \Rightarrow n_1 \cdot 3 + n_2 \cdot 2 + n_3 \cdot 0 = 0$$

Nun gilt es, das lineare Gleichungssystem zu lösen.

Tabelle 2: Normalenvektor $\vec{n}$
Lineares Gleichungssystem
$\vec{n} \circ \vec{u} = 0 = \begin{pmatrix}n_1\\n_2\\n_3\end{pmatrix} \circ \begin{pmatrix}u_1\\u_2\\u_3\end{pmatrix} = n_1 \cdot u_1 + n_2 \cdot u_2 + n_3 \cdot u_3$ $\vec{n} \circ \vec{v} = 0 = \begin{pmatrix}n_1\\n_2\\n_3\end{pmatrix} \circ \begin{pmatrix}v_1\\v_2\\v_3\end{pmatrix} = n_1 \cdot v_1 + n_2 \cdot v_2 + n_3 \cdot v_3$
Vektorprodukt der Richtungsvektoren
$\vec{n} = \vec{u} \times \vec{v} = \begin{pmatrix}u_1\\u_2\\u_3\end{pmatrix} \times \begin{pmatrix}v_1\\v_2\\v_3\end{pmatrix} = \begin{pmatrix}u_2 \cdot v_3 - u_3 \cdot v_2\\u_3 \cdot v_1 - u_1 \cdot v_3\\u_1 \cdot v_2 - u_2 \cdot v_1\end{pmatrix}$

6

$$
\begin{aligned}
\text{I:}\quad & -2n_1 + 4n_2 + n_3 = 0 \\
\text{II:}\quad & 3n_1 + 2n_2 = 0
\end{aligned}
$$

Damit z. B. n_1 eliminiert werden kann, multipliziert man Gleichung I mit 3 und Gleichung II mit 2 und addiert dann beide Gleichungen.

$$
\begin{aligned}
\text{I:}\quad & -2n_1 + 4n_2 + n_3 = 0 \quad & |\cdot 3 \\
\text{II:}\quad & 3n_1 + 2n_2 = 0 \quad & |\cdot 2
\end{aligned}
$$

$$
\begin{aligned}
\text{I}':\quad & -6n_1 + 12n_2 + 3n_3 = 0 \\
\text{II}':\quad & 6n_1 + 4n_2 = 0 \\
\hline
\text{I}' + \text{II}':\quad & 16n_2 + 3n_3 = 0
\end{aligned}
$$

Um die Gleichung mit zwei Unbekannten lösen zu können, wählt man für eine Variable einen Wert und errechnet damit den zweiten Wert.
Wählen Sie $n_3 = -16$, folgt daraus:

$$
\begin{aligned}
16n_2 + 3(-16) &= 0 \quad & |+48 \\
16n_2 &= 48 \quad & |:16 \\
n_2 &= 3
\end{aligned}
$$

$n_2 = 3$ und $n_3 = -16$ wird nun in I′ eingesetzt:

$$
\begin{aligned}
-6n_1 + 12\cdot 3 + 3\cdot(-16) &= 0 \quad & |+12 \\
-6n_1 &= 12 \quad & |:(-6) \\
n_1 &= -2
\end{aligned}
$$

Die Lösung des linearen Gleichungssystems hat als Ergebnis den Vektor $\vec{n} = \begin{pmatrix} -2 \\ 3 \\ -16 \end{pmatrix}$.

Sie sehen, es ist sehr arbeitsintensiv, den Normalenvektor der Ebene zu berechnen. Öffnen Sie jedoch den Formelwerkzeugkasten, so finden Sie darin das Vektorprodukt $\vec{u} \times \vec{v} = \vec{n}$. Aus Lektion 5 wissen Sie, dass bei der Bildung des Vektorprodukts der beiden Richtungsvektoren als Lösung ein Vektor entsteht. Dieser steht sowohl senkrecht auf dem Richtungsvektor $\vec{u}$ als auch senkrecht auf dem Richtungsvektor $\vec{v}$ und somit auch senkrecht auf der Ebene E.

2. Beispiel: Vektorprodukt der Richtungsvektoren

$$
\vec{n} = \vec{u} \times \vec{v} = \begin{pmatrix} u_1 \\ u_2 \\ u_3 \end{pmatrix} \times \begin{pmatrix} v_1 \\ v_2 \\ v_3 \end{pmatrix} = \begin{pmatrix} u_2 \cdot v_3 - u_3 \cdot v_2 \\ u_3 \cdot v_1 - u_1 \cdot v_3 \\ u_1 \cdot v_2 - u_2 \cdot v_1 \end{pmatrix}
$$

$$
\vec{n} = \begin{pmatrix} -2 \\ 4 \\ 1 \end{pmatrix} \times \begin{pmatrix} 3 \\ 2 \\ 0 \end{pmatrix} = \begin{pmatrix} 4 \cdot 0 - \quad 1 \cdot 2 \\ 1 \cdot 3 - (-2) \cdot 0 \\ -2 \cdot 2 - \quad 4 \cdot 3 \end{pmatrix} = \begin{pmatrix} 0 - \ 2 \\ 3 - \ 0 \\ -4 - 12 \end{pmatrix} = \begin{pmatrix} -2 \\ 3 \\ -16 \end{pmatrix}
$$

Die Berechnung des Vektorprodukts ist also nicht so arbeitsintensiv wie das Lösen linearer Gleichungssysteme und führt in kürzerer Zeit zum selben Ergebnis.

Der zweite Vektor, der senkrecht auf der Ebene steht, ist der Vektor $-\vec{n} = \vec{v} \times \vec{u}$ (Bild 1).

$$-\vec{n} = \begin{pmatrix} 3 \\ 2 \\ 0 \end{pmatrix} \times \begin{pmatrix} -2 \\ 4 \\ 1 \end{pmatrix} = \begin{pmatrix} 2 \cdot 1 \quad - 0 \cdot 4 \\ 0 \cdot (-2) - 3 \cdot 1 \\ 3 \cdot 4 \quad - 2 \cdot (-2) \end{pmatrix}$$

$$= \begin{pmatrix} 2 - 0 \\ 0 - 3 \\ 12 + 4 \end{pmatrix} = \begin{pmatrix} 2 \\ -3 \\ 16 \end{pmatrix}$$

Das Ergebnis entspricht der Berechung mit (–1): $\begin{pmatrix} -2 \\ 3 \\ -16 \end{pmatrix}$

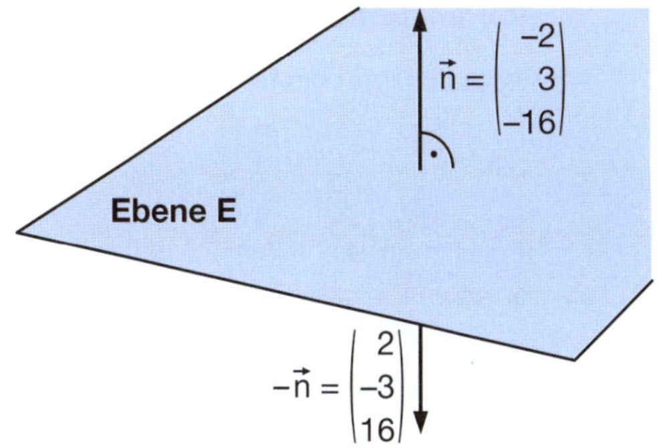

Bild 1: Ebene E mit Normalenvektor $\vec{n}$

Es ist also belanglos, ob man mit dem Vektorprodukt $\vec{u} \times \vec{v}$ oder $\vec{v} \times \vec{u}$ berechnet. Der als Lösung berechnete Vektor steht immer senkrecht auf der Ebene, die von den Richtungsvektoren aufgespannt wird.

Parameterfreie vektorielle Normalenform

Sie werden wohl auch schon leidige Erfahrungen bei Berechnungen mit der Parameterform der Ebenengleichung $\vec{x} = \vec{a} + \lambda\vec{u} + \mu\vec{v}$ gemacht haben. Deshalb ist man bestrebt, eine parameterfreie Form zu schaffen und mit der parameterfreien Ebenengleichung zu arbeiten.

Multipliziert man die Parameterform der Ebene E mit dem Normalenvektor der Ebene, so gilt Folgendes:

$\vec{x} = \vec{a} + \lambda\vec{u} + \mu\vec{v}$	$\mid \circ\, \vec{n}$	Man multipliziert die Gleichung der Ebene mit dem Normalenvektor.
$\vec{n} \circ \vec{x} = \vec{n} \circ \vec{a} + \underbrace{\lambda\vec{n} \circ \vec{u}}_{=0} + \underbrace{\mu\vec{n} \circ \vec{v}}_{=0}$		Es gilt: $\vec{n} \perp \vec{u} \Rightarrow \vec{n} \circ \vec{u} = 0$ und $\vec{n} \perp \vec{v} \Rightarrow \vec{n} \circ \vec{v} = 0$
$\vec{n} \circ \vec{x} = \vec{n} \circ \vec{a}$	| umstellen	Es wird eine Gleichung geschaffen, bei der eine Seite null ist.
$\vec{n} \circ \vec{x} - \vec{n} \circ \vec{a} = 0$	| ausklammern	Der Normalenvektor wird ausgeklammert.

Vektorielle Normalenform

$$\vec{n} \circ (\vec{x} - \vec{a}) = 0$$

Diesen Ausdruck bezeichnet man als Normalenform der Ebenengleichung. Er beinhaltet den Normalenvektor der Ebene und einen beliebigen Punkt der Ebene.

Beispiel: Vektorielle Normalenform

Gesucht ist eine vektorielle Normalenform der Ebenengleichung $\vec{x} = \begin{pmatrix} 5 \\ 3 \\ 2 \end{pmatrix} + \lambda \begin{pmatrix} -2 \\ 4 \\ 1 \end{pmatrix} + \mu \begin{pmatrix} 3 \\ 2 \\ 0 \end{pmatrix}$.

Man benötigt einen Normalenvektor und einen beliebigen Punkt der Ebene.

Den Normalenvektor dieser Ebene haben Sie schon berechnet (siehe oben). Als Punkt der Ebene können Sie den Aufpunkt A(5|3|2) der Ebene wählen.

$$E: \begin{pmatrix} -2 \\ 3 \\ -16 \end{pmatrix} \circ \left[\begin{pmatrix} x_1 \\ x_2 \\ x_3 \end{pmatrix} - \begin{pmatrix} 5 \\ 3 \\ 2 \end{pmatrix}\right] = 0$$

Parameterfreie lineare Normalenform

Schreibt man die Vektoren der Gleichung $\vec{n} \circ (\vec{x} - \vec{a}) = 0$ in der Spaltenschreibweise, dann gilt: $\begin{pmatrix} n_1 \\ n_2 \\ n_3 \end{pmatrix} \circ \left[\begin{pmatrix} x_1 \\ x_2 \\ x_3 \end{pmatrix} - \begin{pmatrix} a_1 \\ a_2 \\ a_3 \end{pmatrix}\right] = 0$

Führt man die skalare Multiplikation aus, erhält man in den Variablen x_1, x_2 und x_3 eine lineare Normalenform der Ebenengleichung.

$n_1 \cdot x_1 + n_2 \cdot x_2 + n_3 \cdot x_3 - (n_1 \cdot a_1 + n_2 \cdot a_2 + n_3 \cdot a_3) = 0$

Setzt man den Term $(n_1 \cdot a_1 + n_2 \cdot a_2 + n_3 \cdot a_3) = n_0$, folgt die Ebenengleichung in Normalenform.

Ebenengleichung in Normalenform

$$\mathbf{n_1 \cdot x_1 + n_2 \cdot x_2 + n_3 \cdot x_3 - n_0 = 0}$$

In dieser Gleichung sind n_1, n_2 und n_3 die Komponenten des Normalenvektors und n_0 eine skalare Größe (Zahl).

1. Beispiel: Lineare Normalenform der Ebenengleichung

Gesucht ist eine lineare Normalenform der Ebenengleichung $\vec{x} = \begin{pmatrix} 5 \\ 3 \\ 2 \end{pmatrix} + \lambda \begin{pmatrix} -2 \\ 4 \\ 1 \end{pmatrix} + \mu \begin{pmatrix} 3 \\ 2 \\ 0 \end{pmatrix}$.

Um von der Parameterform der Ebenengleichung die lineare Normalenform der Ebene bilden zu können, benötigt man einen Normalenvektor und einen beliebigen Punkt der Ebene. Der Normalenvektor dieser Ebene wurde schon berechnet (siehe vektorielle Normalenform). Als Punkt der Ebene wählt man wieder den Punkt A(5|3|2). Aus der vektoriellen Normalenform erhält man nun durch Multiplizieren die gewünscht Form.

E: $\begin{pmatrix} -2 \\ 3 \\ -16 \end{pmatrix} \circ \left[\begin{pmatrix} x_1 \\ x_2 \\ x_3 \end{pmatrix} - \begin{pmatrix} 5 \\ 3 \\ 2 \end{pmatrix}\right] = 0$	Skalarprodukt bilden
E: $-2x_1 + 3x_2 - 16x_3 - \underbrace{(-2 \cdot 5 + 3 \cdot 3 + (-16) \cdot 2)}_{n_0} = 0$	Skalar n_0 berechnen
E: $-2x_1 + 3x_2 - 16x_3 - (-33) = 0$	Klammer auflösen beim Skalar $n_0 = -33$
E: $-2x_1 + 3x_2 - 16x_3 + 33 = 0$	Lineare Normalenform der Ebenengleichung

Sie wissen, dass $-\vec{n}$ ebenfalls ein Vektor ist, der senkrecht auf der Ebene steht. Also muss auch mit diesem Vektor und einem beliebigen Punkt P der Ebene die Normalenform errechenbar sein. Setzt man in die Parameterform der Ebene z. B. für $\lambda = 0$ und für $\mu = 1$ ein, so kann man die Koordinaten des Punktes P(8|5|2) berechnen.

E: $\begin{pmatrix} 2 \\ -3 \\ 16 \end{pmatrix} \circ \left[\begin{pmatrix} x_1 \\ x_2 \\ x_3 \end{pmatrix} - \begin{pmatrix} 8 \\ 5 \\ 2 \end{pmatrix}\right] = 0$

E: $2x_1 - 3x_2 + 16x_3 - (2 \cdot 8 - 3 \cdot 5 + 16 \cdot 2) = 0$

E: $2x_1 - 3x_2 + 16x_3 - 33 = 0$

Diese Gleichung ist die mit (–1) multiplizierte Gleichung von oben.

2. Beispiel: Ebenengleichung

In einem Raum steht ein Tisch mit einem Meter Höhe (Bild 1). In die sichtbare Ecke des Raumes wird der Koordinatenursprung O(0|0|0) gelegt.
Die Punkte $E_1(2|2|1)$, $E_2(2|4|1)$ und $E_3(3|2|1)$ sind Eckpunkte des Tisches.
Gesucht ist die Gleichung der Ebene T, in der sich die Tischplatte befindet, sowohl in Parameterform als auch in Normalenform.

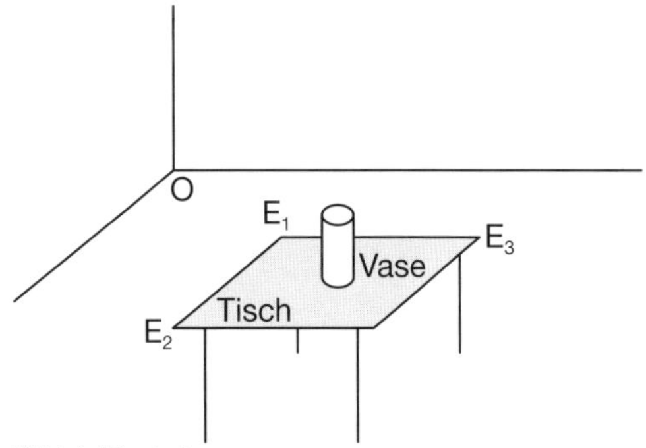

Bild 1: Tischebene

Parameterform

Mithilfe der drei Eckpunkte E_1, E_2 und E_3 des Tisches können Sie die Gleichung der Ebene T ermitteln.

$$T:\ \vec{x} = \vec{e}_1 + \lambda\,\overrightarrow{E_1E_2} + \mu\,\overrightarrow{E_1E_2} = \vec{e}_1 + \lambda\,(\vec{e}_2 - \vec{e}_1) + \mu\,(\vec{e}_3 - \vec{e}_2)$$

$$= \begin{pmatrix}2\\2\\1\end{pmatrix} + \lambda\begin{pmatrix}2-2\\4-2\\1-1\end{pmatrix} + \mu\begin{pmatrix}3-2\\2-2\\1-1\end{pmatrix} = \begin{pmatrix}2\\2\\1\end{pmatrix} + \lambda\begin{pmatrix}0\\2\\0\end{pmatrix} + \mu\begin{pmatrix}1\\0\\0\end{pmatrix};\ \lambda,\mu \in \mathbb{R}$$

Die Gleichung $\vec{x} = \begin{pmatrix}2\\2\\1\end{pmatrix} + \lambda\begin{pmatrix}0\\2\\0\end{pmatrix} + \mu\begin{pmatrix}1\\0\\0\end{pmatrix}$ beschreibt alle Punkte der Ebene, in der auch die Tischplatte liegt.

Normalenform

Für die Gleichung einer Ebene in Normalenform benötigen Sie einen Normalenvektor der Ebene (vorstellbar als Tischbein oder als Vase auf dem Tisch) und einen beliebigen Punkt der Ebene. Den Normalenvektor können Sie sehr einfach aus dem Vektorprodukt der Richtungsvektoren bilden. Als Punkt wird der Punkt E_1 gewählt.

$$\text{Normalenvektor } \vec{n}:\ \vec{n} = \overrightarrow{E_1E_2} \times \overrightarrow{E_1E_3} = \begin{pmatrix}0\\2\\0\end{pmatrix} \times \begin{pmatrix}1\\0\\0\end{pmatrix} = \begin{pmatrix}2\cdot 0 - 0\cdot 0\\0\cdot 1 - 0\cdot 0\\0\cdot 0 - 2\cdot 1\end{pmatrix} = \begin{pmatrix}0-0\\0-0\\0-2\end{pmatrix} = \begin{pmatrix}0\\0\\-2\end{pmatrix}$$

Mit dem Normalenvektor $\vec{n}$ und dem Punkt E_1 können Sie nun die Normalenform bilden.

$$T:\ \vec{n} \circ (\vec{x} - \vec{e}_1) = 0$$

$$\begin{pmatrix}0\\0\\-2\end{pmatrix} \circ \left(\begin{pmatrix}x_1\\x_2\\x_3\end{pmatrix} - \begin{pmatrix}2\\2\\1\end{pmatrix}\right) = 0 \Rightarrow 0\cdot x_1 + 0\cdot x_2 - 2\cdot x_3 - (0\cdot 2 + 0\cdot 2 - 2\cdot 1) = -2x_3 + 2 = 0$$

Die Gleichung der Ebene T: $-2x_3 + 2 = 0$ beschreibt alle Punkte der Ebene, in der auch die Tischplatte liegt. Das bedeutet, wenn man für die Koordinaten x_1, x_2 und x_3 Werte in die Gleichung einsetzt und es entsteht eine wahre Aussage (0 = 0), dann ist der Punkt Element der Ebene T. In diesem Beispiel können Sie für x_1 und x_2 beliebige Werte einsetzen, da sie ja mit null multipliziert werden. Man kann dies sehr einfach durch Einsetzen der Eckpunkte E_2 bzw. E_3 des Tisches zeigen, denn diese müssen logischerweise in der Ebene T liegen.

$E_2(2|4|1)$ in T: $0\cdot 2 + 0\cdot 4 - 2\cdot 1 + 2 = 0;\ -2 + 2 = 0;\ 0 = 0$ (wahr) $\Rightarrow E_2 \in T$

$E_3(3|2|1)$ in T: (Es macht keinen Sinn die Werte $x_1 = 3$ und $x_2 = 2$ zu beachten, da in der Gleichung nur x_3 vorkommt, deshalb wird nur $x_3 = 1$ eingesetzt.)

$-2\cdot 1 + 2 = 0;\ -2 + 2 = 0;\ 0 = 0$ (wahr) $\Rightarrow E_3 \in T$

3. Beispiel: Punkt Element der Ebene

Die Gleichung einer Ebene in Normalenform ist für Berechnungen ungleich einfacher zu handhaben als die Gleichung einer Ebene in Parameterform. Exemplarisch dafür wird die Aufgabe aus Kapitel 3.6 herangezogen. Bei dieser Aufgabe war zu überprüfen, ob der Punkt B(6|4|−5) Element der Ebene E: $\vec{x} = \begin{pmatrix} 1 \\ 2 \\ -1 \end{pmatrix} + \lambda \begin{pmatrix} -3 \\ 0 \\ 2 \end{pmatrix} + \mu \begin{pmatrix} 1 \\ 1 \\ -1 \end{pmatrix}$ ist.

Die Normalenform dieser Ebene hat die Gleichung E: $2x_1 + x_2 + 3x_3 - 1 = 0$.

Will man überprüfen, ob der Punkt B(6|4|−5) Element der Ebene ist, setzt man die Koordinaten des Punktes in die Gleichung ein. Ist die Lösung eine wahre Aussage, dann liegt der Punkt in der Ebene. Ist die Lösung eine falsche Aussage, so liegt der Punkt außerhalb der Ebene.

B(6|4|−5) in E: $2 \cdot 6 + 1 \cdot 4 + 3 \cdot (-5) - 1 = 0$; $12 + 4 - 15 - 1 = 0$; $0 = 0 \Rightarrow B \in E$

Als weiteres Beispiel wird geprüft, ob die Ebene durch den Ursprung O geht. Wenn die Ebene durch den Ursprung geht, dann muss der Ursprung O Element der Ebene sein.
O(0|0|0) in E: $2 \cdot 0 + 1 \cdot 0 + 3 \cdot 0 - 1 = 0$; $-1 = 0$ (falsch) $\Rightarrow O \notin E$
Sie bemerken, mit nur einer Zeile können Sie die Lösung finden.

4. Beispiel: Punkte der Ebene

Gegeben sei die Gleichung der Ebene E: $2x_1 + x_2 + 3x_3 - 1 = 0$. Gesucht sind drei Punkte P_1, P_2 und P_3 der Ebene.
Die Gleichung $2x_1 + x_2 + 3x_3 - 1 = 0$ beschreibt alle Punkte dieser Ebene. Da es sich um eine Gleichung mit den drei Unbekannten x_1, x_2 und x_3 handelt, wählt man zwei Werte frei und berechnet dann den dritten Wert.
Punkt P_1: Wählen Sie $x_1 = 0$ und $x_2 = 0 \Rightarrow 2 \cdot 0 + 0 + 3x_3 - 1 = 0 \Rightarrow x_3 = \frac{1}{3}$; $P_1\left(0 \middle| 0 \middle| \frac{1}{3}\right)$
Punkt P_2: Wählen Sie $x_1 = 0$ und $x_2 = -2 \Rightarrow 2 \cdot 0 - 2 + 3x_3 - 1 = 0 \Rightarrow x_3 = 1$; $P_1(0|-2|1)$
Punkt P_3: Wählen Sie $x_1 = 1$ und $x_2 = 2 \Rightarrow 2 \cdot 1 + 2 + 3x_3 - 1 = 0 \Rightarrow x_3 = -1$; $P_1(1|2|-1)$
Mit diesen drei Punkten könnten Sie nun z. B. die Parameterform der Ebene bilden.

Aufgaben zu 6.5

1. Geben Sie die Gleichung der Ebene E, die durch den Punkt A(−2|0|3) und die Richtungsvektoren $\vec{u} = \begin{pmatrix} -1 \\ 1 \\ 0 \end{pmatrix}$ und $\vec{v} = \begin{pmatrix} 5 \\ 3 \\ 1 \end{pmatrix}$ aufgespannt wird, in Normalenform an.

2. Durch die Punkte Q(1|2|3), R(0|−2|1) und S(4|0|−1) ist die Ebene E bestimmt. Geben Sie eine Gleichung der Ebene E in Normalenform an.

3. Geben Sie von folgenden Ebenen die Normalenvektoren an:

a) E: $2x_1 + x_2 + 3x_3 - 1 = 0$; b) E: $x_1 + x_2 + x_3 = 0$; c) E: $4x_1 - 2x_3 - 5 = 0$;
d) E: $-2x_1 + x_2 - 1 = 0$; e) E: $x_2 + (-3x_3) + 12 = 0$; f) E: $x_3 - 4 = 0$;

4. Prüfen Sie, ob die Punkte A(12|−3|4), B(3|6|0) oder C(12|−8|12) Elemente der Ebene E: $-2x_1 + 3x_2 - 4x_3 - 12 = 0$ sind.

6.6 Lagebeziehung Ebene - Gerade

Betrachtet man eine beliebige Ebene eines Parkhauses (Bild 1), so kann man bezüglich der Ebene E z. B. Folgendes feststellen:

- Der Unterzug (Gerade u) ist parallel zur Ebene.
- Der Wasserablauf (Gerade w) liegt in der Ebene.
- Der Stützpfeiler (Gerade n) steht senkrecht auf der Ebene.
- Eine Strebe (Gerade s) schneidet die Ebene unter einem bestimmten Winkel.

Diese Feststellungen kann man auch mathematisch nachweisen.

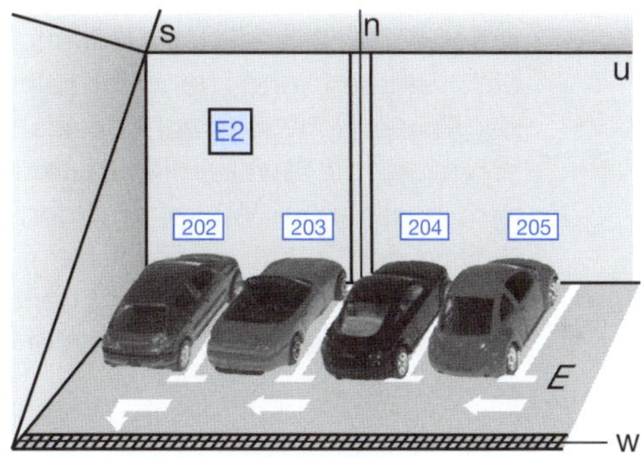

Bild 1: Ebene eines Parkhauses

Gerade parallel zur Ebene

Um nachzuweisen, ob eine Gerade u parallel zu einer Ebene E ist, betrachtet man den Normalenvektor $\vec{n}$ der Ebene E und den Richtungsvektor $\vec{u}$ der Geraden u. Ergibt die skalare Multiplikation $\vec{n} \circ \vec{u} = 0$, so liegt die Gerade parallel zur Ebene.

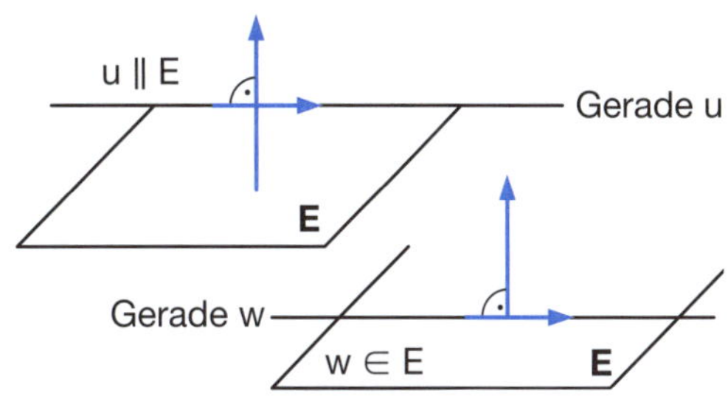

Bild 2: Gerade parallel zur Ebene

1. Beispiel: Gerade parallel zur Ebene

Gegeben sind die Ebene E: $3x_1 + 2x_2 + 2x_3 - 12 = 0$ und die Gerade u: $\vec{x} = \begin{pmatrix}1\\1\\1\end{pmatrix} + \lambda\begin{pmatrix}2\\-6\\3\end{pmatrix}$.
Zeigen Sie, dass u ∥ E gilt.

Falls $u \parallel E \Leftrightarrow \vec{n} \perp \vec{u}_u \Rightarrow \vec{n} \circ \vec{u}_u = 0$

$$\begin{pmatrix}2\\-6\\3\end{pmatrix} \circ \begin{pmatrix}3\\2\\2\end{pmatrix} = 2 \cdot 3 + (-6) \cdot 2 + 3 \cdot 2 = 6 - 12 + 6 = 12 - 12 = 0 \;\Rightarrow \vec{n} \perp \vec{u}_u = u \parallel E$$

Gerade liegt in der Ebene

Liegt eine Gerade w in der Ebene E, so müssen der Richtungsvektor $\vec{u}$ der Geraden und der Normalenvektor $\vec{n}$ der Ebene senkrecht zueinander sein und der Aufpunkt A der Geraden in der Ebene liegen.

2. Beispiel: Gerade liegt in der Ebene

Zeigen Sie, dass die Gerade w: $\vec{x} = \begin{pmatrix}2\\3\\0\end{pmatrix} + \lambda\begin{pmatrix}2\\-6\\3\end{pmatrix}$ in der Ebene E: $3x_1 + 2x_2 + 2x_3 - 12 = 0$ liegt.

$w \in E \Leftrightarrow \vec{u}_w \circ \vec{n} = 0 \wedge A \in E$

$$\begin{pmatrix}2\\-6\\3\end{pmatrix} \circ \begin{pmatrix}3\\2\\2\end{pmatrix} = 2 \cdot 3 + (-6) \cdot 2 + 3 \cdot 2 = 6 - 12 + 6 = 0 \;\Rightarrow w \parallel E$$

$A \in E;\;\; 3 \cdot 2 + 2 \cdot 3 + 2 \cdot 0 - 12 = 0;\;\; 0 = 0$ (wahr) $\Rightarrow w \in E$

Gerade schneidet Ebene

Liegt eine Gerade nicht parallel zu einer Ebene, so muss die Gerade die Ebene schneiden. Stehen der Richtungsvektor der Geraden und der Normalenvektor der Ebene nicht senkrecht zueinander, so schneidet die Gerade die Ebene unter einem bestimmten Winkel im Schnittpunkt S. Sind der Richtungsvektor der Geraden und der Normalenvektor der Ebene parallel, so steht die Gerade senkrecht auf der Ebene (Bild 1).

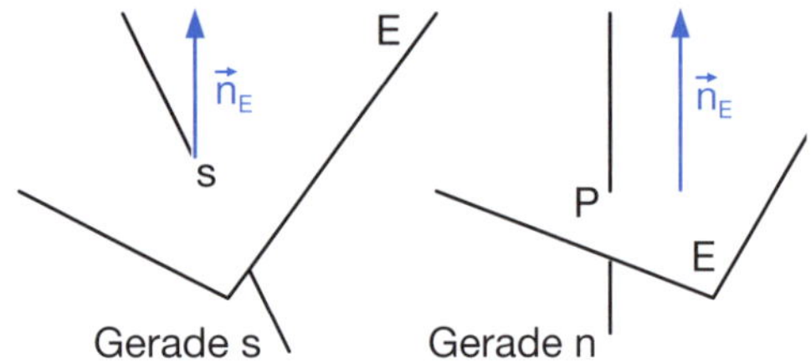

Bild 1: Gerade schneidet Ebene

3. Beispiel: Gerade senkrecht auf der Ebene

Gesucht ist eine Gerade n, die den Punkt P(0|1|–2) enthält und senkrecht auf der Ebene E: $-2x_1 + 3x_2 + x_3 - 4 = 0$ steht.

Falls $n \perp E \Leftrightarrow \vec{u}_n \parallel \vec{n}_E \wedge P \in g$ (Bild 1)

Richtungsvektor: $\vec{u}_n = \lambda \cdot \vec{n}_E = \lambda \begin{pmatrix} -2 \\ 3 \\ 1 \end{pmatrix}$

$\Rightarrow n: \vec{x} = \begin{pmatrix} 0 \\ 1 \\ -2 \end{pmatrix} + \lambda \begin{pmatrix} -2 \\ 3 \\ 1 \end{pmatrix};\ \lambda \in \mathbb{R}$

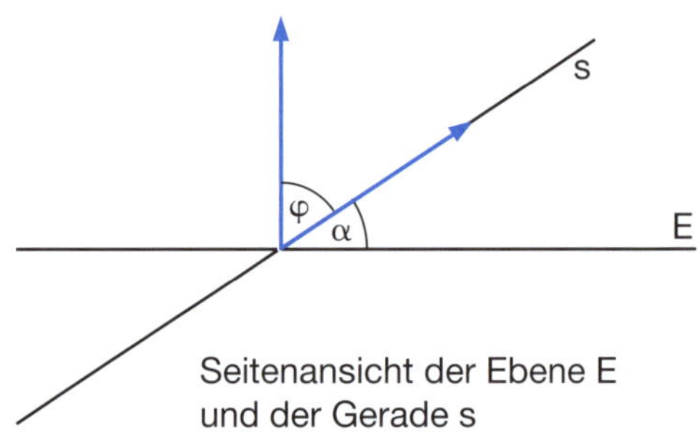

Bild 2: Schnittwinkel α

4. Beispiel: Gerade schneidet Ebene im Punkt S

Die Gerade g: $\vec{x} = \begin{pmatrix} 2 \\ -1 \\ 3 \end{pmatrix} + \lambda \begin{pmatrix} 1 \\ 2 \\ 4 \end{pmatrix};\ \lambda \in \mathbb{R}$ schneidet die Ebene E: $2x_1 + 3x_2 - x_3 - 4 = 0$.

Gesucht ist a) der Schnittpunkt S der Geraden g mit der Ebene E und b) der Winkel α, unter dem die Gerade g die Ebene E schneidet.

a) Um den Schnittpunkt S zu errechnen, werden die Koordinaten x_1, x_2 und x_3 der Koordinatengleichung der Geraden in die Ebenengleichung eingesetzt.

g in E: $2(2 + \lambda) + 3(-1 + 2\lambda) - (3 + 4\lambda) - 4 = 0$

$$4 + 2\lambda - 3 + 6\lambda - 3 - 4\lambda - 4 = 0$$

$$\lambda = \frac{3}{2}$$

λ in g: $\vec{x} = \begin{pmatrix} 2 \\ -1 \\ 3 \end{pmatrix} + \frac{3}{2}\begin{pmatrix} 1 \\ 2 \\ 4 \end{pmatrix} = \begin{pmatrix} 3{,}5 \\ 2 \\ 9 \end{pmatrix} \Rightarrow S(3{,}5|2|9)$

Die Gerade schneidet die Ebene im Punkt S(3,5|2|9).

b) Um den Schnittwinkel zu ermitteln, wird erst der Winkel φ zwischen dem Normalenvektor $\vec{n}_E$ der Ebene und dem Richtungsvektor $\vec{u}_S$ der Geraden errechnet.
Für den Schnittwinkel α gilt: $\alpha = 90° - \varphi$

$$\cos\varphi = \frac{\vec{n}_E \circ \vec{u}_S}{|\vec{n}_E| \cdot |\vec{u}_S|} = \frac{\begin{pmatrix} 2 \\ 3 \\ -1 \end{pmatrix} \circ \begin{pmatrix} 1 \\ 2 \\ 4 \end{pmatrix}}{\sqrt{2^2 + 3^2 + (-1)^2} \cdot \sqrt{1^2 + 2^2 + 4^2}} = \frac{2 \cdot 1 + 3 \cdot 2 + (-1) \cdot 4}{\sqrt{14} \cdot \sqrt{21}} = \frac{4}{\sqrt{294}}$$

$\Rightarrow \varphi = 76{,}5°$

$\alpha = 90° - \varphi = 90° - 76{,}5° = 13{,}5\ °$

Der Schnittwinkel α zwischen der Geraden s und der Ebene E beträgt 13,5°.

Aufgaben zu 6.6

1. Überprüfen Sie die gegenseitige Lage der Geraden g und der Ebene E, wenn gilt:

$g\colon \vec{x} = \begin{pmatrix} 1 \\ 0 \\ 1 \end{pmatrix} + \lambda \begin{pmatrix} 1 \\ 0 \\ 3 \end{pmatrix};\ \lambda \in \mathbb{R}$ und $E\colon -3x_1 + x_2 + x_3 - 6 = 0$

2. Die Gerade $g\colon \vec{x} = \begin{pmatrix} -4 \\ -4 \\ 1 \end{pmatrix} + \lambda \begin{pmatrix} 2 \\ 0 \\ -1 \end{pmatrix}$ schneidet die Ebene $E\colon 3x_1 + x_2 - 4x_3 = 0$.

a) Geben Sie den Normalenvektor der Ebene E an.

b) Berechnen Sie den Schnittpunkt S von der Ebene E und der Geraden g.

c) Berechnen Sie den Schnittwinkel α, unter dem die Gerade g die Ebene E schneidet.

3. In einem kartesischen Koordinatensystem sind die Ebene $E\colon 2x_1 - 3x_2 - x_3 + 10 = 0$, der Punkt $P(-1|0|8)$ und die Geradenschar g_a mit

$g_a\colon \vec{x} = \begin{pmatrix} 2 \\ 0 \\ 2 \end{pmatrix} + \lambda \begin{pmatrix} 2 \\ a \\ 1 \end{pmatrix};\ \lambda \in \mathbb{R}$ gegeben.

a) Zeigen Sie, dass die Ebene E den Punkt P enthält.

b) Untersuchen Sie, ob es Werte für a gibt, für welche die zugehörige Gerade senkrecht auf der Ebene E steht.

c) Zeigen Sie, dass für a = 1 die zugehörige Gerade g_1 parallel zur Ebene verläuft.

d) Berechnen Sie den Abstand d der Geraden g_1 von E.

e) Berechnen Sie die Schnittpunkte der Ebene E mit den Koordinatenachsen.

f) Berechnen Sie für a = 0 den Schnittpunkt S von g_0 und E.

g) Berechnen Sie den Schnittwinkel zwischen g_0 und E.

6.7 Lagebeziehung Ebene – Ebene

Betrachtet man die verschiedenen Ebenen eines Parkhauses, so kann man feststellen, dass Ebenen parallel zueinander sind oder sich schneiden (Bild 1).

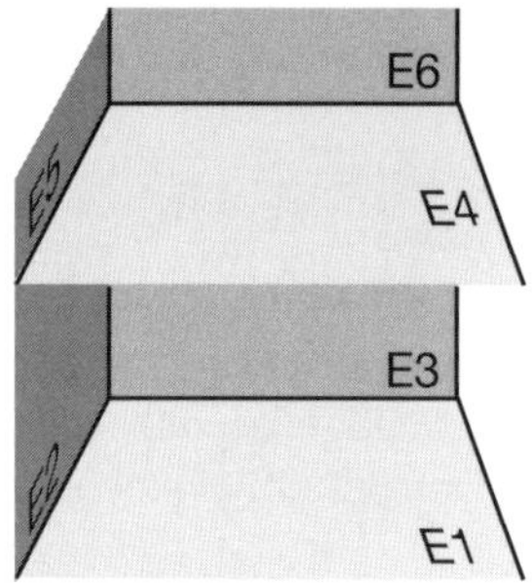

Bild 1: Ebenen eines Parkhauses

Parallele Ebenen

Zwei Ebenen E_1 und E_4 sind parallel, wenn ihre Normalenvektoren $\vec{n}_1$ und $\vec{n}_4$ linear abhängig (parallel) sind und ein beliebiger Punkt der Ebene E_1 nicht in der Ebene E_4 liegt.

1. Beispiel:

Zeigen Sie, dass die Ebene E: $\vec{x} = \begin{pmatrix} 2 \\ 0 \\ -1 \end{pmatrix} + \lambda \cdot \begin{pmatrix} 0 \\ 1 \\ 1 \end{pmatrix} + \mu \cdot \begin{pmatrix} 1 \\ -2 \\ -4 \end{pmatrix}$ zur Ebene F: $2x_1 - x_2 + x_3 - 5 = 0$ parallel ist.

Wenn die Ebenen E und F parallel sind, müssen auch die Normalenvektoren der Ebenen parallel sein.

Normalenvektor der Ebene E: $\vec{n}_E = \begin{pmatrix} 0 \\ 1 \\ 1 \end{pmatrix} \times \begin{pmatrix} 1 \\ -2 \\ -4 \end{pmatrix} = \begin{pmatrix} -2 \\ 1 \\ -1 \end{pmatrix}$

Normalenvektor der Ebene F: $\vec{n}_F = \begin{pmatrix} 2 \\ -1 \\ 1 \end{pmatrix}$

Ein Vergleich der Vektoren zeigt $\vec{n}_E = -\vec{n}_F$. Das bedeutet, die Ebenen sind parallel.

Punkt A(2|0|–1) in F einsetzen: $2(2) - 0 + (-1) - 5 = 0$

$-2 = 0$ (falsch)

$\Rightarrow$ Ebene E ist parallel zur Ebene F

Identische Ebenen liegen vor, wenn die Normalenvektoren der Ebenen parallel sind und der Punkt der Ebene E in der Ebene F liegt oder umgekehrt.

2. Beispiel: Identische Ebenen

Zeigen Sie, dass die Ebene E aus Beispiel 1 und die Ebene F: $2x_1 - x_2 + x_3 - 3 = 0$ identische Ebenen sind.

Aus Beispiel 1: $\vec{n}_E = \begin{pmatrix} -2 \\ 1 \\ -1 \end{pmatrix}$ und $\vec{n}_F = \begin{pmatrix} 2 \\ -1 \\ 1 \end{pmatrix}$

$\vec{n}_E = -\vec{n}_F \Rightarrow \vec{n}_E \parallel \vec{n}_F \Rightarrow E \parallel F$

Punkt A(2|0|–1) in F: $2(2) - 0 + (-1) - 3 = 0$

$0 = 0$ (wahr)

$\Rightarrow$ Die Ebene E ist identisch mit der Ebene F

Schneidende Ebenen

Sind zwei Ebenen nicht parallel, so schneiden sie einander in einer Geraden g. Dies ist genau dann der Fall, wenn ihre Normalenvektoren linear unabhängig sind, also $\vec{n}_E \neq \lambda \cdot \vec{n}_F$; $\lambda \in \mathbb{R}$. Um die Schnittgerade der Ebenen zu berechnen, setzt man die Parameterform der einen Ebene in die Normalenform der anderen Ebene ein.

3. Beispiel: Schnittgerade

Ermitteln Sie eine Gleichung der Schnittgeraden g der Ebenen

$$E: \vec{x} = \begin{pmatrix} 1 \\ 2 \\ -2 \end{pmatrix} + \lambda \cdot \begin{pmatrix} 1 \\ 1 \\ 2 \end{pmatrix} + \mu \cdot \begin{pmatrix} 2 \\ -1 \\ 1 \end{pmatrix};\ \lambda, \mu \in \mathbb{R} \text{ und } F: x_1 + 2x_2 - 2x_3 + 3 = 0.$$

Es bietet sich hier das Einsetzverfahren an, denn die Koordinatengleichung der Parameterform kann einfach in die Normalengleichung eingesetzt werden.

E in F: $(1 + \lambda + 2 \cdot \mu) + 2 \cdot (2 + \lambda - \mu) - 2 \cdot (-2 + 2 \cdot \lambda + \mu) + 3 = 0$

$12 - \lambda - 2 \cdot \mu = 0 \Rightarrow \lambda = 12 - 2 \cdot \mu$

$$\lambda \text{ in } E: \quad \vec{x} = \begin{pmatrix} 1 \\ 2 \\ -2 \end{pmatrix} + (12 - 2 \cdot \mu)\begin{pmatrix} 1 \\ 1 \\ 2 \end{pmatrix} + \mu \cdot \begin{pmatrix} 2 \\ -1 \\ 1 \end{pmatrix}$$

Die Berechnung und Ordnung der Terme ergibt die Gleichung der Schnittgeraden g.

$$g: \vec{x} = \begin{pmatrix} 13 \\ 14 \\ 22 \end{pmatrix} + \mu \cdot \begin{pmatrix} 0 \\ -3 \\ -3 \end{pmatrix};\ \mu \in \mathbb{R}$$

6

Schnittwinkel zwischen zwei Ebenen

Unter dem Schnittwinkel zweier Ebenen E und F versteht man den Schnittwinkel zweier Lote dieser Ebenen. Das bedeutet, dass der Schnittwinkel der Winkel zwischen den Normalenvektoren der Ebenen ist.

4. Beispiel: Schnittwinkel

Berechnen Sie den Schnittwinkel zwischen den Ebenen E: $-2x_1 + x_2 + 2x_3 - 2 = 0$ und F: $x_2 + x_3 - 6 = 0$.

$$\text{Winkel zwischen zwei Vektoren: } \cos\varphi = \frac{\begin{pmatrix} -2 \\ 1 \\ 2 \end{pmatrix} \circ \begin{pmatrix} 0 \\ 1 \\ 1 \end{pmatrix}}{\sqrt{4 + 1 + 4} \cdot \sqrt{1 + 1}} = \frac{3}{3 \cdot \sqrt{2}} = \frac{\sqrt{2}}{2} \Rightarrow \varphi = 45°$$

Aufgaben zu 6.7

Gegeben ist die Ebene E: $\vec{x} = \begin{pmatrix} 1 \\ 2 \\ -2 \end{pmatrix} + \lambda \cdot \begin{pmatrix} 1 \\ 1 \\ 2 \end{pmatrix} + \mu \cdot \begin{pmatrix} 0 \\ -2 \\ 3 \end{pmatrix}$.

a) Geben Sie die Normalenform der Ebene E an.

b) Geben Sie die Gleichung einer Ebene F an, die parallel zur Ebene E ist und durch den Ursprung geht.

c) Unter welchem Winkel schneiden sich die Ebene E und die Ebene G: $-2x_1 + 2x_2 - x_3 - 5 = 0$?

6.8 Hessesche Normalenform HNF

Liegt ein Punkt P außerhalb der Ebene E, so interessiert der kürzeste Abstand des Punktes zur Ebene.

Abstand Punkt – Ebene

Abstände von der Ebene misst man mithilfe von Normaleneinheitsvektoren $\vec{n}^\circ$ (Lektion 3.3). Benutzt man in der Normalengleichung einer Ebene E mit $\vec{n} \circ (\vec{x} - \vec{a}) = 0$ statt des Normalenvektors $\vec{n}$ den Normaleneinheitsvektor $\vec{n}^\circ$, so bezeichnet man diese Darstellung als hessesche Normalenform der Ebenengleichung:

$$\vec{n} \circ (\vec{x} - \vec{a}) = 0$$

Für diese muss $\vec{n}^\circ \circ \vec{a} > 0$ gelten.

Ersetzt man in der hesseschen Normalenform den Ortsvektor $\vec{x}$ durch den Ortsvektor $\vec{p}$ des Punktes P, so erhält man den Abstand d des Punktes P von der Ebene E (Tabelle 1).

Aus dem Vorzeichen von d ergibt sich für die Lage des Punktes P Folgendes:

- $d(P, E) < 0$
  Punkt P und Koordinatenursprung O liegen auf derselben Seite der Ebene
- $d(P, E) > 0$
  Punkt P und Koordinatenursprung O liegen auf verschiedenen Seiten der Ebene
- $d(P, E) = 0$
  Punkt P liegt in der Ebene

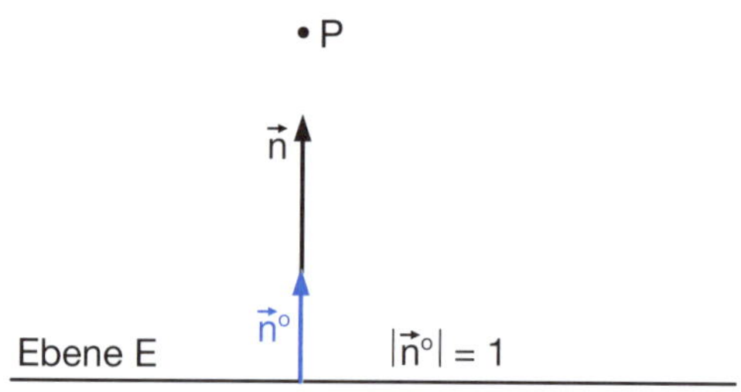

Bild 1: Seitenansicht Ebene – Punkt

Tabelle 1: Einheitsvektor und Hesseform

Bezeichnung	Gleichung
Normaleneinheitsvektor	$\vec{n}^\circ = \frac{1}{\lvert\vec{n}\rvert}\vec{n};\ \lvert\vec{n}^\circ\rvert = 1$
Normalenform	$\vec{n} \circ (\vec{x} - \vec{a}) = 0$ $n_1x_1 + n_2x_2 + n_3x_3 - n_0 = 0$
Hesseform	$\vec{n}^\circ \circ (\vec{x} - \vec{a}) = 0$ $\frac{n_1x_1 + n_2x_2 + n_3x_3 - n_0}{\sqrt{(n_1)^2 + (n_2)^2 + (n_3)^2}} = 0$
Abstand Ebene – Punkt	$d(P, E) = \lvert\vec{n}^\circ \circ (\vec{x} - \vec{p})\rvert$ $d(P, E) = \frac{n_1p_1 + n_2p_2 + n_3p_3 - n_0}{\sqrt{(n_1)^2 + (n_2)^2 + (n_3)^2}}$

Beispiel: Abstand Punkt – Ebene

Berechnen Sie den Abstand d des Punktes P(1|2|3) von der Ebene E mit
E: $2x_1 - x_2 + 2x_3 + 4 = 0$.

Hessesche Normalenform der Ebene: Das konstante Glied muss negativ sein.

$\Rightarrow -2x_1 - x_2 + 2x_3 + 4 = 0 \mid \cdot (-1) \quad \Leftrightarrow 2x_1 + x_2 - 2x_3 - 4 = 0$

$$\Rightarrow \vec{n} = \begin{pmatrix} 2 \\ 1 \\ -2 \end{pmatrix};\ |\vec{n}| = \sqrt{2^2 + 1^2 + (-2)^2} = 3 \Rightarrow \vec{n}^\circ = \frac{1}{3}\begin{pmatrix} 2 \\ 1 \\ -2 \end{pmatrix};\ \text{HNF: } \frac{2x_1 + x_2 - 2x_3 - 4}{3} = 0$$

$$d(P, E) = \left|\frac{2 \cdot 1 + 2 - 2 \cdot 3 - 4}{3}\right| = \left|\frac{-6}{3}\right| = |-2| = 2 \text{ LE}$$

Aufgaben zu 6.8

1. Gegeben sind die Ebene E: $-4x_1 + 3x_3 - 2 = 0$ und die Punkte P(1|2|3) und Q(1|3|2).

a) Erstellen Sie die hessesche Normalenform der Ebene E.

b) Berechnen Sie die Abstände der Punkte P bzw. Q von der Ebene E.

c) Wie weit ist die Ebene E vom Ursprung O entfernt?

Wiederholungsaufgaben

1. Geben Sie eine Parameterform und eine Normalenform der Ebene E an, die von der Geraden g: $\vec{x} = \begin{pmatrix}1\\0\\1\end{pmatrix} + \lambda \begin{pmatrix}1\\0\\3\end{pmatrix}$; $\lambda \in \mathbb{R}$ und dem Punkt P(2|1|0) aufgespannt wird.

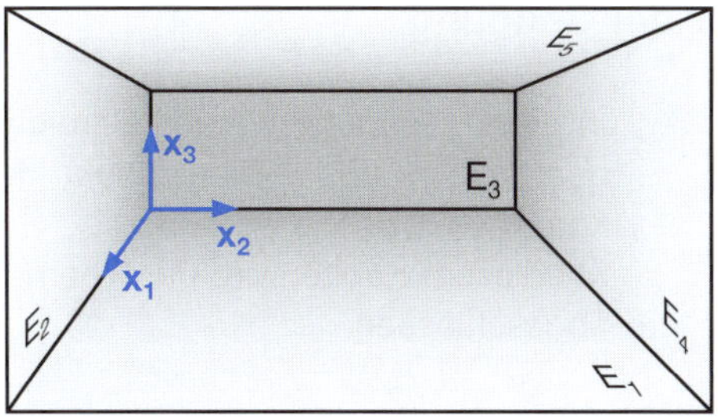

Bild 1: Flächen in einem Raum

2. Untersuchen Sie die Lage der Geraden g mit g: $\vec{x} = \begin{pmatrix}6\\-3\\1\end{pmatrix} + \lambda \begin{pmatrix}-2\\3\\1\end{pmatrix}$; $\lambda \in \mathbb{R}$ und der Ebene E mit E: $3x_1 + 4x_2 - 2x_3 - 4 = 0$ und geben Sie, falls vorhanden, den Schnittpunkt S und den Schnittwinkel α an.

Garage

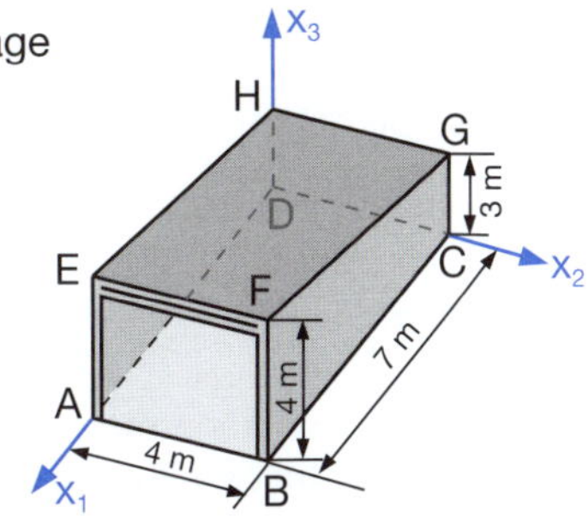

Bild 2: Garage

3. Untersuchen Sie, welche Lage die Ebene E: $3x_1 + 3x_2 - 3x_3 - 15 = 0$ zur Ebene F: $\vec{x} = \begin{pmatrix}1\\2\\-2\end{pmatrix} + \lambda \cdot \begin{pmatrix}1\\1\\2\end{pmatrix} + \mu \cdot \begin{pmatrix}2\\-1\\1\end{pmatrix}$; $\lambda, \mu \in \mathbb{R}$ hat.

4. Ein Saal (Bild 1) hat die Maße l = 16 m, b = 8 m und h = 4 m. Geben Sie für diesen Saal folgende Gleichungen und Geraden an:
   a) die Ebenengleichung E_1 für den Fußboden, die Ebenengleichungen E_2 und E_4 für die Seitenwände, die Ebenengleichung E_3 für die Rückwand und die Ebenengleichung E_5 für die Decke – jeweils in Normalenform.
   b) die Schnittgeraden g der Ebenen E_1 und E_2, der Ebenen E_2 und E_3 und der Ebenen E_4 und E_5

5. Eine Garage mit Pultdach ist festgelegt durch die Eckpunkte A, B, C, D, E, F, G und H (Bild 2). Die Garage ist vorne 4 m und hinten 3 m hoch.
   a) Geben Sie eine Gleichung der „Torebene" E_T durch A, B und C in Koordinatenform und Normalenform an.
   b) Bestimmen Sie die Gleichung der „Dachebene" E_D durch F, G und H.
   c) Welchen Neigungswinkel hat E_D gegen die x_1x_2-Ebene?

6. In einem kartesischen Koordinatensystem sind der Punkt P(–1|0|8), die Gerade g_a: $\vec{x} = \begin{pmatrix}2\\0\\2\end{pmatrix} + r \cdot \begin{pmatrix}2\\a\\1\end{pmatrix}$; r, a $\in \mathbb{R}$ und die Ebene E: $2x_1 - 3x_2 - x_3 + 10 = 0$ gegeben.
   a) Zeigen Sie, dass die Ebene E den Punkt P enthält.
   b) Für welche Werte von a steht g_a senkrecht auf E?
   c) Für welche Werte von a verläuft die Gerade g_a parallel zu E?
   d) Berechnen Sie den Abstand der parallelen Geraden von E.

6

7. Berechnung von Flächen und Volumina

Vor der Sendung

In dieser Sendung werden Bereiche gezeigt, bei denen man Flächen und Volumina mit dem Vektor- und Skalarprodukt viel einfacher berechnen kann als mit den Mitteln herkömmlicher Rechenverfahren.
Mit diesem Kapitel wird das Themengebiet „Vektorrechnung und Analytische Geometrie" abgeschlossen.

Übersicht

1. **Flächenberechnung**
Die Fläche eines allgemeinen Dreiecks ist die Hälfte der Fläche eines Parallelogramms und kann somit mit der Formel $A_{Dreieck} = \frac{1}{2}\left|\overrightarrow{AB} \times \overrightarrow{AD}\right|$ berechnet werden. Dabei ist es nicht von Bedeutung, ob es sich um ein rechtwinkliges oder ein allgemeines Dreieck handelt.
An einem Leichtwind-Rokkaku wird die Flächenberechnung zusammengesetzter Flächen aufgezeigt.

2. Ein Parallelflach kann man sich vorstellen als eine Säule mit Neigung. Um das **Volumen eines Parallelflachs** ermitteln zu können, sind sowohl Kenntnisse des Vektorprodukts als auch des Sakalarprodukts notwendig.
Für die Berechnung gilt: $V = \left|\vec{c} \circ (\vec{a} \times \vec{b})\right|$. Dabei muss man erst das Vektorprodukt $(\vec{a} \times \vec{b})$ errechnen, das als Ergebnis wieder einen Vektor liefert. Bildet man dann aus $\vec{c} \circ (\vec{a} \times \vec{b})$ das Skalarprodukt, ist der Betrag des Ergebnisses die Maßzahl des Volumens.

3. Das **Volumen einer Pyramide** ist der dritte Teil des Volumens eines Prismas oder eines Parallelflachs und kann mit folgender Formel ermittelt werden:
$$V_{Pyramide} = \frac{1}{3}V_{Prisma} = \frac{1}{3}V_{Parallelflach} = \frac{1}{3} \cdot \left|\vec{c} \circ (\vec{a} \times \vec{b})\right|$$
Für die Berechnung des Pyramidenvolumens ist es belanglos, ob es sich um eine Pyramide mit quadratischer Grundfläche oder um eine Pyramide mit rechteckiger Grundfläche handelt.

4. Als **Tetraeder** (Vierflächner) bezeichnet man einen Körper mit vier dreieckigen Seitenflächen. Unter einem regelmäßigen Tetraeder versteht man einen Vierflächner, der vier deckungsgleiche Seiten hat. So werden z. B. Milch oder Fruchtsäfte in Behältnissen in Tetraederform verpackt.
Das Volumen eines Tetraeders beträgt die Hälfte des Volumens einer Pyramide
$V_{Tetraeder} = \frac{1}{2} \cdot \frac{1}{3}\left|(\vec{a} \times \vec{b}) \circ \vec{c}\right|$, somit kann man das Volumen mit der Formel
$V_{Tetraeder} = \frac{1}{6}\left|(\vec{a} \times \vec{b}) \circ \vec{c}\right|$ berechnen.

7.1 Flächenberechnung

Dreiecksfläche

In Lektion 5 haben Sie gelernt, dass Sie die Flächenmaßzahl A eines Parallelogramms mit der Gleichung $A = |\vec{a} \times \vec{b}|$ errechnen können.
Da ein Rechteck nur die Sonderform eines Parallelogramms ist, gilt für die Maßzahl der Fläche des Rechtecks ABCD (Bild 1) folgende Formel:

$$A_{Rechteck} = |\overrightarrow{AB} \times \overrightarrow{AD}|$$

Wird in einem Rechteck oder einem Quadrat eine Diagonale gezeichnet, so entstehen zwei gleiche rechtwinklige Dreiecke ABD bzw. BCD (Bild 1). Die Maßzahl einer der Dreiecksflächen muss demnach die Hälfte der Rechtecksfläche sein. Also muss für die Berechnung der Maßzahl des Flächeninhalts des Dreiecks ABC Folgendes gelten:

$$A_{Dreieck} = \frac{1}{2} A_{Rechteck} = \frac{1}{2} |\overrightarrow{AB} \times \overrightarrow{AD}|$$

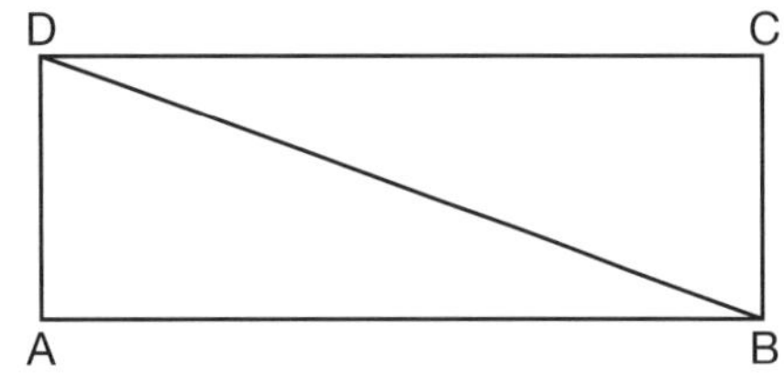

Bild 1: Rechteck – Dreieck

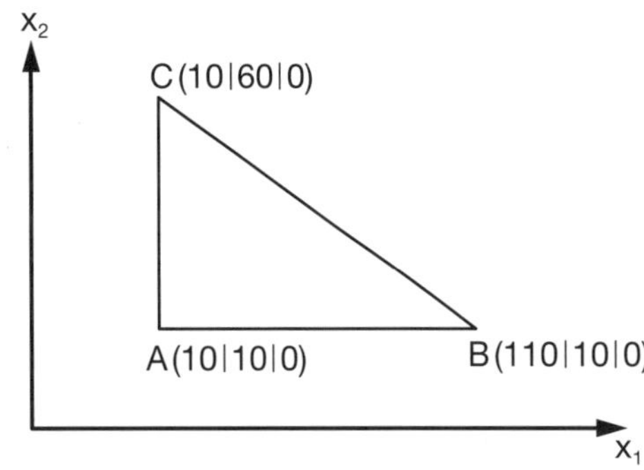

Bild 2: Dreieck ABC

Beispiel: Rechtwinkliges Dreieck
In der x_1x_2-Ebene bilden die Punkte A(10|10|0), B(110|10|0) und C(10|60|0) ein rechtwinkliges Dreieck.

Die Maßzahl der Dreiecksfläche wird auf zwei unterschiedliche Arten berechnet:

1. Berechnung im rechtwinkligen Dreieck: $A = \frac{1}{2} \cdot g \cdot h = \frac{1}{2} \cdot |\overrightarrow{AB}| \cdot |\overrightarrow{AC}|$

$$\text{mit } |\overrightarrow{AB}| = |\vec{b} - \vec{a}| = \left|\begin{pmatrix}110\\10\\0\end{pmatrix} - \begin{pmatrix}10\\10\\0\end{pmatrix}\right| = \left|\begin{pmatrix}100\\0\\0\end{pmatrix}\right| = \sqrt{100^2 + 0^2 + 0^2} = \sqrt{10000} = 100 \text{ LE}$$

$$\text{und } |\overrightarrow{AC}| = |\vec{c} - \vec{a}| = \left|\begin{pmatrix}10\\60\\0\end{pmatrix} - \begin{pmatrix}10\\10\\0\end{pmatrix}\right| = \left|\begin{pmatrix}0\\50\\0\end{pmatrix}\right| = \sqrt{0^2 + 50^2 + 0^2} = \sqrt{2500} = 50 \text{ LE}$$

$$\Rightarrow A = \frac{1}{2} \cdot 100 \text{ LE} \cdot 50 \text{ LE} = \frac{1}{2} \cdot 5000 \text{ (LE)}^2 = 2500 \text{ FE}$$

2. Berechnung mit dem Vektorprodukt: $A = \frac{1}{2} |\overrightarrow{AB} \times \overrightarrow{AC}|$

$$= \frac{1}{2} \cdot \left|\begin{pmatrix}100\\0\\0\end{pmatrix} \times \begin{pmatrix}0\\50\\0\end{pmatrix}\right| = \frac{1}{2} \cdot \left|\begin{pmatrix}0 \cdot 0 - 0 \cdot 50\\0 \cdot 0 - 100 \cdot 0\\100 \cdot 50 - 0 \cdot 0\end{pmatrix}\right| = \frac{1}{2} \left|\begin{pmatrix}0\\0\\5000\end{pmatrix}\right| = \frac{1}{2} \sqrt{0^2 + 0^2 + 5000^2} = 2500 \text{ FE}$$

Zeichnet man in einem Parallelogramm ABCD eine Diagonale, so entstehen zwei gleiche Dreiecke ABD bzw. BCD (Bild 1). Die Maßzahl einer der Dreiecksflächen muss demnach die Hälfte der Fläche des Parallelogramms sein. Auch in diesem Fall muss für die Berechnung der Maßzahl des Flächeninhalts des Dreiecks ABD gelten:

$$A_{\text{Dreieck}} = \frac{1}{2} A_{\text{Parallelogramm}} = \frac{1}{2} \left|\overrightarrow{AB} \times \overrightarrow{AD}\right|$$

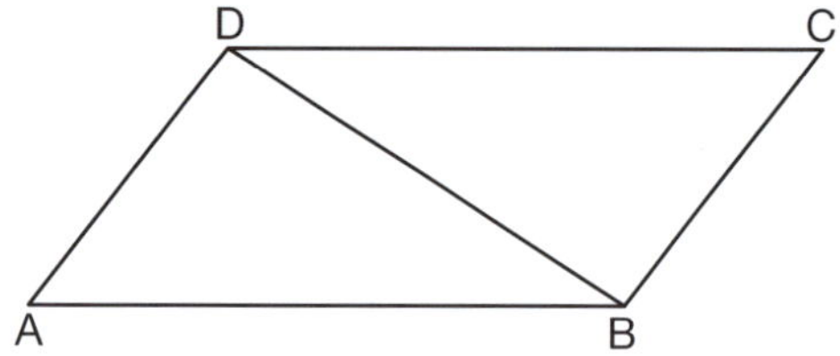

Bild 1: Parallelogramm – Dreieck

Beispiel: Allgemeines Dreieck

In der Sendung wurde das allgemeine Dreieck ABC mit den Eckpunkten A(3|1|–1), B(5|6|3) und C(–1|–2|10) gezeigt und die Maßzahl der Fläche mit dem Vektorprodukt ermittelt.

In Tabelle 1 sind unter anderem die Gleichungen für die Berechnung von Dreiecksflächen im Raum aufgelistet. Sie sehen, dass man mit dem Vektorprodukt jedes beliebige Dreieck errechnen kann.

Dabei ist es belanglos, ob für die Ermittlung der Fläche die Vektoren vom Punkt A zu den Punkten B und C oder vom Punkt B zu den Punkten A und C gewählt werden (Bild 2).

Tabelle 1: Flächenberechnung im Raum

Bezeichnung	Bild	Formel
Quadrat	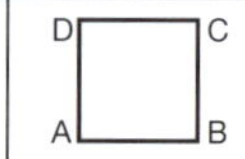	$A = \left\|\overrightarrow{AB} \times \overrightarrow{AD}\right\|$
Rechteck	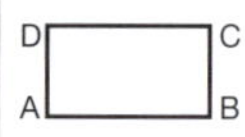	$A = \left\|\overrightarrow{AB} \times \overrightarrow{AD}\right\|$
Parallelogramm		$A = \left\|\overrightarrow{AB} \times \overrightarrow{AD}\right\|$
Rechtwinkliges Dreieck	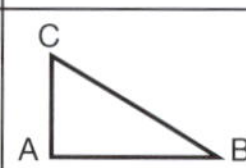	$A = \frac{1}{2}\left\|\overrightarrow{AB} \times \overrightarrow{AC}\right\|$
Allgemeines Dreieck	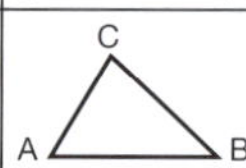	$A = \frac{1}{2}\left\|\overrightarrow{AB} \times \overrightarrow{AC}\right\|$

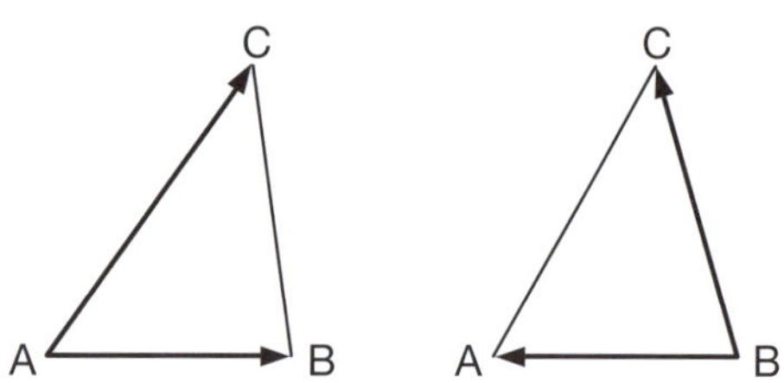

$A = \frac{1}{2}\left|\overrightarrow{AB} \times \overrightarrow{AC}\right|$ $\quad A = \frac{1}{2}\left|\overrightarrow{BA} \times \overrightarrow{BC}\right|$

Bild 2: Allgemeines Dreieck

Berechnung der Flächenmaßzahl

Bestimmt man als Ausgangspunkt den Punkt A, so wählt und berechnet man die Vektoren $\overrightarrow{AB}$ und $\overrightarrow{AC}$ (Bild 2, links).

$$\overrightarrow{AB} = \vec{b} - \vec{a} = \begin{pmatrix} 5 - 3 \\ 6 - 1 \\ 3 - (-1) \end{pmatrix} = \begin{pmatrix} 2 \\ 5 \\ 4 \end{pmatrix}$$

$$\overrightarrow{AC} = \vec{c} - \vec{a} = \begin{pmatrix} -1 - 3 \\ -2 - 1 \\ 10 - (-1) \end{pmatrix} = \begin{pmatrix} -4 \\ -3 \\ 11 \end{pmatrix}$$

$$\overrightarrow{AB} \times \overrightarrow{AC} = \begin{pmatrix} 2 \\ 5 \\ 4 \end{pmatrix} \times \begin{pmatrix} -4 \\ -3 \\ 11 \end{pmatrix} = \begin{pmatrix} 5 \cdot 11 - 4 \cdot (-3) \\ 4 \cdot (-4) - 2 \cdot 11 \\ 2 \cdot (-3) - 5 \cdot (-4) \end{pmatrix} = \begin{pmatrix} 67 \\ -38 \\ 14 \end{pmatrix}$$

$$A = \frac{1}{2}\left|\overrightarrow{AB} \times \overrightarrow{AC}\right| = \frac{1}{2}\left|\begin{pmatrix} 67 \\ -38 \\ 14 \end{pmatrix}\right| = \frac{1}{2}\sqrt{67^2 + (-38)^2 + 14^2}$$

$$= \frac{1}{2}\sqrt{4489 + 1444 + 196} = \frac{1}{2}\sqrt{6129} \approx 39{,}14$$

Wählt man als Ausgangspunkt den Punkt B, so müssen die Vektoren $\overrightarrow{BA}$ und $\overrightarrow{BC}$ gebildet werden (Bild 2 rechts, S. 118).

$$\overrightarrow{BA} = \vec{a} - \vec{b} = \begin{pmatrix} 3-5 \\ 1-6 \\ -1-3 \end{pmatrix} = \begin{pmatrix} -2 \\ -5 \\ -4 \end{pmatrix}$$

$$\overrightarrow{BC} = \vec{c} - \vec{b} = \begin{pmatrix} -1-5 \\ -2-6 \\ 10-3 \end{pmatrix} = \begin{pmatrix} -6 \\ -8 \\ 7 \end{pmatrix}$$

$$\overrightarrow{BA} \times \overrightarrow{BC} = \begin{pmatrix} -2 \\ -5 \\ -4 \end{pmatrix} \times \begin{pmatrix} -6 \\ -8 \\ 7 \end{pmatrix} = \begin{pmatrix} -5 \cdot 7 - (-4) \cdot (-8) \\ -4 \cdot (-6) - (-2) \cdot 7 \\ -2 \cdot (-8) - (-5) \cdot (-4) \end{pmatrix} = \begin{pmatrix} -67 \\ 38 \\ -14 \end{pmatrix}$$

$$A = \frac{1}{2} \left| \overrightarrow{BA} \times \overrightarrow{BC} \right| = \frac{1}{2} \left| \begin{pmatrix} -67 \\ 38 \\ -14 \end{pmatrix} \right|$$

$$= \frac{1}{2} \sqrt{(-67)^2 + 38^2 + (-14)^2} = \frac{1}{2} \sqrt{4489 + 1444 + 196} = \frac{1}{2} \sqrt{6129} \approx 39{,}14$$

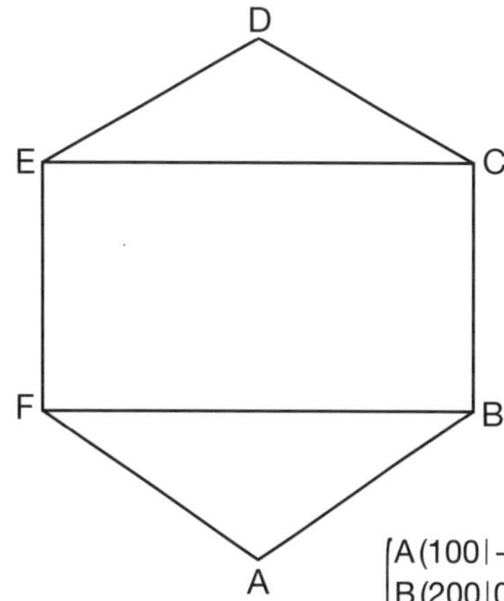

Koordinatenursprung im Punkt F $\begin{cases} A(100 \mid -67 \mid 0) \\ B(200 \mid 0 \mid 0) \\ C(200 \mid 135 \mid 0) \\ D(100 \mid 190 \mid 0) \\ E(0 \mid 135 \mid 0) \\ F(0 \mid 0 \mid 0) \end{cases}$

Bild 1: Leichtwind-Rokkaku

Man könnte auch vom Punkt C ausgehen, dafür die Vektoren zu den Punkten A und B bilden und als Vektoren für das Vektorprodukt verwenden.

Leichtwind-Rokkaku

Eine gut durchdachte Drachenkonstruktion ist der japanische Rokkaku (Bild 1). Um die Maßzahl der Fläche für diesen Leichtwinddrachen berechnen zu können, legt man den Koordinatenursprung in den Punkt F(0|0|0). Die Maße sind in Millimetereinheiten angegeben und werden für die Berechnung nicht mitgeführt.
Die Fläche des Rokkaku A_R setzt sich aus der Summe der Dreiecksfläche A_{FAB}, der Rechtecksfläche A_{FACE} und der Dreiecksfläche A_{ECD} zusammen.

Fläche des Rokkaku: $A_R = A_{FAB} + A_{FACE} + A_{ECD} = \frac{1}{2} \left| \overrightarrow{FA} \times \overrightarrow{FB} \right| + \left| \overrightarrow{FB} \times \overrightarrow{FE} \right| + \frac{1}{2} \left| \overrightarrow{EC} \times \overrightarrow{ED} \right|$

$$\overrightarrow{FA} = \vec{a} - \vec{f} = \begin{pmatrix} 100 \\ -67 \\ 0 \end{pmatrix}; \; \overrightarrow{FB} = \vec{b} - \vec{f} = \begin{pmatrix} 200 \\ 0 \\ 0 \end{pmatrix}; \; \overrightarrow{FE} = \vec{e} - \vec{f} = \begin{pmatrix} 0 \\ 135 \\ 0 \end{pmatrix}; \; \overrightarrow{EC} = \vec{c} - \vec{e} = \begin{pmatrix} 200 \\ 0 \\ 0 \end{pmatrix};$$

$$\overrightarrow{ED} = \vec{d} - \vec{e} = \begin{pmatrix} 100 \\ 55 \\ 0 \end{pmatrix};$$

$$\overrightarrow{FA} \times \overrightarrow{FB} = \begin{pmatrix} 100 \\ -67 \\ 0 \end{pmatrix} \times \begin{pmatrix} 200 \\ 0 \\ 0 \end{pmatrix} = \begin{pmatrix} 0-0 \\ 0-0 \\ 0-(-67) \cdot 200 \end{pmatrix} = \begin{pmatrix} 0 \\ 0 \\ 13\,400 \end{pmatrix} \Rightarrow \left| \overrightarrow{FA} \times \overrightarrow{FB} \right| = \sqrt{0^2 + 0^2 + 13\,400^2} = 13\,400$$

$$\overrightarrow{FB} \times \overrightarrow{FE} = \begin{pmatrix} 200 \\ 0 \\ 0 \end{pmatrix} \times \begin{pmatrix} 0 \\ 135 \\ 0 \end{pmatrix} = \begin{pmatrix} 0-0 \\ 0-0 \\ 200 \cdot 135 - 0 \end{pmatrix} = \begin{pmatrix} 0 \\ 0 \\ 27\,000 \end{pmatrix} \Rightarrow \left| \overrightarrow{FB} \times \overrightarrow{FE} \right| = \sqrt{0^2 + 0^2 + 27\,000^2} = 27\,000$$

$$\overrightarrow{EC} \times \overrightarrow{ED} = \begin{pmatrix} 200 \\ 0 \\ 0 \end{pmatrix} \times \begin{pmatrix} 100 \\ 55 \\ 0 \end{pmatrix} = \begin{pmatrix} 0-0 \\ 0-0 \\ 200 \cdot 55 - 0 \end{pmatrix} = \begin{pmatrix} 0 \\ 0 \\ 11\,000 \end{pmatrix} \Rightarrow |\overrightarrow{EC} \times \overrightarrow{ED}| = \sqrt{0^2 + 0^2 + 11\,000^2} = 11\,000$$

$$A_R = \frac{1}{2}|\overrightarrow{FA} \times \overrightarrow{FB}| + |\overrightarrow{FB} \times \overrightarrow{FE}| + \frac{1}{2}|\overrightarrow{EC} \times \overrightarrow{ED}| = \frac{1}{2} \cdot 13\,400 + 27\,000 + \frac{1}{2} \cdot 11\,000 = 39\,200$$

Die Fläche des Drachens entspricht 39 200 mm^2, das sind 3,92 m^2.

Aufgaben zu 7.1

1. Beim Beispiel „Allgemeines Dreieck“ wurde die Maßzahl der Fläche mit dem Vektorprodukt errechnet, wobei bei der ersten Berechnung die Vektoren vom Punkt A und bei der zweiten Berechnung die Vektoren vom Punkt B ausgingen.
   Wählen Sie nun den Punkt C und ermitteln Sie die Maßzahl der Fläche mit den Vektoren $\overrightarrow{CA}$ und $\overrightarrow{CB}$.

2. Gegeben ist die von der Straße aus sichtbare Frontseite eines Anwesens (Bild 1).
   Wählen Sie geeignete Vektoren und berechnen Sie mithilfe der Teilflächen A_{ACB}, A_{OFCA}, A_{ECD} und A_{FGDE} die Flächenmaßzahl der gesamten Frontseite.

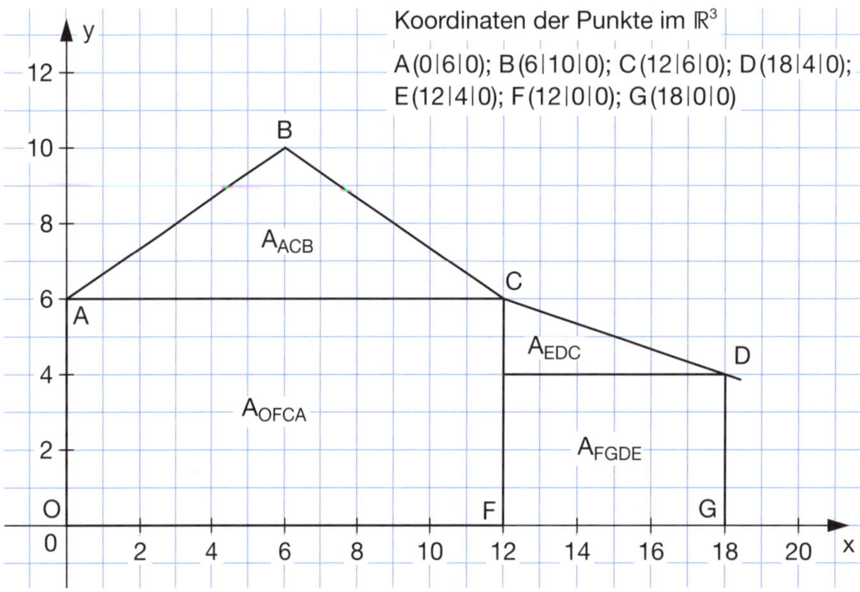

Bild 1: Fassade eines Anwesens

7.2 Volumen eines Parallelflachs

Ein Kalkspat hat das Aussehen eines Parallelflachs. Die Mathematik hat den Begriff Spat von der Mineralogie übernommen und verwendet ihn als Bezeichnung für einen Raumkörper, der paarweise von deckungsgleichen parallelen Parallelogrammebenen begrenzt wird (Bild 1). Man kann sich einen Spat vorstellen als Rechtecksäule, die in drei Richtungen geneigt wurde. Ein Parallelflach kann man als ein Raumgebilde darstellen, das von drei linear unabhängigen Vektoren aufgespannt wird, wenn die Vektoren im gleichen Punkt beginnen (Bild 2).

Bei der Berechnung von Volumina prismatischer Körper gibt es normalerweise keine Probleme, wenn es sich um Rechtecksäulen oder Würfel handelt. Das Volumen errechnet sich immer aus dem Produkt von Grundfläche und Höhe und hat die allgemeine Formel $V = A \cdot h$.

Soll das Volumen des Parallelflachs berechnet werden, wissen Sie, dass es sich bei der Grundfläche um ein Parallelogramm handelt (Bild 3). Die Fläche eines Parallelogramms können Sie mit dem Vektorprodukt $|\vec{a} \times \vec{b}|$ errechnen. Somit erhalten Sie die Gleichung $V = A_S \cdot h_S$, wobei A_S die Grundfläche und h_S die Höhe des Spates ist. Dabei können Sie A_S durch $|\vec{a} \times \vec{b}|$ und h_S durch $|\vec{c}| \cdot \cos\delta$ (Bild 4) ersetzen:

(1): $V = |\vec{a} \times \vec{b}| \cdot |\vec{c}| \cdot \cos\delta$

Aus Bild 4 ist ersichtlich, dass auch $\vec{a} \times \vec{b} = \vec{n}$ gilt und für den Winkel δ zwischen den Vektoren $\vec{c}$ und $\vec{n}$ folgende Formel aufgestellt werden kann:

(2): $\cos\delta = \dfrac{\vec{c} \circ \vec{a} \times \vec{b}}{|\vec{c}| \cdot |\vec{a} \times \vec{b}|}$

(2) in (1):

$$V = |\vec{a} \times \vec{b}| \cdot |\vec{c}| \cdot \frac{\vec{c} \circ (\vec{a} \times \vec{b})}{|\vec{c}| \cdot |\vec{a} \times \vec{b}|} \quad | \text{ kürzen}$$

$$V = \cancel{|\vec{a} \times \vec{b}| \cdot |\vec{c}|} \cdot \frac{\vec{c} \circ (\vec{a} \times \vec{b})}{\cancel{|\vec{c}| \cdot |\vec{a} \times \vec{b}|}} = \vec{c} \circ (\vec{a} \times \vec{b})$$

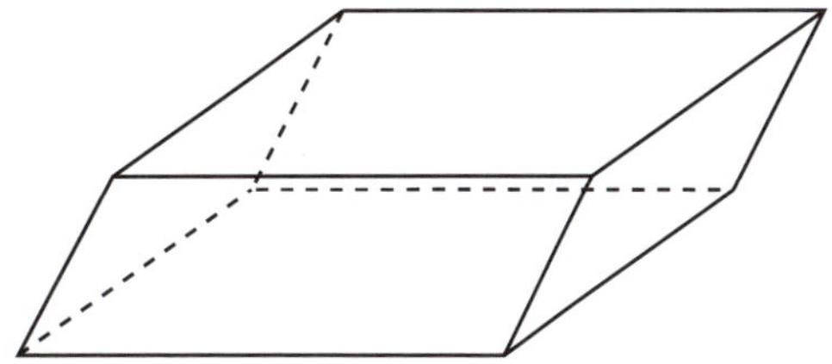

Bild 1: Parallelflach (Spat)

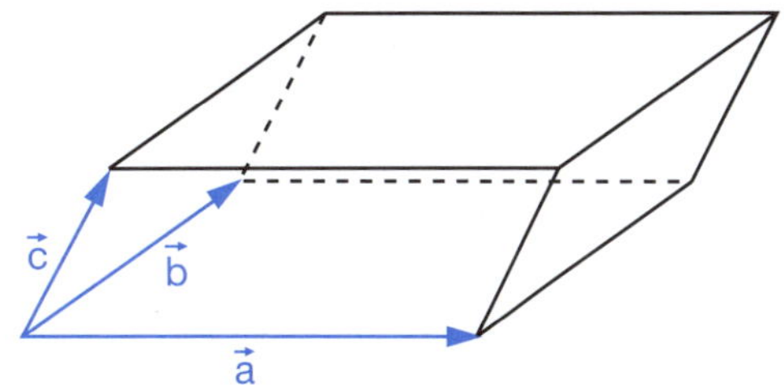

Bild 2: Drei linear unabhängige Vektoren

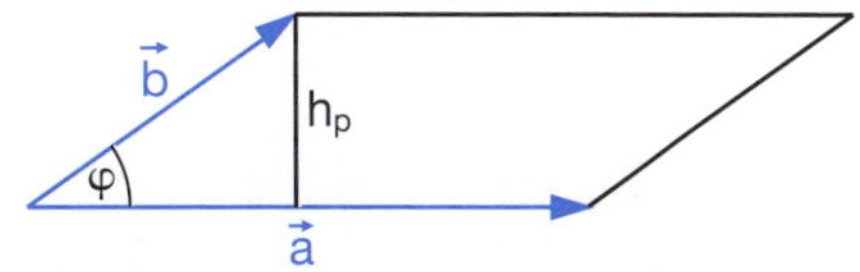

Bild 3: Grundfläche eines Parallelflachs

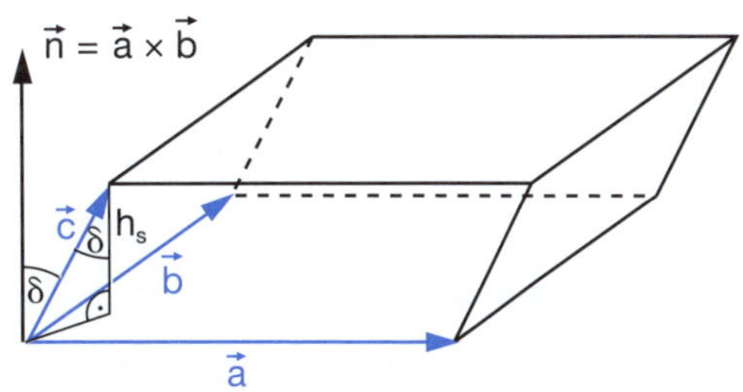

Volumen V: $V = |\vec{a} \times \vec{b}| \cdot h_s = |(\vec{a} \times \vec{b}) \circ \vec{c}|$

Bild 4: Volumenformel

Analysiert man die Formel $V = \vec{c} \circ (\vec{a} \times \vec{b})$, so muss man beachten, dass

$$V = \vec{c} \circ \underbrace{(\vec{a} \times \vec{b})}_{= \vec{n}} = \vec{c} \circ \vec{n}$$

die Volumenmaßzahl des Parallelflachs ist und somit ein Skalar. Das Skalarprodukt $\vec{c} \circ \vec{n}$ kann auch ein negativer Wert sein, was jedoch für eine Volumenmaßzahl nicht möglich ist. Deshalb muss man die Formel für die Volumenmaßzahl des Parallelflachs in Betragsstriche setzen.

Volumen eines Parallelflachs

$$\mathbf{V = |\vec{c} \circ (\vec{a} \times \vec{b})|}$$

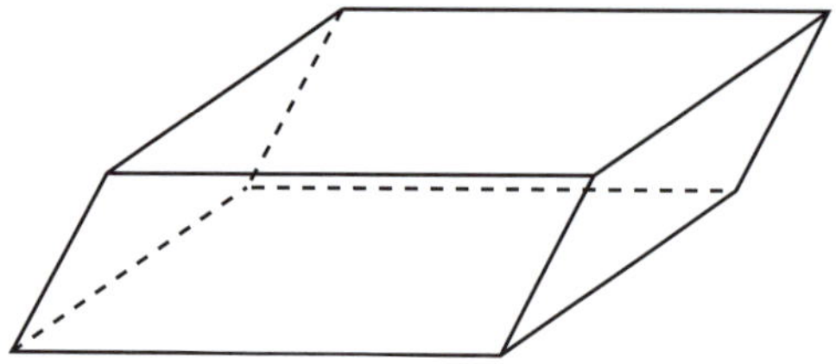

Die Punkte A, B, D und E haben folgende Koordinaten:
A(6|6|1), B(8|7|5), D(4|9|2), E(10|8|2)

Bild 1: Parallelflach (Spat)

Beispiel: Berechnung der Volumenmaßzahl eines Parallelflachs

Gegeben ist das Parallelflach ABCDEFGH (Bild 1). Für die Berechnung der Maßzahl des Volumens genügt es, wenn man die Vektoren $\overrightarrow{AB}$ und $\overrightarrow{AD}$ bildet. Mit diesen kann man die Grundfläche berechnen und mit dem Vektor $\overrightarrow{AE}$ die Höhe. Somit gilt für das Volumen:
$V = |\overrightarrow{AE} \circ (\overrightarrow{AB} \times \overrightarrow{AD})|$

$$\overrightarrow{AE} = \vec{e} - \vec{a} = \begin{pmatrix} 10-6 \\ 8-6 \\ 2-1 \end{pmatrix} = \begin{pmatrix} 4 \\ 2 \\ 1 \end{pmatrix}; \quad \overrightarrow{AB} = \vec{b} - \vec{a} = \begin{pmatrix} 8-6 \\ 7-6 \\ 5-1 \end{pmatrix} = \begin{pmatrix} 2 \\ 1 \\ 4 \end{pmatrix}; \quad \overrightarrow{AD} = \vec{d} - \vec{a} = \begin{pmatrix} 4-6 \\ 9-6 \\ 2-1 \end{pmatrix} = \begin{pmatrix} -2 \\ 3 \\ 1 \end{pmatrix};$$

$$\overrightarrow{AB} \times \overrightarrow{AD} = \begin{pmatrix} 2 \\ 1 \\ 4 \end{pmatrix} \times \begin{pmatrix} -2 \\ 3 \\ 1 \end{pmatrix} = \begin{pmatrix} 1 \cdot 1 - 4 \cdot 3 \\ 4 \cdot (-2) - 2 \cdot 1 \\ 2 \cdot 3 - 1 \cdot (-2) \end{pmatrix} = \begin{pmatrix} -11 \\ -10 \\ 8 \end{pmatrix}$$

Maßzahl des Volumens des Parallelflachs:

$$V = |\overrightarrow{AE} \circ (\overrightarrow{AB} \times \overrightarrow{AD})| = \left| \begin{pmatrix} 4 \\ 2 \\ 1 \end{pmatrix} \circ \left(\begin{pmatrix} 2 \\ 1 \\ 4 \end{pmatrix} \times \begin{pmatrix} -2 \\ 3 \\ 1 \end{pmatrix} \right) \right| = \left| \begin{pmatrix} 4 \\ 2 \\ 1 \end{pmatrix} \circ \begin{pmatrix} -11 \\ -10 \\ 8 \end{pmatrix} \right|$$

$$= |4 \cdot (-11) + 2 \cdot (-10) + 1 \cdot 8| = |-44 - 20 + 8| = |-56| = 56$$

Der Spat hat ein Volumen von 56 Volumeneinheiten.

Aufgaben zu 7.2

1. Warum stehen Betragsstriche bei der Formel für das Volumen eines Parallelflachs?

2. Die Vektoren $\vec{a} = \begin{pmatrix} 1 \\ 0 \\ -2 \end{pmatrix}$, $\vec{b} = \begin{pmatrix} 6 \\ 12 \\ 12 \end{pmatrix}$ und $\vec{c} = \begin{pmatrix} -4 \\ 8 \\ 6 \end{pmatrix}$ spannen ein Parallelflach auf.

Berechnen Sie die Maßzahl des Volumens für folgende Angaben:

a) die Vektoren $\vec{a}$ und $\vec{b}$ spannen die Grundfläche auf

b) die Vektoren $\vec{a}$ und $\vec{c}$ spannen die Grundfläche auf

7.3 Volumen einer Pyramide

Eine Rechtecksäule oder ein Würfel (Bild 1) ist ein Spat ohne Neigung. Der Würfel ist dabei ein Sonderfall, denn er besteht aus gleich großen deckungsgleichen parallelen Flächen.

Die Berechnung der Volumenmaßzahl bereitete auch ohne Vektorrechnung keine allzu großen Probleme, denn mit der Formel $V = A \cdot h$ konnte man sowohl die Grundfläche A aus dem Produkt von Länge und Breite des Prismas als auch das Volumen V aus dem Produkt von Grundfläche und Höhe berechnen.

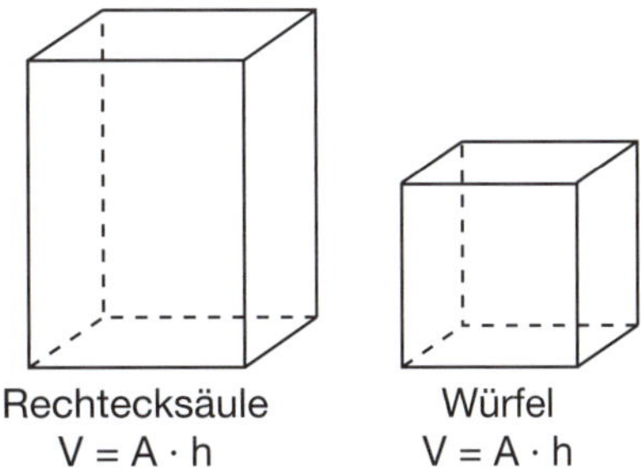

Bild 1: Rechtecksäule und Würfel

Wie ist es aber, wenn das Gebilde keine parallelen Flächen besitzt, sondern z. B. die Seiten sowohl geneigt sind und auch noch spitz zusammenlaufen? Ein solches Gebilde bezeichnet man als Pyramide (Bild 2).

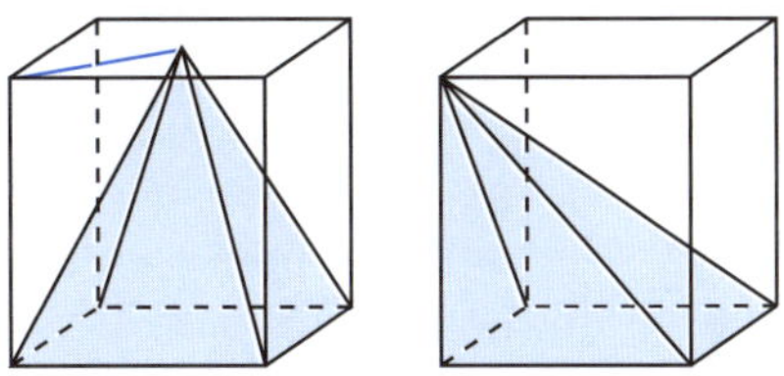

$$V = \frac{1}{3} \cdot A \cdot h$$

Bild 2: Pyramide

In der Sendung wurde gezeigt, dass genau drei Pyramiden in ein Prisma passen. Diese Tatsache lässt den logischen Schluss zu, dass das Volumen einer Pyramide genau ein Drittel des Volumens eines Prismas sein muss.

$$V_{Pyramide} = \frac{1}{3} V_{Prisma} = \frac{1}{3} \cdot A \cdot h$$

Im Bild 3 sehen Sie, dass man sich eine Pyramide, ebenfalls wie das Parallelflach, als ein Raumgebilde vorstellen kann, das drei linear unabhängige Vektoren aufspannen, wenn die Vektoren im gleichen Punkt beginnen.

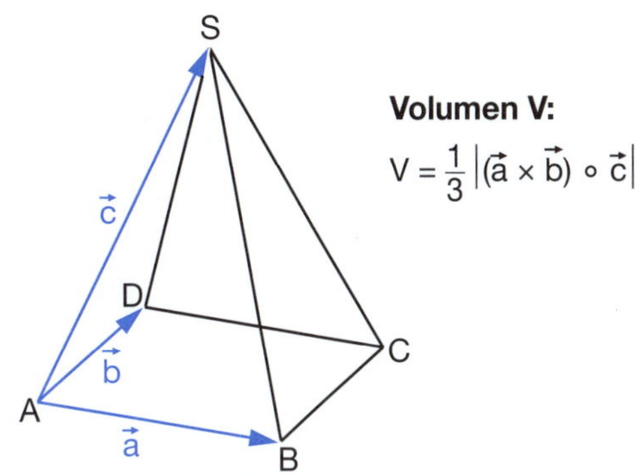

Bild 3: Volumen der Pyramide

Die Volumenmaßzahl des Parallelflachs wird mit der Formel $V = \left| (\vec{a} \times \vec{b}) \circ \vec{c} \right|$ berechnet. Da ein Parallelflach ein Prisma mit Neigung ist, gilt auch für die Volumenmaßzahl der Pyramide: $V_{Pyramide} = \frac{1}{3} V_{Parallelflach}$

$$\mathbf{V = \frac{1}{3} \left| (\vec{a} \times \vec{b}) \circ \vec{c} \right|}$$

Mit dieser Formel kann man nun das Volumen jeder Pyramide ermitteln, die eine quadratische oder eine rechteckige Grundfläche besitzt. Damit man die Formel anwenden kann, müssen allerdings Länge, Breite und Kantenlänge der Pyramide bekannt sein und diese Größen als Vektoren dargestellt werden.

7

Beispiel: Pyramide ABCDS

Die drei Vektoren $\vec{a} = \begin{pmatrix} 0 \\ -10 \\ 8 \end{pmatrix}$, $\vec{b} = \begin{pmatrix} 6 \\ 8 \\ 10 \end{pmatrix}$ und $\vec{c} = \begin{pmatrix} -12 \\ 6 \\ 9 \end{pmatrix}$ spannen eine Pyramide auf (Bild 1).

Gesucht ist die Maßzahl der Pyramidengrundfläche A_{ABCD}, der Dreiecksfläche A_{ABS} sowie die Maßzahl des Volumens der Pyramide.

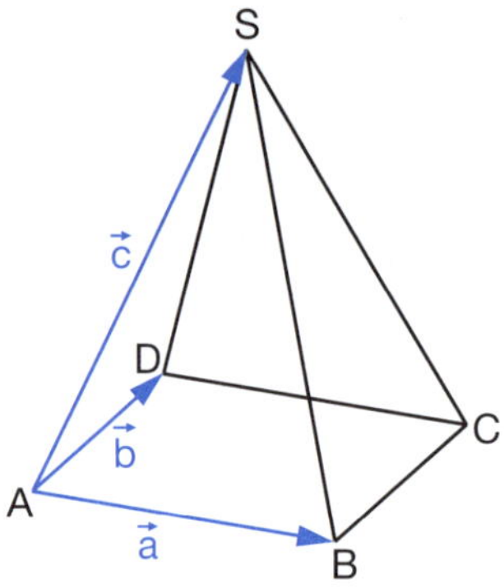

Bild 1: Pyramide mit rechteckiger Grundfläche

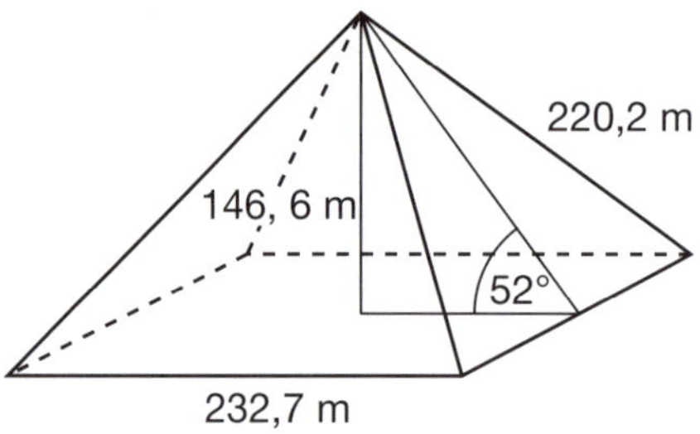

Bild 2: Cheops Pyramide

Pyramidengrundfläche: $A_{ABCD} = |\vec{a} \times \vec{b}|$

$$\vec{a} \times \vec{b} = \begin{pmatrix} 0 \\ -10 \\ 8 \end{pmatrix} \times \begin{pmatrix} 6 \\ 8 \\ 10 \end{pmatrix} = \begin{pmatrix} -100 - 64 \\ 48 - 0 \\ 0 - (-60) \end{pmatrix} = \begin{pmatrix} -164 \\ 48 \\ 60 \end{pmatrix}$$

$$A_{ABCD} = \left|\begin{pmatrix} -164 \\ 48 \\ 60 \end{pmatrix}\right| = \sqrt{(-164)^2 + 48^2 + 60^2}$$

$$= \sqrt{26\,896 + 2304 + 3600} = \sqrt{32\,800}$$

$$= 181{,}1 \text{ FE}$$

Dreiecksfläche: $A_{ABS} = \frac{1}{2} |\vec{a} \times \vec{c}|$

$$\vec{a} \times \vec{c} = \begin{pmatrix} 0 \\ -10 \\ 8 \end{pmatrix} \times \begin{pmatrix} -12 \\ 6 \\ 9 \end{pmatrix} = \begin{pmatrix} -90 - 48 \\ -96 - 0 \\ 0 - 120 \end{pmatrix} = \begin{pmatrix} -138 \\ -96 \\ -120 \end{pmatrix}$$

$$A_{ABS} = \frac{1}{2} \left|\begin{pmatrix} -138 \\ -96 \\ -120 \end{pmatrix}\right| = \frac{1}{2} \sqrt{(-138)^2 + (-96)^2 + (-120)^2} = \frac{1}{2} \sqrt{19\,044 + 9216 + 14\,400}$$

$$= \frac{1}{2} \sqrt{42\,680} = 103{,}3 \text{ FE}$$

Volumen der Pyramide: $V = \frac{1}{3} |(\vec{a} \times \vec{b}) \circ \vec{c}|$

$$V = \frac{1}{3} \begin{pmatrix} -164 \\ 48 \\ 60 \end{pmatrix} \circ \begin{pmatrix} -12 \\ 6 \\ 9 \end{pmatrix} = \frac{1}{3} |-164 \cdot (-12) + 48 \cdot 6 + 60 \cdot 9| = \frac{1}{3} |1968 + 288 + 540| = \frac{1}{3} |2796|$$

$$= 932 \text{ VE}$$

Aufgaben zu 7.3

1. Bei den Pyramiden der Ägypter bei Gizeh befindet sich auch die Pyramide vom Pharao Cheops. Die Pyramide hatte anfangs eine Seitenlänge von 232,7 Meter und eine Höhe von 146,6 Meter (Bild 2). Legt man in den Punkt A den Ursprung des Koordinatensystems, so gilt für die Vektoren: $\overrightarrow{AB} = \begin{pmatrix} 232{,}7 \\ 0 \\ 0 \end{pmatrix}$, $\overrightarrow{AC} = \begin{pmatrix} 0 \\ 232{,}7 \\ 0 \end{pmatrix}$ und $\overrightarrow{LS} = \begin{pmatrix} 116{,}35 \\ 116{,}35 \\ 146{,}6 \end{pmatrix}$

   a) Berechnen Sie die Maßzahl des Pyramidenvolumens.
   b) Zeigen Sie, dass die Kantenlänge ca. 220 m beträgt.
   c) Zeigen Sie, dass der Neigungswinkel ca. 52° beträgt.

7.4 Tetraeder

Ein Tetraeder (griech. tetraedron = Vierflächner) ist ein Körper mit vier dreieckigen Seitenflächen. Legt man durch eine vierseitige Pyramide eine Ebene durch die Punkte SAC (Bild 1), so entstehen zwei Tetraederkörper.

Mit dem Begriff Tetraeder ist meist das regelmäßige Vierflach gemeint, bei dem alle vier Seiten gleich groß sind (Bild 2). Sie kennen solche Gebilde aus der Verpackungsindustrie. So werden z. B. Milch oder Süßigkeiten in Tetraederverpackungen angeboten.

Das Volumen eines Tetraeders ist einfach zu berechnen, wenn man bedenkt, dass das Tetraeder durch die Halbierung einer vierseitigen Pyramide hergestellt werden kann.

$$V_{\text{Tetraeder}} = \frac{1}{2} V_{\text{Pyramide}}$$

$$V_{\text{Tetraeder}} = \frac{1}{2} \cdot \frac{1}{3} \left|(\vec{a} \times \vec{b}) \circ \vec{c}\right|$$

$$\mathbf{V_{Tetraeder} = \frac{1}{6} \left|(\vec{a} \times \vec{b}) \circ \vec{c}\right|}$$

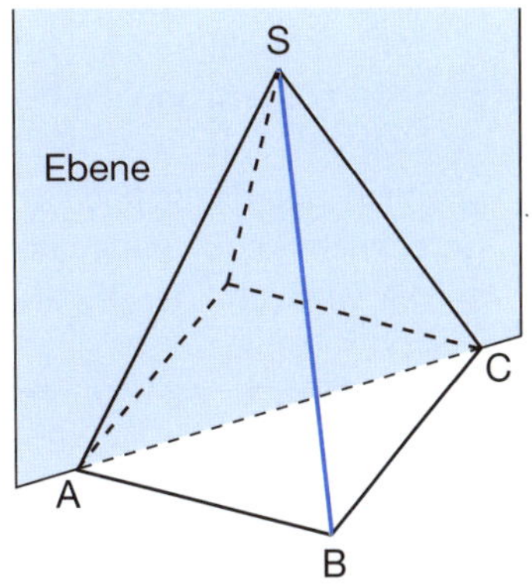

Bild 1: Schnitt durch eine Viereckspyramide

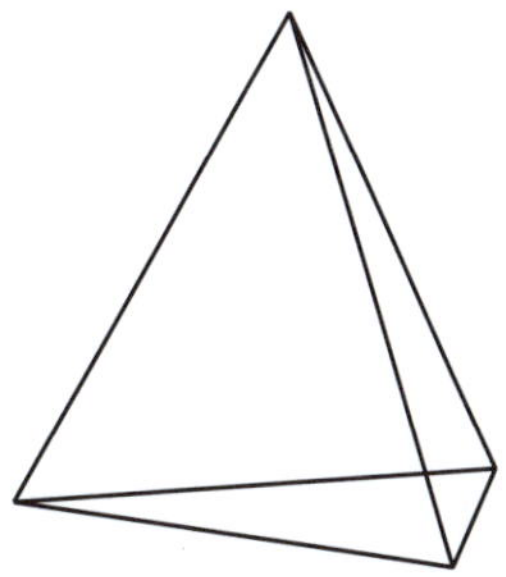

Bild 2: Tetraeder

Beispiel: Tetraeder

In der Sendung wurde Ihnen ein Tetraeder mit den Eckpunkten A(3|1|–2), B(9|4|–5), C(–1|–3|10) und der Spitze S(8|–9|–2) vorgestellt. Die Maßzahl des Volumens kann man nun mit der Formel $V = \frac{1}{6}\left|(\vec{a} \times \vec{b}) \circ \vec{c}\right|$ berechnen. Dabei wird für $\vec{a}$ der Vektor

$\overrightarrow{AB} = \vec{b} - \vec{a} = \begin{pmatrix} 9 \\ 4 \\ -5 \end{pmatrix} - \begin{pmatrix} 3 \\ 1 \\ -2 \end{pmatrix} = \begin{pmatrix} 6 \\ 3 \\ -3 \end{pmatrix}$, für $\vec{b}$ der Vektor $\overrightarrow{AC} = \vec{c} - \vec{a} = \begin{pmatrix} -1 \\ -3 \\ 10 \end{pmatrix} - \begin{pmatrix} 3 \\ 1 \\ -2 \end{pmatrix} = \begin{pmatrix} -4 \\ -4 \\ 12 \end{pmatrix}$ und für $\vec{c}$ der

Vektor $\overrightarrow{AS} = \vec{s} - \vec{a} = \begin{pmatrix} 8 \\ -9 \\ -2 \end{pmatrix} - \begin{pmatrix} 3 \\ 1 \\ -2 \end{pmatrix} = \begin{pmatrix} 5 \\ -10 \\ 0 \end{pmatrix}$ gewählt.

Für das Vektorprodukt gilt: $\overrightarrow{AB} \times \overrightarrow{AC} = \begin{pmatrix} 6 \\ 3 \\ -3 \end{pmatrix} \times \begin{pmatrix} -4 \\ -4 \\ 12 \end{pmatrix} = \begin{pmatrix} 36 - 12 \\ 12 - 72 \\ -24 - (-12) \end{pmatrix} = \begin{pmatrix} 24 \\ -60 \\ -12 \end{pmatrix}$

Volumen des Tetraeders: $V = \frac{1}{6}\left|(\overrightarrow{AB} \times \overrightarrow{AC}) \circ \overrightarrow{AS}\right|$

$$= \frac{1}{6}\left|\begin{pmatrix} 24 \\ -60 \\ -12 \end{pmatrix} \circ \begin{pmatrix} 5 \\ -10 \\ 0 \end{pmatrix}\right| = \frac{1}{6}\left|24 \cdot 5 + (-60) \cdot (-10) + (-12) \cdot 0\right| = \frac{1}{6}\left|120 + 600 + 0\right| = \frac{1}{6}\left|720\right| = 120 \text{ VE}$$

Aufgaben zu 7.4

1. Die drei Vektoren $\vec{a}$, $\vec{b}$ und $\vec{c}$ mit

$\vec{a} = \begin{pmatrix} 10 \\ 10 \\ -8 \end{pmatrix}$, $\vec{b} = \begin{pmatrix} -6 \\ 8 \\ 4 \end{pmatrix}$ und $\vec{c} = \begin{pmatrix} -12 \\ 6 \\ 9 \end{pmatrix}$

spannen eine dreiseitige Pyramide auf. Berechnen Sie folgende Größen:

a) die Maßzahl der Pyramidengrundfläche

b) die Maßzahl des Volumens der Pyramide

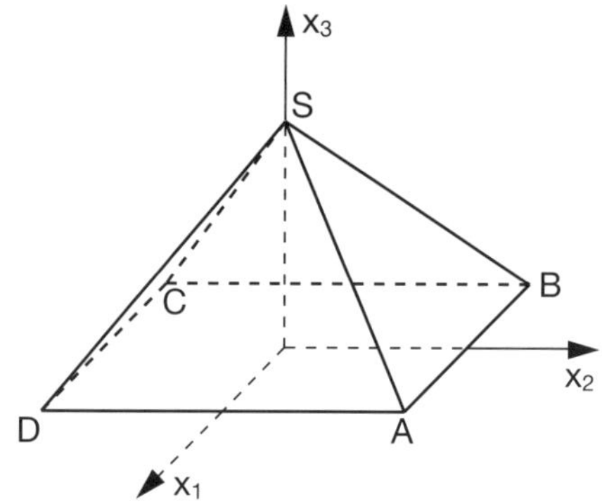

Bild 1: Quadratische Pyramide

2. Die Punkte $S_1(2{,}5|0|0)$, $S_2(0|-5|0)$ und $S_3(0|0|2{,}5)$ sind die Eckpunkte eines Dreiecks.

a) Zeigen Sie, dass das Dreieck gleichschenkelig ist, aber nicht gleichseitig.

b) Das Dreieck $S_1S_2S_3$ bildet die Grundfläche einer Pyramide mit der Spitze $S(3{,}5|-3|3{,}5)$. Berechnen Sie die Maßzahl des Volumens der Pyramide.

Wiederholungsaufgaben

1. Die Vektoren $\vec{a} = \begin{pmatrix} 10 \\ 0 \\ 2 \end{pmatrix}$, $\vec{b} = \begin{pmatrix} 6 \\ -2 \\ 12 \end{pmatrix}$ und $\vec{c} = \begin{pmatrix} 4 \\ -2 \\ 0 \end{pmatrix}$ spannen ein Parallelflach auf.

Berechnen Sie die Maßzahl des Volumens, wenn die Vektoren $\vec{a}$ und $\vec{b}$ die Grundfläche aufspannen.

2. Eine ägyptische Pyramide hat die Form einer senkrechten quadratischen Pyramide. Die Pyramide hat eine Seitenlänge von 144 Meter und eine Höhe von 90 Meter.
Zur Vermessung des Systems wird ein kartesisches Koordinatensystem mit der Längeneinheit 1 Meter verwendet. Der Ursprung des Koordinatensystems wird in die Mitte der quadratischen Grundfläche gelegt, dessen x_1- und x_2-Achse parallel zu den Grundkanten verlaufen (Bild 1).

a) Geben Sie die Koordinaten der Eckpunkte A, B, C, D und S an.

b) Berechnen Sie die Länge der Seitenkanten.

c) Welchen Neigungswinkel besitzen die Seitenkanten zur Grundfläche?

d) Berechnen Sie die Flächenmaßzahl der Seitenfläche A_{ABS}.

e) Berechnen Sie die Maßzahl des Volumens der quadratischen Pyramide.

3. Die Punkte $Q(5|0|3)$, $R(3|0|4)$ und $S(4|-2|6)$ sind die Punkte eines Dreiecks.

a) Berechnen Sie die Innenwinkel sowie die Fläche des Dreiecks.

b) Der Punkt $O(0|0|0)$ ist die Spitze einer dreiseitigen Pyramide mit der Grundfläche QRS. Berechnen Sie die Maßzahl ihres Volumens.

4. Die Punkte $A(1|-2|-2)$, $B(-8|3|-4)$ und $C(3|0|0)$ bilden die Eckpunkte des Dreiecks ABC.

a) Berechnen Sie die Maßzahl der Fläche des Dreiecks.

b) Der Punkt $S(s|s|0)$ soll die Spitze einer dreiseitigen Pyramide mit den Punkten A, B und C als Grundfläche sein. Bestimmen Sie die Variable s so, dass das Pyramidenvolumen 7 VE beträgt.

Lösungsteil

L

Lösungen

Lektion 1

Aufgaben im Text

1 4,5 cm 3 cm 4,5 cm

2 $18 \frac{km}{h}$

3 $347{,}5 \frac{km}{h}$

4

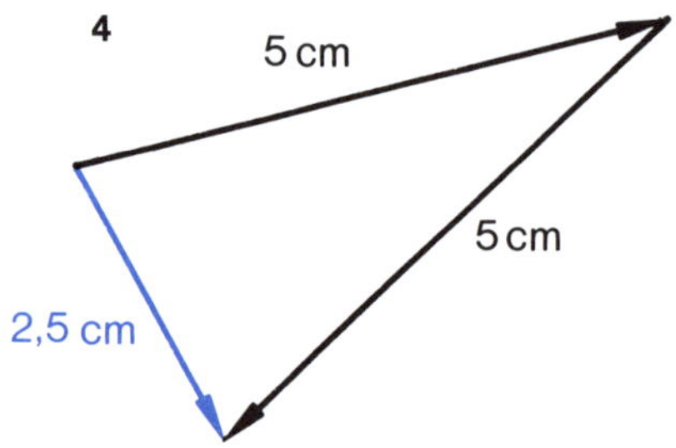

5 300 m 200 m 360 m

6 $\left|\vec{v}_3\right| = \sqrt{15^2 + 10^2} \approx 18$

7 $9 \frac{km}{h}$

8

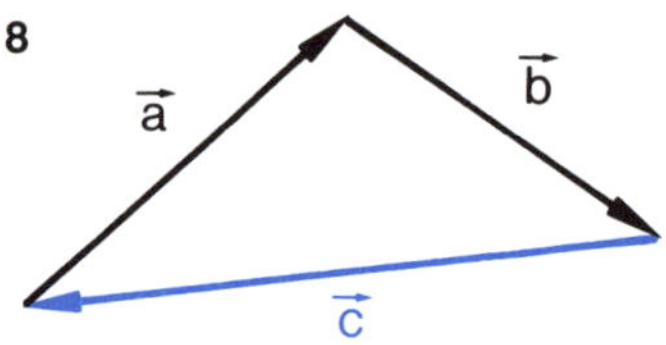

9 33,7°

10

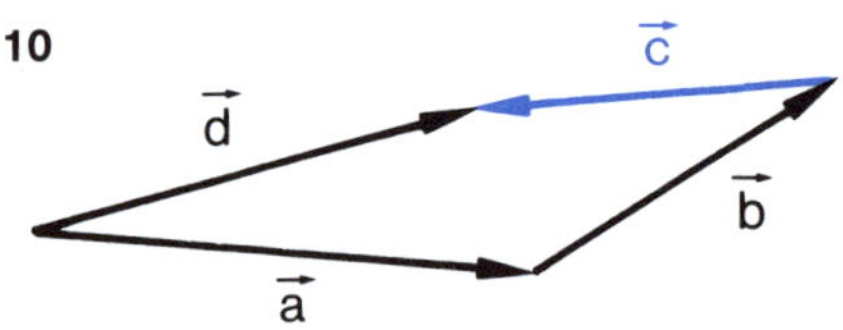

11

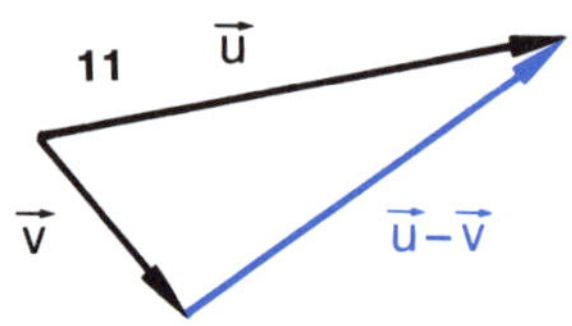

12 $\overrightarrow{BE} = -\vec{a} + \vec{c}$ $\overrightarrow{FA} = -\vec{a} - \vec{c}$ $\overrightarrow{AG} = \vec{a} + \vec{b} + \vec{c}$

13 $0{,}5\,\vec{a} - \vec{b}$

Lösungen der Aufgaben

1.1

1. $\left|\vec{s}_1\right| = 4{,}5$ $\left|\vec{s}_2\right| = 3{,}2$ $\left|\vec{s}_3\right| = 2{,}7$ $\left|\vec{s}_4\right| = 2$

2.

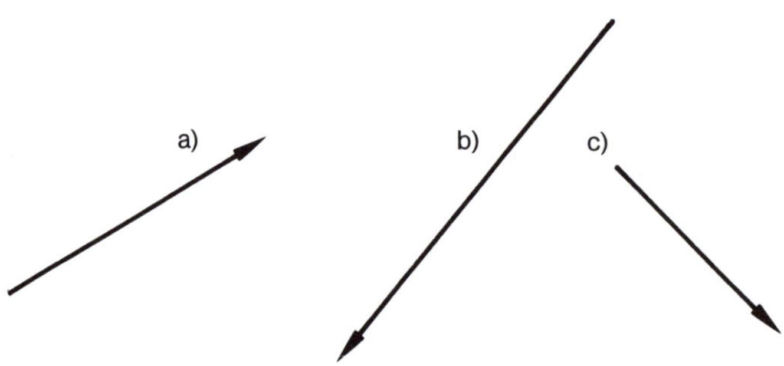

3. a)

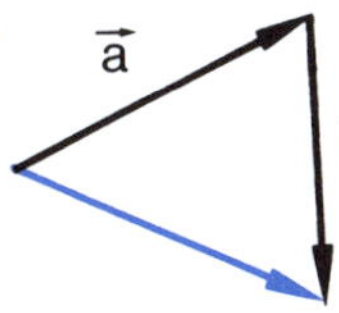

b)

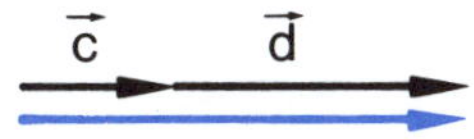

c)

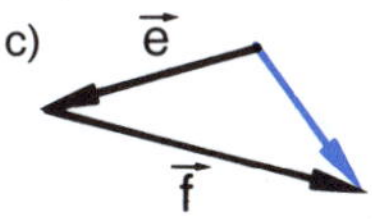

4. im Fall b.

1.2

1.

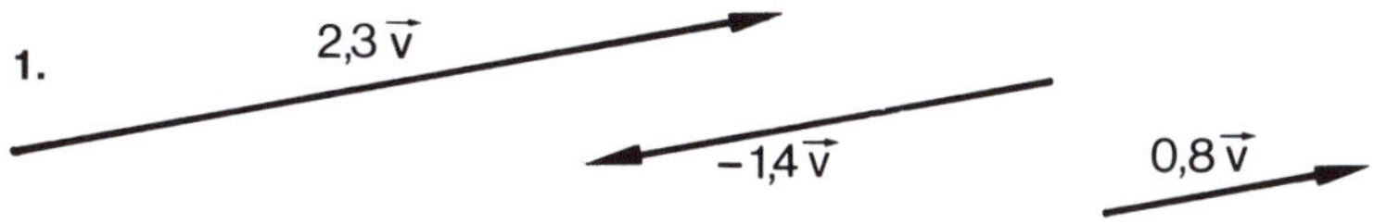

2.

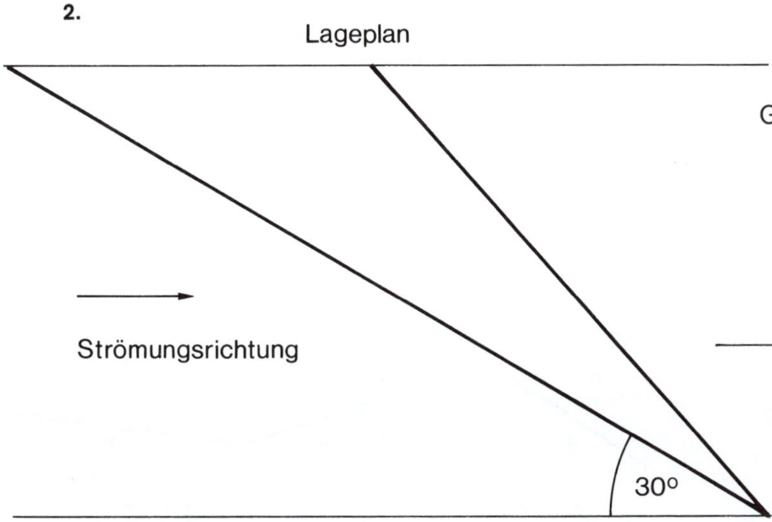

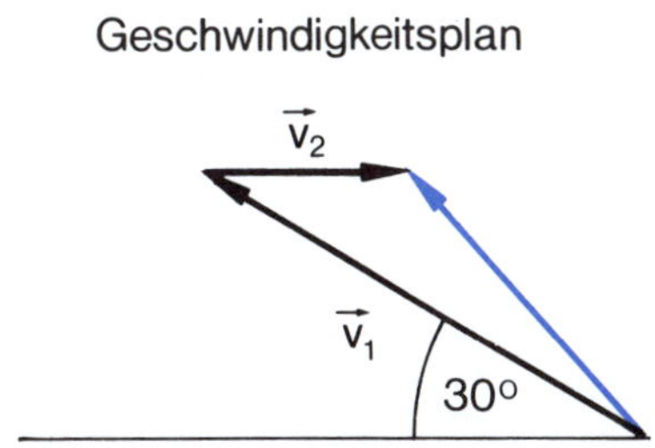

3. Kosinussatz

$$|\vec{v}|^2 = |\vec{v}_1|^2 + |\vec{v}_2|^2 - 2 \cdot |\vec{v}_1| \cdot |\vec{v}_2| \cdot \cos\delta$$

$$\delta = 135^\circ$$

$$|\vec{v}|^2 = 150^2 + 30^2 - 2 \cdot 150 \cdot 30 \cdot \cos 135^\circ$$

$$|\vec{v}| = 172{,}5$$

Sinussatz

$$\frac{\sin\alpha}{\sin 135^\circ} = \frac{|\vec{v}_2|}{|\vec{v}|}$$

$$\sin\alpha = \frac{30}{172{,}5} \cdot \sin 135^\circ$$

$$\alpha = 7{,}06^\circ$$

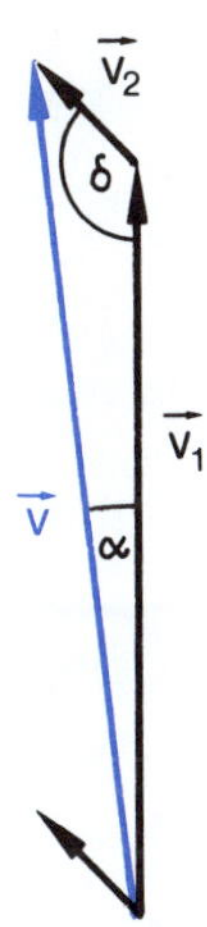

1.3

1. a)

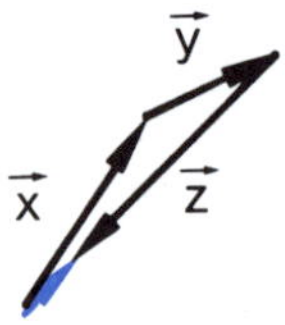

b)

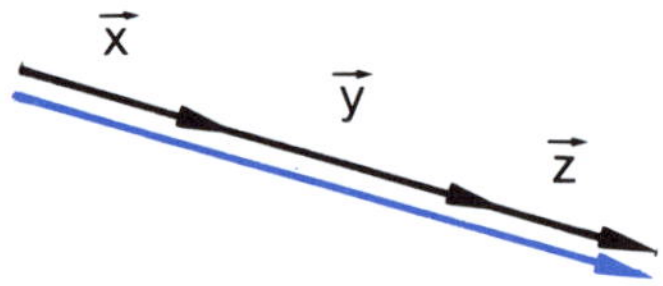

c)

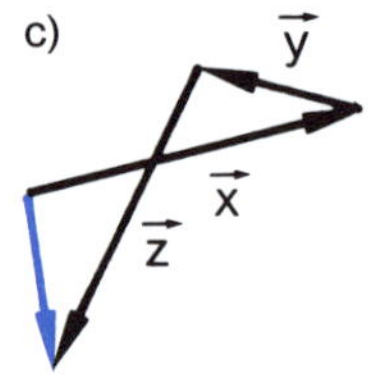

2. $\vec{d} = \vec{a} + \vec{b}$

   $\vec{e} = \vec{b} + \vec{c}$

   $\vec{f} = -\vec{a} - \vec{b} - \vec{c}$

3. $\vec{a} + \vec{b} + \vec{c} + \vec{f} = \vec{o}$

   $\vec{a} + \vec{e} + \vec{f} = \vec{o}$

4. Wenn die Vektoren einen Winkel von 60° bilden (gleichseitiges Dreieck).

1.4

1.

a)

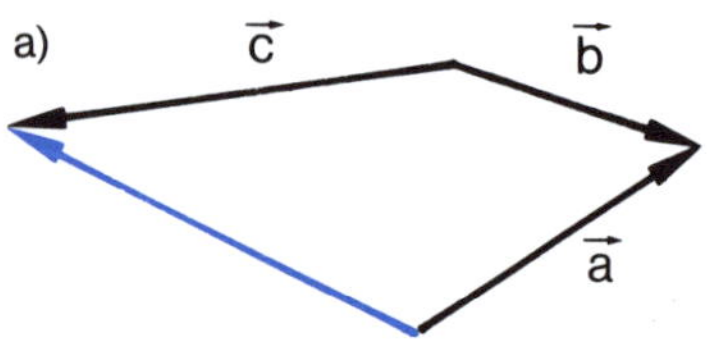

b)

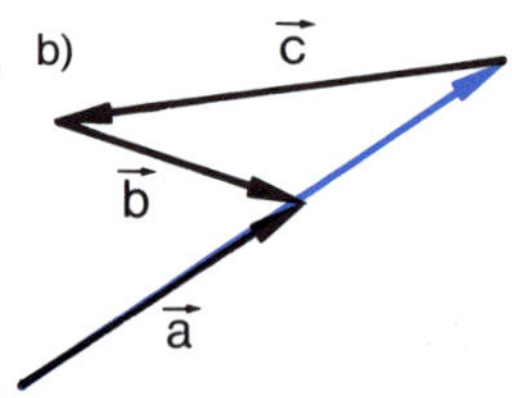

c)

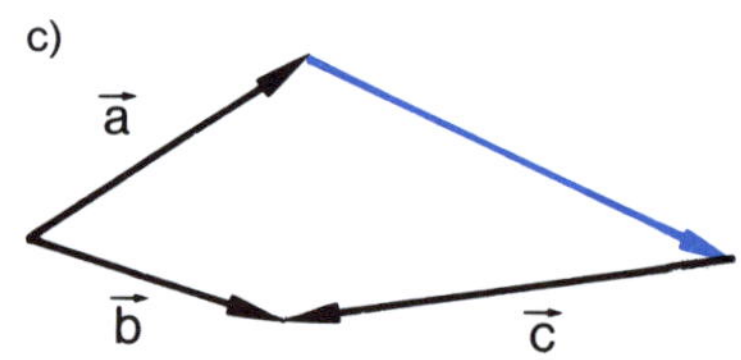

2.

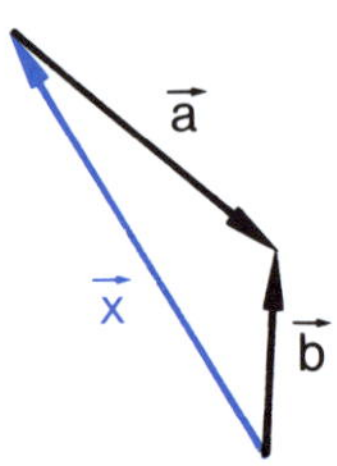

3. $\overrightarrow{AC} = \overrightarrow{AB} + \overrightarrow{AD}$

   $\overrightarrow{BD} = -\overrightarrow{AB} + \overrightarrow{AD}$

4. $\overrightarrow{DB} = \vec{a} - \vec{b}$

   $\overrightarrow{AC} = \vec{a} + \vec{b}$

   $\overrightarrow{SB} = \vec{a} - \vec{c}$

   $\overrightarrow{DS} = -\vec{b} + \vec{c}$

   $\overrightarrow{SC} = \vec{a} + \vec{b} - \vec{c}$

1.5

1.

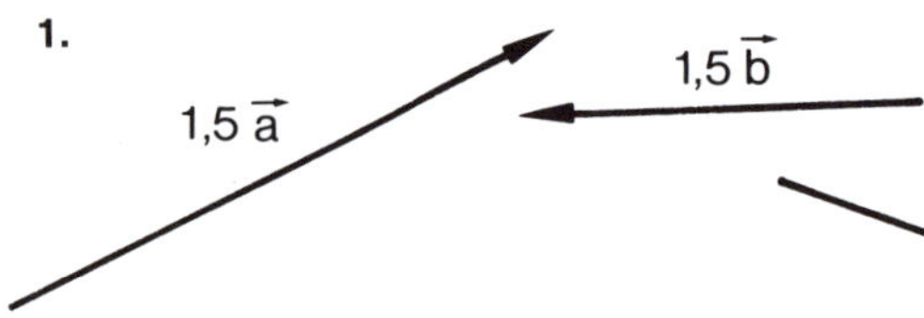

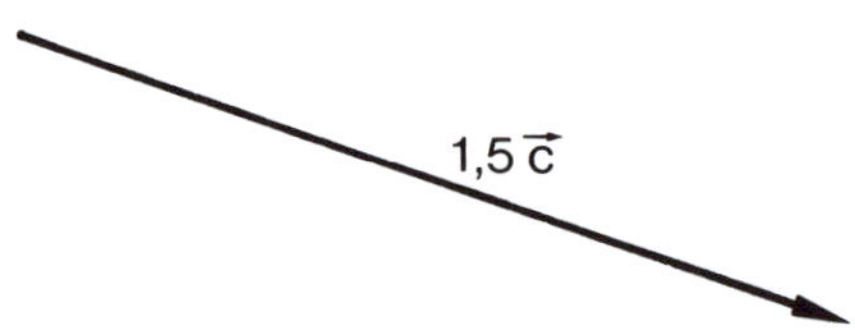

2. $\overrightarrow{CE} = -\frac{1}{3}\vec{a} - \vec{b}$

3. a)

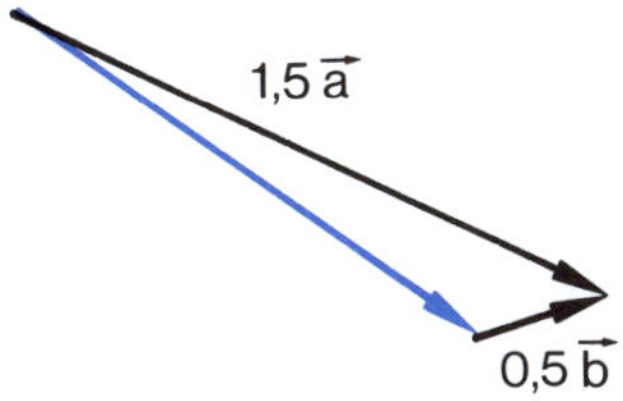

b)

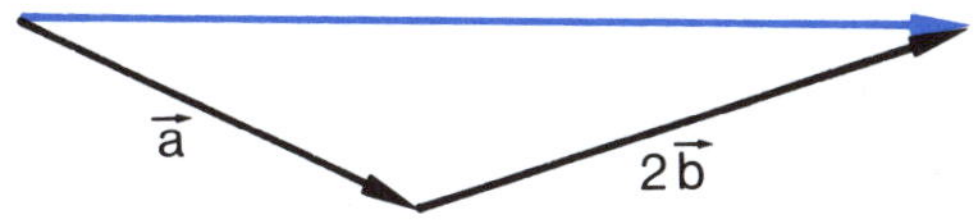

c)

d)

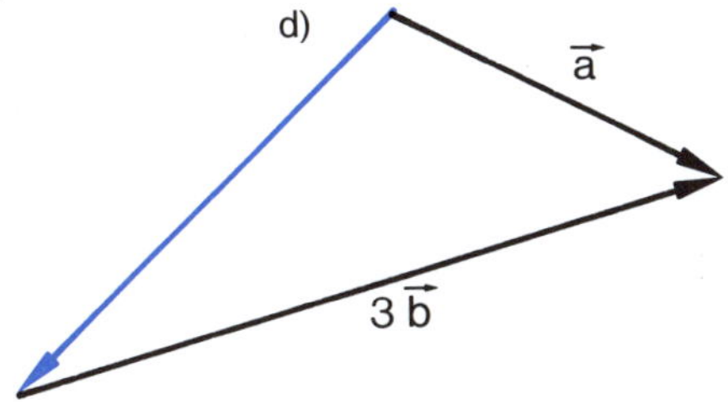

4. $\overrightarrow{AC} = \vec{a} + \vec{c}$ $\qquad \vec{s}_a = 0{,}5\,\vec{a} + \vec{c}$

$\vec{s}_c = -\vec{a} - 0{,}5\,\vec{c}$ $\qquad \vec{s}_b = 0{,}5\,\vec{a} + 0{,}5\,\vec{c} - \vec{c} = 0{,}5\,\vec{a} - 0{,}5\,\vec{c}$

Wiederholungsaufgaben

1. a)

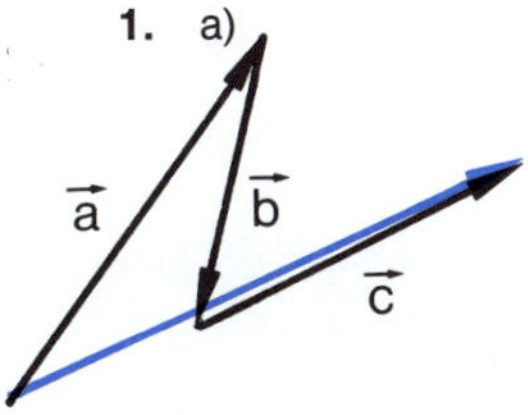

b)

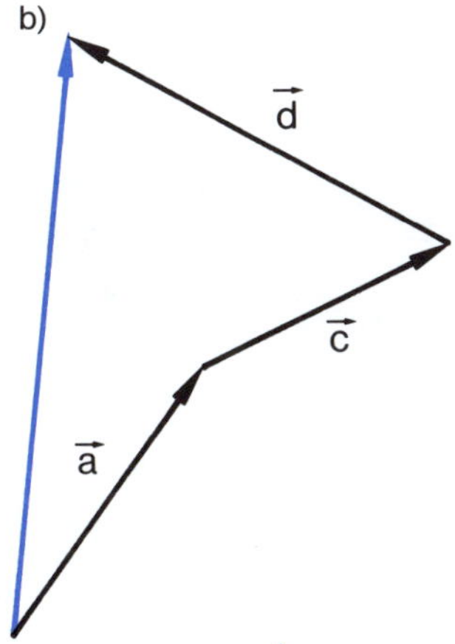

c)

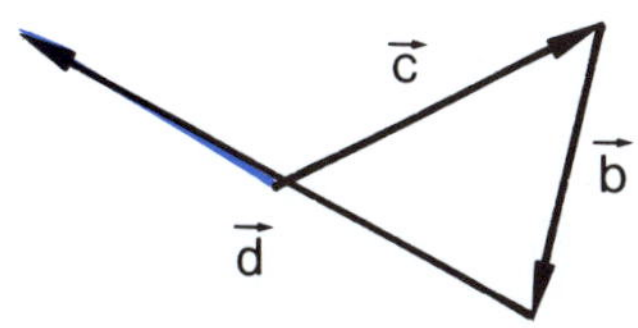

d)

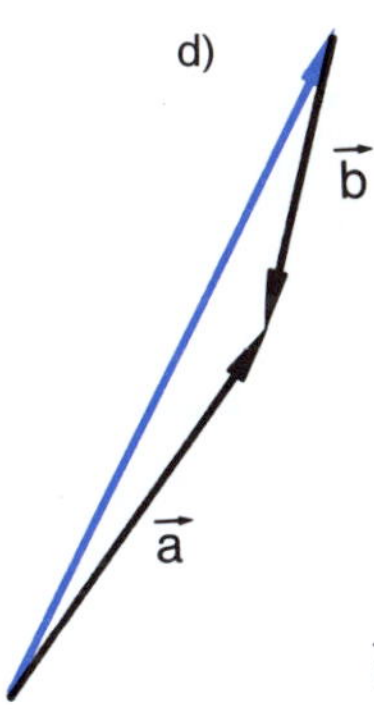

e)

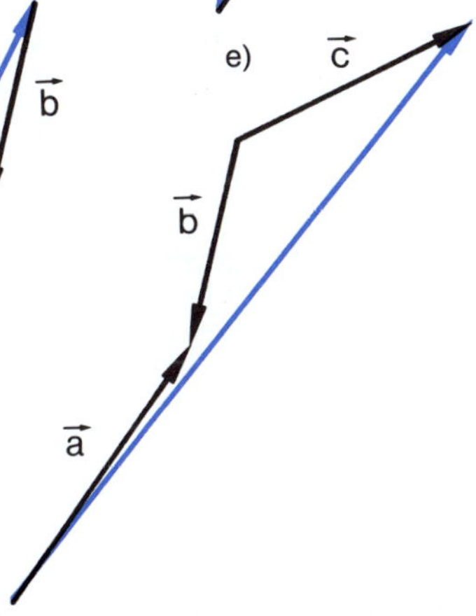

f)

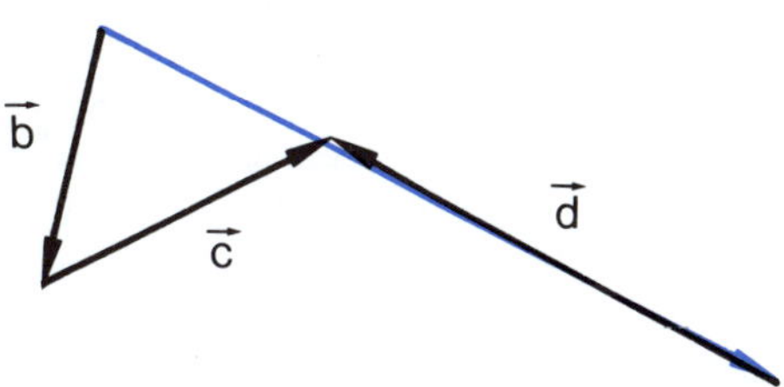

L

2. $\vec{a} + \vec{b} + \vec{c} = \vec{o}$

oder $\vec{a} - \vec{b} + \vec{c} = \vec{o}$

oder $\vec{a} + \vec{b} - \vec{c} = \vec{o}$

oder $\vec{a} - \vec{b} - \vec{c} = \vec{o}$

3. Wenn $\vec{a}$, $\vec{b}$ und $\vec{c}$ gleiche oder entgegengesetzte Richtung haben.

4. $\overrightarrow{BM} = 0{,}5\vec{b} - 0{,}5\vec{a}$

$\overrightarrow{MC} = 0{,}5\vec{a} + 0{,}5\vec{b}$

5. $87{,}5 \frac{\text{cm}}{\text{s}}$

6. $25 \frac{\text{cm}}{\text{s}}$; 60 s

7. $|\vec{v}_B| = 1{,}44 \frac{\text{m}}{\text{s}}$ $\quad |\vec{v}_S| = 1{,}2 \frac{\text{m}}{\text{s}}$

$|\vec{v}_R| = \sqrt{|\vec{v}_B|^2 + |\vec{v}_S|^2} = 1{,}87 \frac{\text{m}}{\text{s}}$

$\tan\alpha = \frac{|\vec{v}_S|}{|\vec{v}_B|} \Rightarrow \alpha = 39{,}8°$ Der Winkel α zwischen $\vec{v}_B$ und $\vec{v}_R$ beträgt 39,8°.

8.

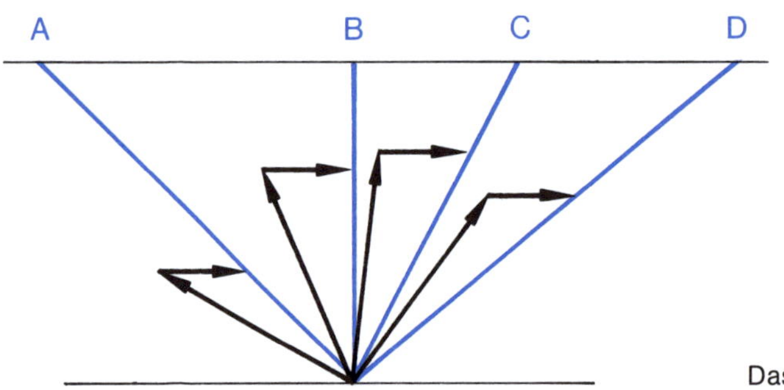

Das Boot B hat den kürzesten Weg.

Lektion 2

Aufgaben im Text

1 $|\vec{F}|^2 = 52^2 + 37^2 - 2 \cdot 52 \cdot 37 \cdot \cos 104°$

$|\vec{F}| = 70{,}7$ N

$\sin\alpha = \frac{37 \cdot \sin 104°}{70{,}7} \Rightarrow \alpha = 30{,}5°$

2 $\cos\gamma = \frac{|\vec{F}_S|}{|\vec{F}|}$

$|\vec{F}_S| = |\vec{F}| \cdot \cos\gamma$

3 138 N

Lösungen der Aufgaben

2.1

1.

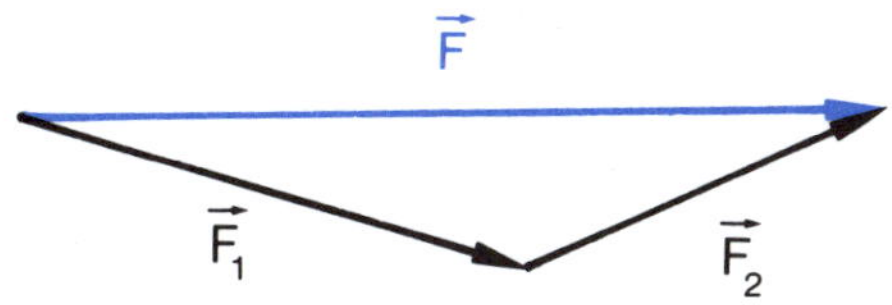

2.

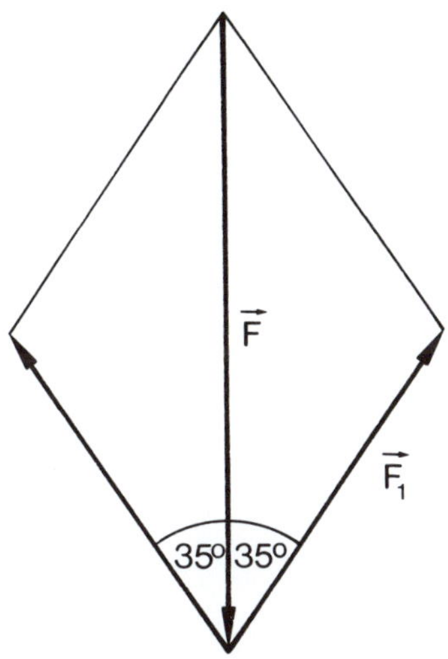

$$|\vec{F}|^2 = 2 \cdot |\vec{F}_1|^2 - 2 \cdot |\vec{F}_1|^2 \cdot \cos 110°$$

$$|\vec{F}_1|^2 = \frac{|\vec{F}|^2}{2 - 2\cos 110°}$$

$$\Rightarrow \quad |\vec{F}_1| = 195{,}3$$

oder mit dem Sinussatz

$$|\vec{F}_1| = \frac{|\vec{F}| \cdot \sin 35°}{\sin 110°} = 195{,}3$$

2.2

1. $W = |\vec{F}| \cdot |\vec{s}| \cdot \cos\gamma = 25 \cdot 340 \cdot \cos 65° = 3592{,}26$

2. $W = 1600\ \text{Nm}$

3. $|\vec{F}| = \dfrac{W}{|\vec{s}| \cdot \cos\gamma} = \dfrac{700}{20 \cdot \cos 30°} = 40{,}4$

4. $\cos\gamma = \dfrac{W}{|\vec{F}| \cdot |\vec{s}|} = \dfrac{2000}{250 \cdot 15} = 0{,}53 \quad \Rightarrow \quad \gamma = 57{,}8°$

5. $W = 2500 \cdot 120 \cdot \cos 30° = 259\,807{,}6$

2.3

1. $\vec{a} \cdot \vec{b} = 3 \cdot 4 \cdot \cos 0° = 12$
   $\vec{a} \cdot \vec{c} = 3 \cdot 5 \cdot \cos 30° = 12{,}99$
   $\vec{b} \cdot \vec{c} = 4 \cdot 5 \cdot \cos 30° = 17{,}32$

2. $\vec{m} \cdot \vec{n} = 0$

3. a) $\cos\gamma = \dfrac{\vec{a} \cdot \vec{b}}{|\vec{a}| \cdot |\vec{b}|} \quad \Rightarrow \quad \gamma = 0°$ b) $\gamma = 60°$
   c) $\gamma = 90°$ d) $\gamma = 180°$ e) $\gamma = 120°$

4. $|\vec{b}| = 2 \quad \gamma = 0°$
$|\vec{b}| = 4 \quad \gamma = 60°$
$|\vec{b}| = 5 \quad \gamma = 66{,}4°$

5. $|\vec{u}| = 2 \quad |\vec{v}| = 3 \quad \gamma = 0°$
$|\vec{u}| = 1 \quad |\vec{v}| = 6 \quad \gamma = 0°$
$|\vec{u}| = 4 \quad |\vec{v}| = 3 \quad \gamma = 60°$

[6.] $\vec{a} + \vec{b} = \vec{o} \quad |\cdot \vec{c}$

$\vec{a} \cdot \vec{c} + \vec{b} \cdot \vec{c} = 0$ Wegen $\vec{a} \cdot \vec{c} > 0$ und $\vec{b} \cdot \vec{c} > 0$ gilt aber $\vec{a} \cdot \vec{c} + \vec{b} \cdot \vec{c} > 0$

2.4

1. $\vec{a} \cdot \vec{b} = |\vec{a}| \cdot |\vec{b}| \cdot \cos\gamma = |\vec{b}| \cdot |\vec{a}| \cdot \cos\gamma = \vec{b} \cdot \vec{a}$

$r(\vec{a} \cdot \vec{b}) = r(|\vec{a}| \cdot |\vec{b}| \cdot \cos\gamma) = \pm |r\vec{a}| \cdot |\vec{b}| \cdot \cos\gamma = (r\vec{a}) \cdot \vec{b}$

Für $r(\vec{a} \cdot \vec{b}) = \vec{a} \cdot (r\vec{b})$ entsprechend

2.

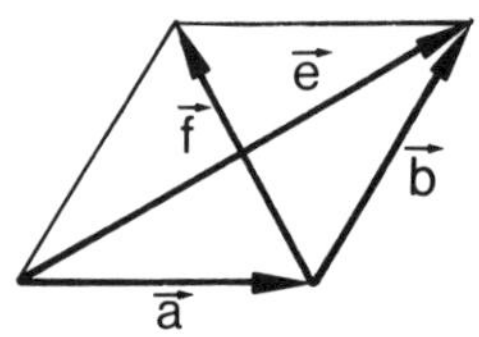

$\vec{e} = \vec{a} + \vec{b}$

$\vec{f} = \vec{a} - \vec{b}$

$\vec{e} \perp \vec{f} \Leftrightarrow \vec{e} \cdot \vec{f} = 0 \Leftrightarrow (\vec{a} + \vec{b}) \cdot (\vec{a} - \vec{b}) = 0$

$\Leftrightarrow \vec{a}^2 - \vec{b}^2 = 0 \Leftrightarrow \vec{a}^2 = \vec{b}^2 \Leftrightarrow |\vec{a}| = |\vec{b}|$

3. a) $|\vec{e}| = |\vec{f}| \Leftrightarrow \vec{e}^2 = \vec{f}^2 \Leftrightarrow (\vec{a} + \vec{b})^2 = (\vec{a} - \vec{b})^2$

$\Leftrightarrow \vec{a}^2 + 2\vec{a} \cdot \vec{b} + \vec{b}^2 = \vec{a}^2 - 2\vec{a} \cdot \vec{b} + \vec{b}^2 \Leftrightarrow \vec{a} \cdot \vec{b} = 0 \Leftrightarrow \vec{a} \perp \vec{b}$

b) $\vec{a} \perp \vec{b} \Leftrightarrow \vec{a} \cdot \vec{b} = 0 \Rightarrow 2\vec{a} \cdot \vec{b} = -2\vec{a} \cdot \vec{b} \Leftrightarrow$

$\vec{a}^2 + 2\vec{a} \cdot \vec{b} + \vec{b}^2 = \vec{a}^2 - 2\vec{a} \cdot \vec{b} + \vec{b}^2 \Leftrightarrow (\vec{a} + \vec{b})^2 = (\vec{a} - \vec{b})^2$

$\Leftrightarrow \vec{e}^2 = \vec{f}^2 \Leftrightarrow |\vec{e}| = |\vec{f}|$

4.

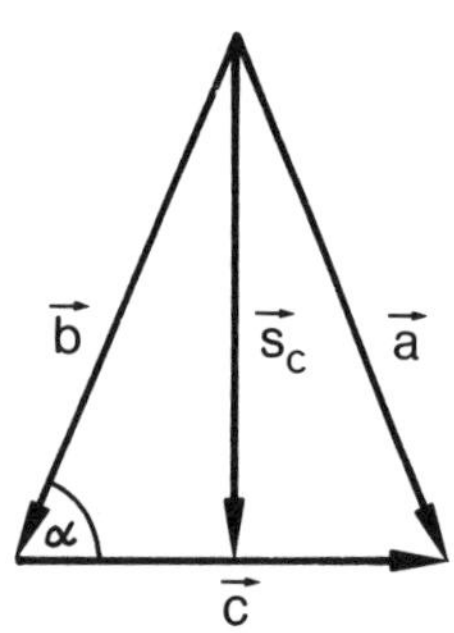

$\vec{c} = \vec{a} - \vec{b}$

$\vec{s}_c = \vec{b} + \frac{\vec{c}}{2} = \vec{b} + \frac{\vec{a}}{2} - \frac{\vec{b}}{2} = \frac{\vec{a} + \vec{b}}{2}$

$$\vec{s}_c \cdot \vec{c} = \frac{\vec{a}\vec{c} + \vec{b}\vec{c}}{2} = \frac{1}{2}(|\vec{a}| \cdot |\vec{c}| \cdot \cos\alpha + |\vec{b}| \cdot |\vec{c}| \cdot \cos(180^\circ - \alpha))$$

$$= \frac{1}{2}(|\vec{a}| \cdot |\vec{c}| \cdot \cos\alpha - |\vec{a}| \cdot |\vec{c}| \cdot \cos\alpha) = 0$$

wegen $|\vec{a}| = |\vec{b}|$ und $\cos(180^\circ - \alpha) = -\cos\alpha$

5.

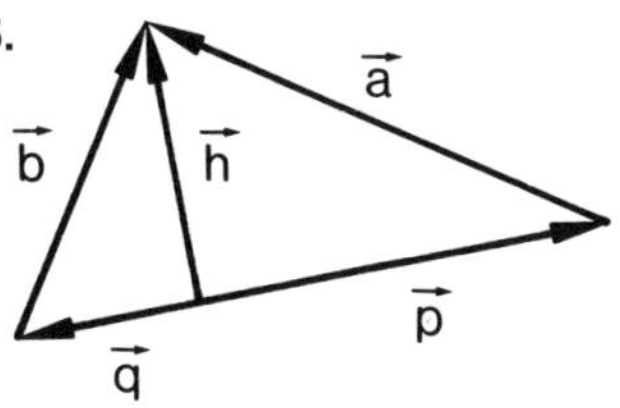

$$\vec{a} = \vec{h} - \vec{p}$$

$$\vec{b} = \vec{h} - \vec{q}$$

$$\vec{a} \perp \vec{b} \quad \Leftrightarrow \quad \vec{a} \cdot \vec{b} = 0$$

$$\Leftrightarrow \quad (\vec{h} - \vec{p})(\vec{h} - \vec{q}) = 0$$

$$\vec{h}^2 - \vec{p}\vec{h} - \vec{q}\vec{h} + \vec{p}\vec{q} = 0$$

$$\vec{h}^2 - (\vec{p} + \vec{q})\vec{h} + \vec{p}\vec{q} = 0$$

$$\vec{h}^2 - 0 + \vec{p}\vec{q} = 0 \qquad \text{weil} \quad \vec{p} + \vec{q} \perp \vec{h}$$

$$\vec{h}^2 = -\vec{p}\vec{q}$$

$$|\vec{h}|^2 = -|\vec{p}| \cdot |\vec{q}| \cdot \cos 180^\circ$$

$$|\vec{h}|^2 = |\vec{p}| \cdot |\vec{q}| \qquad \text{weil} \quad \cos 180^\circ = -1$$

Wiederholungsaufgaben

1. $|\vec{F}_1| = 125\text{ N} \qquad |\vec{F}_2| = 75\text{ N}$

$|\vec{F}|^2 = 125^2 + 75^2 \quad \Rightarrow \quad |\vec{F}| = 145{,}77\text{ N}$

2. $|\vec{G}| = 50\text{ N}$

$2|\vec{F}_1|^2 = 50^2 \quad \Rightarrow \quad |\vec{F}_1| = 35{,}355\text{ N}$

3. $|\vec{G}| = 4200\text{ N}$

$|\vec{F}| = |\vec{G}| \cdot \cos 34{,}8^\circ \approx 3450 \quad \Rightarrow \quad |\vec{F}| \approx 3450\text{ N}$

$|\vec{H}| = |\vec{G}| \cdot \sin 34{,}8^\circ \approx 2400 \quad \Rightarrow \quad |\vec{H}| \approx 2400\text{ N}$

4. $W = 40 \cdot 350 \cdot \cos 45^\circ = 9899{,}5 \quad \Rightarrow \quad W = 9899{,}5\text{ Nm}$

5. $\cos\gamma = \dfrac{270}{90 \cdot 6} \quad \Rightarrow \quad \gamma = 60^\circ$

[6.] $\vec{a} \cdot \vec{b} = |\vec{a}| \cdot |\vec{b}| \cdot \cos\gamma \leqq |\vec{a}| \cdot |\vec{b}| \quad$ weil $\quad -1 \leqq \cos\gamma \leqq +1$

L

7. $\vec{a} \cdot (\vec{b} \cdot \vec{c})$

Skalarprodukt (inneres $\cdot$)

S-Multiplikation (äußeres $\cdot$), da $\vec{b} \cdot \vec{c}$ eine reelle Zahl ergibt

8. a) falsch; Division durch einen Vektor nicht möglich

b) richtig; $\vec{a} \cdot \vec{b}$ ist eine reelle Zahl $(\neq 0)$.

9.

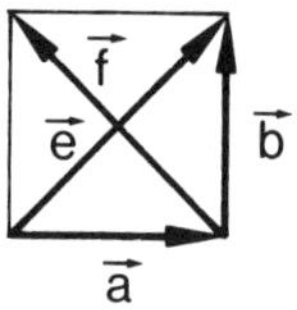

$\vec{e} = \vec{a} + \vec{b}$

$\vec{f} = \vec{b} - \vec{a}$

$\vec{e} \cdot \vec{f} = (\vec{a} + \vec{b}) \cdot (\vec{b} - \vec{a}) = \vec{b}^{\,2} - \vec{a}^{\,2} = 0 \quad$ weil $\quad |\vec{a}| = |\vec{b}|$

[10.] $|\overrightarrow{BS}|^2 = \vec{a}^{\,2} + \vec{c}^{\,2} - 2|\vec{a}| \cdot |\vec{c}| \cdot \cos 120° \quad \Rightarrow \quad |\overrightarrow{BS}| = 14$

$|\overrightarrow{CS}| = \vec{c} - \vec{a} - \vec{b}$

$|\overrightarrow{CS}|^2 = \vec{c}^{\,2} + \vec{a}^{\,2} + \vec{b}^{\,2} - 2\vec{a} \cdot \vec{c} - 2\vec{b} \cdot \vec{c} + 2\vec{a} \cdot \vec{b}$

$= 6^2 + 10^2 + 8^2 - 2 \cdot 10 \cdot 6 \cdot \cos 120° - 2 \cdot 8 \cdot 6 \cdot \cos 90° + 2 \cdot 10 \cdot 8 \cdot \cos 60°$

$= 340 \quad \Rightarrow \quad |\overrightarrow{CS}| = 18{,}44$

$|\overrightarrow{DS}|^2 = \vec{c}^{\,2} + \vec{b}^{\,2} - 2\vec{b} \cdot \vec{c}$

$= 6^2 + 8^2 - 2 \cdot 6 \cdot 8 \cdot \cos 90°$

$= 100 \quad \Rightarrow \quad |\overrightarrow{DS}| = 10$

$\overrightarrow{BS} = \vec{c} - \vec{a} \qquad \sphericalangle\, ASB = \alpha$

$\vec{c} \cdot (\vec{c} - \vec{a}) = |\vec{c}| \cdot |\vec{c} - \vec{a}| \cdot \cos\alpha = |\vec{c}| \cdot |\overrightarrow{BS}| \cdot \cos\alpha$

$\vec{c} \cdot (\vec{c} - \vec{a}) = \vec{c}^{\,2} - \vec{c} \cdot \vec{a} = 6^2 - 6 \cdot 10 \cdot \cos 120° = 66$

$\Rightarrow \quad \cos\alpha = \dfrac{66}{6 \cdot 14} \quad \Rightarrow \quad \alpha = 38{,}2°$

Lektion 3

Aufgaben im Text

1 $2 \cdot \begin{pmatrix} 4 \\ -2 \end{pmatrix} = \begin{pmatrix} 8 \\ -4 \end{pmatrix}$ $\quad 0{,}5 \cdot \begin{pmatrix} -6 \\ -3 \end{pmatrix} = \begin{pmatrix} -3 \\ -1{,}5 \end{pmatrix}$ $\quad -3 \cdot \begin{pmatrix} 2 \\ 1 \end{pmatrix} = \begin{pmatrix} -6 \\ -3 \end{pmatrix}$

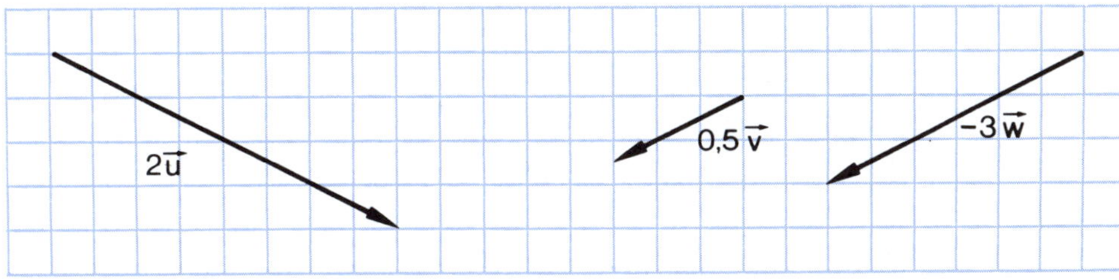

2 $\left| \begin{pmatrix} 0{,}6 \\ 0{,}8 \end{pmatrix} \right| = \sqrt{0{,}6^2 + 0{,}8^2} = 1$

3

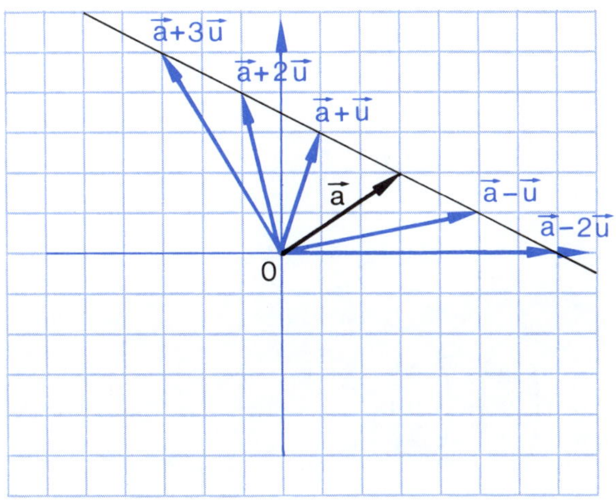

4 $\vec{d} = \begin{pmatrix} 7 \\ -2 \end{pmatrix}$ $\quad \vec{e} = \begin{pmatrix} 5 \\ 5 \end{pmatrix}$ $\quad \vec{f} = \begin{pmatrix} -6 \\ -2 \end{pmatrix}$

5 $\vec{x} = \begin{pmatrix} 3 \\ -4 \end{pmatrix} + \lambda \cdot \left(\begin{pmatrix} -1 \\ 3 \end{pmatrix} - \begin{pmatrix} 3 \\ -4 \end{pmatrix} \right)$

$\vec{x} = \begin{pmatrix} 3 \\ -4 \end{pmatrix} + \lambda \cdot \begin{pmatrix} -4 \\ 7 \end{pmatrix}$

6 $2 \cdot \vec{x} = \begin{pmatrix} -5 \\ 1 \\ 2 \end{pmatrix} - \begin{pmatrix} 5 \\ 3 \\ -6 \end{pmatrix}$

$2 \cdot \vec{x} = \begin{pmatrix} -10 \\ -2 \\ 8 \end{pmatrix}$

$\vec{x} = \begin{pmatrix} -5 \\ -1 \\ 4 \end{pmatrix}$

7 $|\vec{a}| = 1 \quad |\vec{b}| = 1 \quad |\vec{c}| = 1 \quad |\vec{d}| = 1 \quad |\vec{e}| = 1 \quad |\vec{f}| = 1$

8 $\vec{x} = \begin{pmatrix} -2 \\ 1 \\ 3 \end{pmatrix} + \lambda \cdot \begin{pmatrix} 3 \\ 1 \\ 2 \end{pmatrix}$

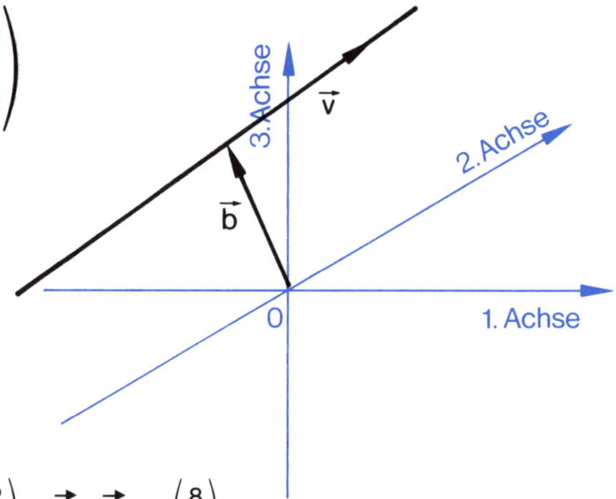

9 $\vec{a} = \begin{pmatrix} 6 \\ 2 \end{pmatrix} \quad \vec{b} = \begin{pmatrix} 2 \\ 3 \end{pmatrix} \quad \vec{a} + \vec{b} = \begin{pmatrix} 8 \\ 5 \end{pmatrix}$

$\vec{c} = \begin{pmatrix} -6 \\ -2 \end{pmatrix} \quad \vec{d} = \begin{pmatrix} 3 \\ 5 \end{pmatrix} \quad \vec{c} + \vec{d} = \begin{pmatrix} -3 \\ 3 \end{pmatrix}$

$\vec{u} = \begin{pmatrix} -4 \\ 3 \end{pmatrix} \quad \vec{v} = \begin{pmatrix} 1 \\ -4 \end{pmatrix} \quad \vec{u} + \vec{v} = \begin{pmatrix} -3 \\ -1 \end{pmatrix}$

10 $\vec{b} = \begin{pmatrix} -2 \\ 4 \end{pmatrix} \quad \vec{c} = \begin{pmatrix} -5 \\ -2 \end{pmatrix} \quad \vec{d} = \begin{pmatrix} 3 \\ -2 \end{pmatrix} \quad \vec{r} = \begin{pmatrix} -5 \\ 2 \end{pmatrix}$

11 $\vec{x} = \begin{pmatrix} 5 \\ 3 \\ -2 \end{pmatrix} + \lambda \cdot \left(\begin{pmatrix} -2 \\ 4 \\ 1 \end{pmatrix} - \begin{pmatrix} 5 \\ 3 \\ -2 \end{pmatrix} \right)$

$\vec{x} = \begin{pmatrix} 5 \\ 3 \\ -2 \end{pmatrix} + \lambda \cdot \begin{pmatrix} -7 \\ 1 \\ 3 \end{pmatrix}$

12

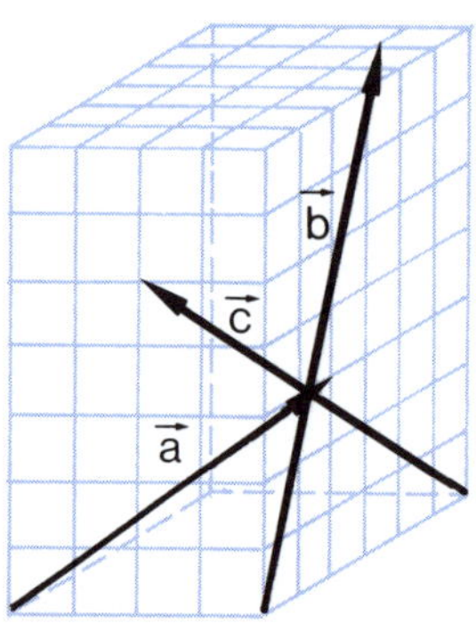

13 $\vec{x} = \begin{pmatrix} 4 \\ 1 \end{pmatrix} + \lambda \cdot \begin{pmatrix} -1 \\ 1 \end{pmatrix}$

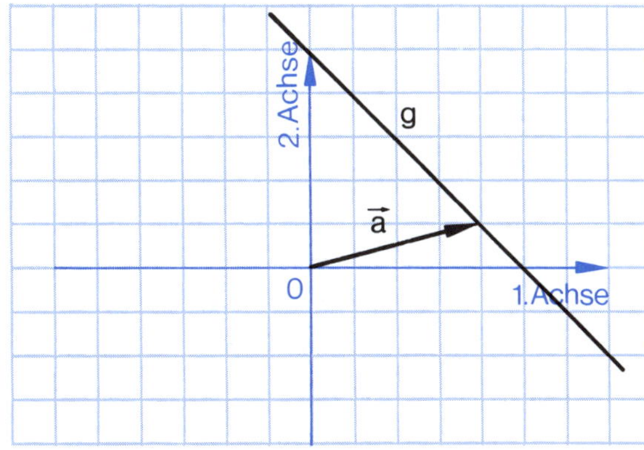

14 $|\vec{b}|^2 = 5^2 + (-3^2) = 34$ $\quad |\vec{b}| = \sqrt{34} \approx 5{,}83$

$|\vec{c}| = \sqrt{32} \approx 5{,}66$ $\quad |\vec{d}| = \sqrt{169} = 13$

15 $\vec{u}^{\,0} = \begin{pmatrix} \frac{5}{13} \\ \frac{12}{13} \\ 0 \end{pmatrix}$ $\quad \vec{w}^{\,0} = \begin{pmatrix} \frac{\sqrt{3}}{3} \\ \frac{\sqrt{3}}{3} \\ \frac{\sqrt{3}}{3} \end{pmatrix}$

16 $\vec{a} + \vec{b} = \begin{pmatrix} 4 \\ 9 \end{pmatrix}$

17 $\vec{q} = \begin{pmatrix} 2 \\ 4 \end{pmatrix}$ $\quad \vec{r} = \begin{pmatrix} -4 \\ 3 \end{pmatrix}$ $\quad \vec{s} = \begin{pmatrix} 3 \\ -3 \end{pmatrix}$

$\begin{pmatrix} 5 \\ 2 \end{pmatrix} + \begin{pmatrix} -3 \\ 2 \end{pmatrix} = \begin{pmatrix} 2 \\ 4 \end{pmatrix}$

$\begin{pmatrix} 5 \\ 2 \end{pmatrix} + \begin{pmatrix} -9 \\ 1 \end{pmatrix} = \begin{pmatrix} -4 \\ 3 \end{pmatrix}$

$\begin{pmatrix} 5 \\ 2 \end{pmatrix} + \begin{pmatrix} -2 \\ -5 \end{pmatrix} = \begin{pmatrix} 3 \\ -3 \end{pmatrix}$

Lösungen der Aufgaben

3.1

1. $\vec{u} = \begin{pmatrix} -7 \\ 2 \end{pmatrix}$ $\quad \vec{v} = \begin{pmatrix} 6 \\ 3 \end{pmatrix}$ $\quad \vec{w} = \begin{pmatrix} 6 \\ -5 \end{pmatrix}$

2.

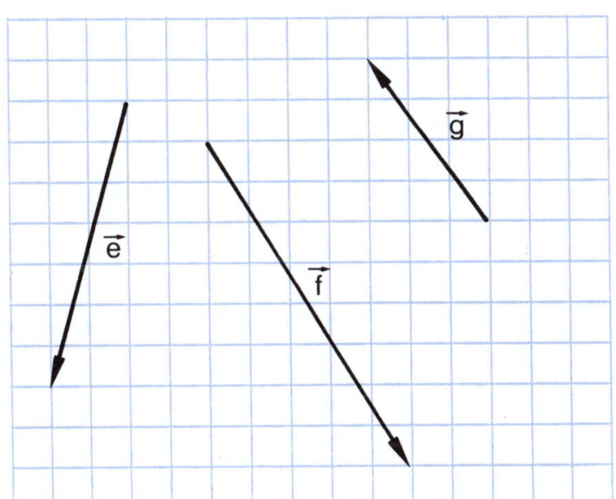

3. $\vec{x} = \begin{pmatrix} -3 \\ 5 \\ -2 \end{pmatrix}$

3.2

1. $\vec{a}+\vec{b} = \begin{pmatrix}1\\3\end{pmatrix}$ $\vec{a}-\vec{b} = \begin{pmatrix}3\\3\end{pmatrix}$ $\vec{a}+\vec{b}-\vec{c} = \begin{pmatrix}-3\\6\end{pmatrix}$

$\vec{d}-\vec{a}-\vec{b}-\vec{c} = \begin{pmatrix}-6\\-2\end{pmatrix}$ $3\vec{a}-2\vec{b} = \begin{pmatrix}8\\9\end{pmatrix}$ $4\vec{b}+0{,}5\vec{c}-5\vec{d} = \begin{pmatrix}3\\8{,}5\end{pmatrix}$

2. a) $\vec{x} = \begin{pmatrix}2\\-11\end{pmatrix}$ b) $\vec{x} = \begin{pmatrix}-13\\10\end{pmatrix}$ c) $\vec{x} = \begin{pmatrix}1{,}5\\-18{,}5\end{pmatrix}$ d) $\vec{x} = \begin{pmatrix}3{,}1\\5{,}5\end{pmatrix}$

3. a) $\vec{d} = \begin{pmatrix}-8\\-8\end{pmatrix}$ b) $\vec{d} = \begin{pmatrix}-12\\-28\end{pmatrix}$

3.3

1. $|\vec{u}| = 1$ $|\vec{v}| = 2\sqrt{2}$ $|\vec{w}| = \sqrt{5}$

2. $|\vec{c}| = 11$ **3.** $x_3 = \sqrt{3}$ **4.** 20

5. z. B. $\begin{pmatrix}5\\0\end{pmatrix}$, $\begin{pmatrix}0\\5\end{pmatrix}$, $\begin{pmatrix}3\\4\end{pmatrix}$, $\begin{pmatrix}4\\3\end{pmatrix}$, $\begin{pmatrix}-3\\4\end{pmatrix}$, $\begin{pmatrix}-4\\-3\end{pmatrix}$, $\begin{pmatrix}2\\\sqrt{21}\end{pmatrix}$

6. $\vec{r}^{\,0} = \frac{1}{3}\begin{pmatrix}1\\2\\-2\end{pmatrix}$ $\vec{s}^{\,0} = \frac{2}{13}\begin{pmatrix}2{,}5\\0\\-6\end{pmatrix} = \frac{1}{13}\begin{pmatrix}5\\0\\-12\end{pmatrix}$

3.4

1. $\vec{a} = \begin{pmatrix}5\\2\end{pmatrix}$ $\vec{b} = \begin{pmatrix}-4\\-1\end{pmatrix}$ $\vec{c} = \begin{pmatrix}3\\-3\end{pmatrix}$

2. $|\vec{a}| = \sqrt{29} \approx 5{,}39$ $|\vec{b}| = \sqrt{17} \approx 4{,}12$ $|\vec{c}| = 3\sqrt{2} \approx 4{,}24$

3. Auf dem Kreis um den Nullpunkt mit Radius 1 .

3.5

1. P (4 | –1) Q (6 | 2) R (2 | –4)

2. $\vec{x} = \lambda \cdot \begin{pmatrix}1\\1\end{pmatrix}$ bzw. $\vec{x} = \lambda \cdot \begin{pmatrix}-1\\1\end{pmatrix}$

3. $\vec{a} = \begin{pmatrix}1\\2\end{pmatrix} + 2 \cdot \begin{pmatrix}2\\5\end{pmatrix}$ ja $\vec{b}$ nein

4. g: $\vec{x} = \begin{pmatrix}1\\0\\-1\end{pmatrix} + \lambda \cdot \begin{pmatrix}0\\-1\\2\end{pmatrix}$

5. a) Es ist die 3. Achse. b) Es ist die räumliche Diagonale des Koordinatensystems.

6. g: $\vec{x} = \begin{pmatrix} 2 \\ 0 \\ -1 \end{pmatrix} + \lambda \cdot \begin{pmatrix} 3 \\ 3 \\ 2 \end{pmatrix}$

7. K:
$$\begin{aligned} 3 &= 0+\lambda &&\Rightarrow \lambda = 3 \\ 2 &= 5+\lambda &&\Rightarrow \lambda = -3 \\ 1 &= -2+\lambda &&\Rightarrow \lambda = 3 \end{aligned}$$

K liegt nicht auf g .

L:
$$\begin{aligned} -2 &= 0+\lambda &&\Rightarrow \lambda = -2 \\ 3 &= 5+\lambda &&\Rightarrow \lambda = -2 \\ -4 &= -2+\lambda &&\Rightarrow \lambda = -2 \end{aligned}$$

L liegt auf g .

3.6

1. e: $\vec{x} = \begin{pmatrix} -2 \\ 0 \\ 3 \end{pmatrix} + \lambda \cdot \begin{pmatrix} -1 \\ 1 \\ 0 \end{pmatrix} + \mu \cdot \begin{pmatrix} 5 \\ 3 \\ 1 \end{pmatrix}$

2. P (3 | −2 | 8) Q (2 | −1 | 8) R (7 | −7 | 10) S (6 | −6 | 10)

3. e: $\vec{x} = \begin{pmatrix} 3 \\ 4 \\ 7 \end{pmatrix} + \lambda \cdot \begin{pmatrix} 1 \\ 2 \\ 3 \end{pmatrix} + \mu \cdot \begin{pmatrix} -1 \\ 0 \\ 1 \end{pmatrix}$

4. O:
$$\begin{aligned} 0 &= 1+2\lambda+3\mu \\ 0 &= -3+3\lambda &&\Rightarrow \lambda = 1 \\ 0 &= 2+2\mu &&\Rightarrow \mu = -1 \end{aligned}$$

eingesetzt in die 1. Gleichung

$$0 = 1 + 2 \cdot 1 + 3 \cdot (-1)$$

O liegt auf e .

A:
$$\begin{aligned} 2 &= 1+2\lambda+3\mu \\ -6 &= -3+3\lambda &&\Rightarrow \lambda = -1 \\ 4 &= 2+2\mu &&\Rightarrow \mu = 1 \end{aligned}$$

$$2 = 1 + 2 \cdot (-1) + 3 \cdot 1$$

A liegt auf e .

B:
$$\begin{aligned} 2 &= 1+2\lambda+3\mu \\ 6 &= -3+3\lambda &&\Rightarrow \lambda = 3 \\ -4 &= 2+2\mu &&\Rightarrow \mu = -3 \end{aligned}$$

$$2 \neq 1 + 2 \cdot 3 + 3 \cdot (-3)$$

B liegt nicht auf e .

L

Wiederholungsaufgaben

1. $|\vec{a}| = 3 \quad |\vec{b}| = \sqrt{34} \quad |\vec{c}| = 13$

2. a) $\begin{pmatrix} 14 \\ -11 \\ -1 \end{pmatrix}$ b) $\begin{pmatrix} -32 \\ 13 \\ 4 \end{pmatrix}$ c) $\begin{pmatrix} 66 \\ -38 \\ 0 \end{pmatrix}$ d) $\begin{pmatrix} 32 \\ -13 \\ -4 \end{pmatrix}$ e) $\begin{pmatrix} -3 \\ 13{,}5 \\ 10{,}5 \end{pmatrix}$

3. a) $\vec{x} = \begin{pmatrix} -2 \\ 6 \\ 1 \end{pmatrix}$ b) $\vec{x} = \begin{pmatrix} 18 \\ -5 \\ 1{,}5 \end{pmatrix}$ c) $\vec{x} = \begin{pmatrix} -9 \\ 3\frac{2}{3} \\ 1 \end{pmatrix}$

4. $\vec{a}^{\,0} = \frac{1}{3} \cdot \begin{pmatrix} 2 \\ -1 \\ 2 \end{pmatrix} \qquad \vec{b}^{\,0} = \frac{1}{\sqrt{34}} \begin{pmatrix} 0 \\ 5 \\ 3 \end{pmatrix} \qquad \vec{c}^{\,0} = \frac{1}{13} \begin{pmatrix} 12 \\ -5 \\ 0 \end{pmatrix}$

5. g: $\vec{x} = \begin{pmatrix} 1 \\ 0 \\ -2 \end{pmatrix} + \lambda \cdot \begin{pmatrix} -1 \\ 3 \\ 6 \end{pmatrix}$

C: $2 = 1 - \lambda \Rightarrow \lambda = -1$

$-1 = 0 + 3\lambda \Rightarrow \lambda = -\frac{1}{3}$

$2 = -2 + 6\lambda \Rightarrow \lambda = \frac{2}{3}$

C liegt nicht auf g .

[6.] e: $\vec{x} = \begin{pmatrix} 1 \\ 0 \\ 2 \end{pmatrix} + \lambda \cdot \begin{pmatrix} 2 \\ 3 \\ 1 \end{pmatrix} + \mu \cdot \begin{pmatrix} -5 \\ 1 \\ -2 \end{pmatrix}$

S: $1 = 1 + 2\lambda - 5\mu$

$1 = 3\lambda + \mu$

$1 = 2 + \lambda - 2\mu$

Das Gleichungssystem ist widersprüchlich.
S liegt nicht auf e .

7. e: $\vec{x} = \begin{pmatrix} 1 \\ -3 \\ 2 \end{pmatrix} + \lambda \cdot \begin{pmatrix} 3 \\ 0 \\ 0 \end{pmatrix} + \mu \cdot \begin{pmatrix} 2 \\ 3 \\ 0 \end{pmatrix}$

O: $0 = 1 + 3\lambda + 2\mu$

$0 = -3 + 3\mu$

$0 = 2$

Widerspruch: O liegt nicht auf e .

8. a) $g_1 \parallel g_2$, da $\begin{pmatrix} 6 \\ 7{,}5 \end{pmatrix} = 1{,}5 \cdot \begin{pmatrix} 4 \\ 5 \end{pmatrix}$

b) $g_1 \parallel g_2$, da $\begin{pmatrix} 2 \\ -4 \\ 6 \end{pmatrix} = (-2) \cdot \begin{pmatrix} -1 \\ 2 \\ -3 \end{pmatrix}$

9. e: $\vec{x} = \begin{pmatrix} 1 \\ 0 \\ 0 \end{pmatrix} + \lambda \cdot \begin{pmatrix} 2 \\ 1 \\ 0 \end{pmatrix} + \mu \cdot \begin{pmatrix} 0 \\ 1 \\ 1 \end{pmatrix}$

Lektion 4

Aufgaben im Text

1 $\lambda = 1 \qquad \mu = -2$

$1 + 3 \cdot 1 = 2 - 2 \cdot (-2)$

$4 = 6$ Widerspruch

2 $g_1 \parallel g_3$, da $\begin{pmatrix} 2 \\ 4 \\ -1 \end{pmatrix} = (-2) \cdot \begin{pmatrix} -1 \\ -2 \\ 0{,}5 \end{pmatrix}$

$g_3 \parallel g_4$, da $\begin{pmatrix} 1 \\ 2 \\ -\frac{1}{2} \end{pmatrix} = (-1) \cdot \begin{pmatrix} -1 \\ -2 \\ 0{,}5 \end{pmatrix}$

also auch $g_1 \parallel g_4$

g_2 ist nicht parallel zu g_1, g_3 und g_4.

3 $|\vec{a}| = 3 \qquad |\vec{b}| = \sqrt{41} \qquad |\vec{c}| = \sqrt{3}$

$\vec{a} \cdot \vec{b} = 18 \qquad \vec{a} \cdot \vec{c} = 5 \qquad \vec{b} \cdot \vec{c} = 9$

$\cos\gamma = \frac{18}{3 \cdot \sqrt{41}} \qquad \cos\beta = \frac{5}{3 \cdot \sqrt{3}} \qquad \cos\alpha = \frac{9}{\sqrt{41} \cdot \sqrt{3}}$

$\gamma = 20{,}4° \qquad \beta = 15{,}8° \qquad \alpha = 35{,}8°$

4

$$\begin{aligned} 2 - \lambda &= 5 + 2\mu \\ -2 + 5\lambda &= 7 + 2\mu \\ 1 + 3\lambda &= 2 - 2\mu \end{aligned}$$

$$\begin{aligned} \lambda + 2\mu &= -3 \\ -5\lambda + 2\mu &= -9 \end{aligned}$$

$$6\lambda = 6$$

5

$$\begin{aligned} 2\lambda - 2\mu_1 \qquad &= -1 \quad \Rightarrow \quad \mu_1 = \lambda + 0{,}5 \\ -\lambda - \mu_1 + \mu_2 &= 2 \\ 3\lambda \qquad - \mu_2 &= 2 \quad \Rightarrow \quad \mu_2 = 3\lambda - 2 \end{aligned}$$

$$\begin{aligned} -\lambda - \lambda - 0{,}5 + 3\lambda - 2 &= 2 \\ \lambda - 2{,}5 &= 2 \\ \lambda &= 4{,}5 \qquad \mu_1 = 5 \qquad \mu_2 = 11{,}5 \end{aligned}$$

$\vec{s} = \begin{pmatrix} 1 \\ 0 \\ 1 \end{pmatrix} + 4{,}5 \cdot \begin{pmatrix} 2 \\ -1 \\ 3 \end{pmatrix} \qquad S\,(10 \mid -4{,}5 \mid 14{,}5)$

6 $\begin{pmatrix} 3 \\ -2 \\ 1 \end{pmatrix} \cdot \begin{pmatrix} 1 \\ 2 \\ 1 \end{pmatrix} = 3 - 4 + 1 = 0$

$g_1 \perp g_2$

7 $\begin{pmatrix} 4 \\ 3 \end{pmatrix} \cdot \begin{pmatrix} -3 \\ 4 \end{pmatrix} = -12 + 12 = 0$

L

Lösungen der Aufgaben

4.1

1. $g_1 \parallel g_2$, da $\begin{pmatrix} 4 \\ -8 \end{pmatrix} = (-4) \cdot \begin{pmatrix} -1 \\ 2 \end{pmatrix}$

2. $g_1 \parallel g_2 \parallel g_3$

   g_4 nicht parallel zu den anderen.

   g_1 und g_3 identisch

3. a) $\vec{b} = (-2) \cdot \vec{a}$

   b) $\vec{a}$ und $\vec{c}$ linear unabhängig

   c) $\vec{b}$ und $\vec{c}$ linear unabhängig

   d) $\vec{a} + \vec{b}$ und $\vec{c}$ linear unabhängig

   e) $\vec{a} + \vec{b}$ und $\vec{b} + \vec{c}$ linear unabhängig.

4.2

1. a)

$$\begin{aligned} 7 + \lambda &= 2 + \mu \\ 9 + 2\lambda &= 1 + \mu \end{aligned}$$

$$\begin{aligned} 2 + \lambda &= -1 \\ \lambda &= -3 \\ \mu &= 2 \end{aligned}$$

S (4 | 3)

b)

$$\begin{aligned} 3 + 2\lambda &= 8 + 3\mu \\ 5 + 3\lambda &= 2 + \mu \end{aligned}$$

$$\begin{aligned} -12 - 7\lambda &= 2 \\ \lambda &= -2 \\ \mu &= -3 \end{aligned}$$

S (−1 | −1)

c)

$$\begin{aligned} 8 + 2\lambda &= 5 + 2\mu \\ 4 + \lambda &= 2 + 3\mu \\ -1 - 2\lambda &= 0 + 2\mu \end{aligned}$$

$$\begin{aligned} \mu &= -\lambda - 0{,}5 \\ \lambda + 3\lambda + 1{,}5 &= -2 \\ 4\lambda &= -3{,}5 \\ \lambda &= -0{,}875 \\ \mu &= 0{,}375 \end{aligned}$$

In der ersten Gleichung Widerspruch. Geraden windschief.

d)

$$\begin{aligned} 9 + 3\lambda &= 15 - 4\mu \quad (1) \\ -0{,}5\lambda &= -1 + \mu \quad (2) \\ 4 + \lambda &= 6 - 2\mu \quad (3) \end{aligned}$$

aus (2) $\mu = 1 - 0{,}5\lambda$

in (3) $4 + \lambda = 6 - 2 + \lambda$

$4 = 4$

in (1) $9 + 3\lambda = 15 - 4 + 2\lambda$

$\lambda = 2$

$\mu = 0$

S (15 | −1 | 6)

2.

$$\begin{aligned} 2 + \lambda_1 &= 1 + 2\lambda_2 \\ 5 + 2\lambda_1 &= -9 + 10\lambda_2 \\ 5 + \lambda_1 &= 2 + 3\lambda_2 \end{aligned}$$

$$\begin{aligned} \lambda_1 &= 2\lambda_2 - 1 \\ 5 + 4\lambda_2 - 2 &= -9 + 10\lambda_2 \\ \lambda_2 &= 2 \\ \lambda_1 &= 3 \end{aligned}$$

A (5 | 11 | 8)

$$\begin{aligned} 2 + \lambda_1 &= -3 + 3\lambda_3 \\ 5 + 2\lambda_1 &= 1 \\ 5 + \lambda_1 &= 1 + 2\lambda_3 \end{aligned}$$

$$\begin{aligned} \lambda_1 &= -2 \\ \lambda_3 &= 1 \end{aligned}$$

B (0 | 1 | 3)

$$\begin{aligned} 1 + 2\lambda_2 &= -3 + 3\lambda_3 \\ -9 + 10\lambda_2 &= 1 \\ 2 + 3\lambda_2 &= 1 + 2\lambda_3 \end{aligned}$$

$$\begin{aligned} \lambda_2 &= 1 \\ \lambda_3 &= 2 \end{aligned}$$

C (3 | 1 | 5)

3. Diagonalen

$$g_1\colon\ \vec{x} = \begin{pmatrix} 9 \\ 3 \\ 4 \end{pmatrix} + \lambda \cdot \begin{pmatrix} -6 \\ 2 \\ -4 \end{pmatrix} \qquad g_2\colon\ \vec{x} = \begin{pmatrix} 10 \\ -4 \\ 0 \end{pmatrix} + \mu \cdot \begin{pmatrix} -6 \\ 12 \\ 3 \end{pmatrix}$$

$$\begin{aligned} 9 - 6\lambda &= 10 - 6\mu \\ 3 + 2\lambda &= -4 + 12\mu \\ 4 - 4\lambda &= 3\mu \end{aligned}$$

$$\begin{aligned} 3\mu &= 4 - 4\lambda \\ 9 - 6\lambda &= 10 - 8 + 8\lambda \\ 7 &= 14\lambda \\ \lambda &= 0{,}5 \\ \mu &= \frac{2}{3} \end{aligned} \qquad S\,(6\,|\,4\,|\,2)$$

4.3

1. $\vec{a} \cdot \vec{b} = 0 \qquad \vec{b} \cdot \vec{c} = -13 \qquad \vec{c} \cdot \vec{a} = -14$ **2.** $\vec{a} \perp \vec{b}$

3. $\cos\gamma = \dfrac{\vec{u} \cdot \vec{v}}{|\vec{u}| \cdot |\vec{v}|} = \dfrac{3}{\sqrt{2} \cdot \sqrt{29}} \quad \Rightarrow \quad \gamma = 66{,}8°$

4. $\sphericalangle\,(\vec{a}, \vec{b}) = 90°$

$$\cos(\vec{b}, \vec{c}) = \frac{-13}{\sqrt{13} \cdot \sqrt{27}} \quad \Rightarrow \quad \sphericalangle\,(\vec{b}, \vec{c}) = 133{,}9°$$

$$\cos(\vec{a}, \vec{c}) = \frac{-14}{\sqrt{14} \cdot \sqrt{27}} \quad \Rightarrow \quad \sphericalangle\,(\vec{a}, \vec{c}) = 136{,}1°$$

[5.] $g_1\colon\ \vec{x} = \begin{pmatrix} -1 \\ 2 \end{pmatrix} + \lambda \cdot \begin{pmatrix} 5 \\ -2 \end{pmatrix}$ Zu g_1 senkrechte Gerade durch P ist

$g_2\colon\ \vec{x} = \begin{pmatrix} 1 \\ 0 \end{pmatrix} + \mu \cdot \begin{pmatrix} 2 \\ 5 \end{pmatrix}$ da $\begin{pmatrix} 5 \\ -2 \end{pmatrix} \cdot \begin{pmatrix} 2 \\ 5 \end{pmatrix} = 0$

Schnittpunkt S aus

$$\begin{aligned} -1 + 5\lambda &= 1 + 2\mu \\ 2 - 2\lambda &= 5\mu \end{aligned}$$

$$\begin{aligned} \lambda &= 1 - 2{,}5\,\mu \\ -1 + 5 - 12{,}5\mu &= 1 + 2\mu \\ 14{,}5\mu &= 3 \\ \mu &= \frac{6}{29} \qquad \lambda = \frac{14}{29} \end{aligned}$$

$$S\left(1\tfrac{12}{29}\,\middle|\,1\tfrac{1}{29}\right) \qquad \overrightarrow{SP} = \begin{pmatrix} \frac{12}{29} \\ 1\frac{1}{29} \end{pmatrix}$$

$$|\overrightarrow{SP}| = \sqrt{\left(\frac{12}{29}\right)^2 + \left(\frac{30}{29}\right)^2} \approx \frac{32{,}3}{29} \approx 1{,}1$$

4.4

1. a)

$$\begin{aligned} 1+2\mu_1+\mu_2 &= 3\lambda \\ 2 \quad +\mu_2 &= 1+\lambda \quad \Rightarrow \quad \mu_2 = \lambda-1 \\ 3+\mu_1 \quad &= 1+\lambda \quad \Rightarrow \quad \mu_1 = \lambda-2 \end{aligned}$$

$1+2\lambda-4+\lambda-1 = 3\lambda$ Widerspruch g ist parallel e .

b)

$$\begin{aligned} 1+2\mu_1+\mu_2 &= 1+\lambda \\ 2 \quad +\mu_2 &= 2\lambda \quad \Rightarrow \quad \mu_2 = 2\lambda-2 \\ 3+\mu_1 \quad &= 1+3\lambda \quad \Rightarrow \quad \mu_1 = 3\lambda-2 \end{aligned}$$

$$\begin{aligned} 1+6\lambda-4+2\lambda-2 &= 1+\lambda \\ 7\lambda &= 6 \\ \lambda &= \frac{6}{7} \end{aligned}$$

Schnittpunkt $S\left(1\frac{6}{7}\middle|1\frac{5}{7}\middle|3\frac{4}{7}\right)$

c)

$$\begin{aligned} 1+2\mu_1+\mu_2 &= 1+3\lambda \\ 2 \quad +\mu_2 &= 2-\lambda \quad \Rightarrow \quad \mu_2 = -\lambda \\ 3+\mu_1 \quad &= 2\lambda \quad \Rightarrow \quad \mu_1 = 2\lambda-3 \end{aligned}$$

$$\begin{aligned} 1+4\lambda-6-\lambda &= 1+3\lambda \\ 3\lambda-5 &= 1+3\lambda \end{aligned}$$

Widerspruch g ist parallel e .

2. g_1: $\vec{x} = \begin{pmatrix} 0 \\ 0 \\ 5 \end{pmatrix} + \lambda \cdot \begin{pmatrix} 2 \\ 1 \\ -1 \end{pmatrix}$ g_2: $\vec{x} = \begin{pmatrix} 0 \\ 0 \\ 5 \end{pmatrix} + \lambda \cdot \begin{pmatrix} -1 \\ 3 \\ 2 \end{pmatrix}$ g_3: $\vec{x} = \begin{pmatrix} 0 \\ 0 \\ 5 \end{pmatrix} + \lambda \cdot \begin{pmatrix} 1 \\ 4 \\ 1 \end{pmatrix}$

Wiederholungsaufgaben

1. a)

$$\begin{aligned} 1+3\lambda &= 2\mu \\ 2-2\lambda &= 5+7\mu \end{aligned} \quad \Rightarrow \quad \begin{aligned} \mu &= 1{,}5\lambda+0{,}5 \\ 2-2\lambda &= 5+10{,}5\lambda+3{,}5 \\ 12{,}5\lambda &= -6{,}5 \\ \lambda &= -\frac{13}{25} \end{aligned}$$

g_1 schneidet g_2

b) $\begin{pmatrix} 2 \\ -1 \\ 4 \end{pmatrix} = (-2) \cdot \begin{pmatrix} -1 \\ 0{,}5 \\ -2 \end{pmatrix}$

P (2 | 0 | 5) liegt nicht auf g_1 .

g_1 parallel zu g_2 (nicht identisch).

c) $\begin{pmatrix} -6 \\ 2 \\ -8 \end{pmatrix} = (-2) \cdot \begin{pmatrix} 3 \\ -1 \\ 4 \end{pmatrix}$

P (−1 | 1 | −3) liegt auf g_1 , da

$\begin{pmatrix} -1 \\ 1 \\ -3 \end{pmatrix} = \begin{pmatrix} 2 \\ 0 \\ 1 \end{pmatrix} + (-1) \cdot \begin{pmatrix} 3 \\ -1 \\ 4 \end{pmatrix}$ g_1 und g_2 sind identisch.

2. g_2: $\vec{x} = \begin{pmatrix} 10 \\ -7 \end{pmatrix} + \mu \cdot \begin{pmatrix} 5 \\ 4 \end{pmatrix}$ da $\begin{pmatrix} 5 \\ 4 \end{pmatrix} \cdot \begin{pmatrix} -4 \\ 5 \end{pmatrix} = 0$

***3.** g_2: $\vec{x} = \begin{pmatrix} 3 \\ 0 \\ 4 \end{pmatrix} + \mu \cdot \begin{pmatrix} 1 \\ -2 \\ 0 \end{pmatrix}$ da $\begin{pmatrix} 1 \\ -2 \\ 0 \end{pmatrix} \cdot \begin{pmatrix} 2 \\ 1 \\ 2 \end{pmatrix} = 0$

4. a) $\vec{u} \cdot \vec{v} = -9$ b) $\vec{u} \cdot \vec{v} = 0$

5. $\vec{a} \perp \vec{b}$ $\vec{a} \perp \vec{d}$ $\vec{a} \perp \vec{e}$ $\vec{b} \perp \vec{c}$

6. g: $\vec{x} = \begin{pmatrix} 5 \\ 6 \end{pmatrix} + \lambda \cdot \begin{pmatrix} -1 \\ 3 \end{pmatrix}$ Zu g senkrechte Gerade durch O ist $\vec{x} = \mu \cdot \begin{pmatrix} 3 \\ 1 \end{pmatrix}$

$$\begin{aligned} 5 - \lambda &= 3\mu \\ 6 + 3\lambda &= \mu \\ \hline 21 &= 10\mu \\ \mu &= 2{,}1 \\ \lambda &= -1{,}3 \end{aligned}$$

Schnittpunkt S (6,3 | 2,1)

$|\overrightarrow{OS}| = \sqrt{6{,}3^2 + 2{,}1^2} \approx 6{,}64$

7.

$$\begin{aligned} \mu_1 - \mu_2 &= 2 \\ 1 + 4\mu_2 &= 4\lambda & \Rightarrow \quad \mu_2 &= \lambda - 0{,}25 \\ -1 - 2\mu_1 &= 5 + 3\lambda & \Rightarrow \quad \mu_1 &= -1{,}5\lambda - 3 \end{aligned}$$

$$\begin{aligned} -1{,}5\lambda - 3 - \lambda + 0{,}25 &= 2 \\ -2{,}5\lambda &= 4{,}75 \\ \lambda &= -1{,}9 \end{aligned}$$

S (2 | -7,6 | - 0,7)

8.

$$\begin{aligned} 2 + 2\mu_1 + 4\mu_2 &= 4 + 3\lambda \\ -4 + 3\mu_1 + 7\mu_2 &= 5\lambda \\ 3 - 2\mu_1 + 2\mu_2 &= 7 & \Rightarrow \quad \mu_2 &= \mu_1 + 2 \\ \hline 2 + 2\mu_1 + 4\mu_1 + 8 &= 4 + 3\lambda \\ -4 + 3\mu_1 + 7\mu_1 + 14 &= 5\lambda \\ \hline 6\mu_1 + 10 &= 3\lambda + 4 \\ 10\mu_1 + 10 &= 5\lambda & \Rightarrow \quad \mu_1 &= 0{,}5\lambda - 1 \\ \hline 3\lambda - 6 + 10 &= 3\lambda + 4 \\ 3\lambda + 4 &= 3\lambda + 4 & & \text{für alle } \lambda \text{ erfüllt} \end{aligned}$$

g liegt in der Ebene e . Alle Punkte der Geraden sind gemeinsame Punkte.

9. g: $\vec{x} = \begin{pmatrix} 4 \\ 0 \\ 1 \end{pmatrix} + \lambda \cdot \begin{pmatrix} -5 \\ 5 \\ 1 \end{pmatrix}$

L

$$\begin{aligned} 2+4\mu_1-\mu_2 &= 4-5\lambda \quad \Rightarrow \quad \mu_2 = 5\lambda+4\mu_1-2 \\ 3-5\mu_1-2\mu_2 &= 5\lambda \\ -1+3\mu_1+8\mu_2 &= 1+\lambda \end{aligned}$$

$$\begin{aligned} 3-5\mu_1-10\lambda-8\mu_1+4 &= 5\lambda \\ -1+3\mu_1+40\lambda+32\mu_1-16 &= 1+\lambda \end{aligned}$$

$$\begin{aligned} -13\mu_1-15\lambda &= -7 \\ 35\mu_1+39\lambda &= 18 \end{aligned}$$

$$\lambda = \frac{11}{18} \quad \mu_1 = -\frac{3}{18} \quad \mu_2 = \frac{7}{18} \qquad S\left(\frac{17}{18}\middle|3\frac{1}{18}\middle|1\frac{11}{18}\right)$$

Lektion 5

Aufgaben zu 5.1

1. $W = F \cdot s \cdot \cos\varphi$
   $W = 600\text{ N} \cdot 400\text{ m} \cdot \cos(35°) = 600 \cdot 400 \cdot 0{,}82\text{ Nm} = 196\,800\text{ Nm} = 196{,}8\text{ kNm}$

2. $\vec{a} \perp \vec{b} \Leftrightarrow \vec{a} \circ \vec{b} = 0; \begin{pmatrix}1\\2\\3\end{pmatrix} \circ \begin{pmatrix}b\\-2\\-2\end{pmatrix} = 0 \Rightarrow 1 \cdot b + 2 \cdot (-2) + 3 \cdot (-2) = 0; b - 4 - 6 = 0 \Rightarrow b = 10$

Aufgaben zu 5.2

1. $M = r \cdot F \cdot \sin\varphi = 0{,}2\text{ m} \cdot 400\text{ N} \cdot \sin\varphi = 80 \cdot \sin\varphi\text{ Nm}$

a)

φ°	0	10	20	30	40	50	60	70	80	90
M	0	13,9	27,4	40,0	51,4	61,3	69,3	75,2	78,8	80,0

φ°	100	110	120	130	140	150	160	170	180
M	78,8	75,2	69,3	61,3	51,4	40,0	27,4	13,9	0

b)

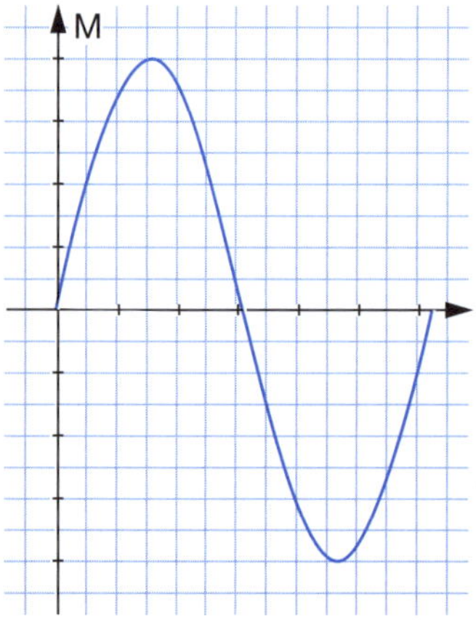

2. a) $M = r \cdot F \cdot \sin\varphi = 0{,}2\ \text{m} \cdot 140\ \text{N} \cdot \sin(65°) = 28 \cdot 0{,}9\ \text{Nm} = 25{,}4\ \text{Nm}$

b) Das Vektorprodukt zeigt aus der Bildebene heraus.

Aufgaben zu 5.3

a) $\vec{y} \times \vec{z} = \vec{x}$ b) $\vec{z} \times \vec{x} = \vec{y}$ c) $\vec{y} \times \vec{x} = -\vec{z}$

d) $\vec{z} \times \vec{y} = -\vec{x}$ e) $\vec{x} \times \vec{z} = -\vec{y}$ f) $\vec{y} \times \vec{y} = 0$

Aufgaben zu 5.5

1. a) $\vec{a} \times \vec{b} = \begin{pmatrix} 2 \\ 3 \\ 5 \end{pmatrix} \times \begin{pmatrix} -1 \\ 4 \\ 2 \end{pmatrix} = \begin{pmatrix} 6 - 20 \\ -5 - 4 \\ 8 + 3 \end{pmatrix} = \begin{pmatrix} -14 \\ -9 \\ 11 \end{pmatrix}$ b) $\vec{a} \times \vec{c} = \begin{pmatrix} 2 \\ 3 \\ 5 \end{pmatrix} \times \begin{pmatrix} 2 \\ -3 \\ 7 \end{pmatrix} = \begin{pmatrix} 21 + 15 \\ 10 - 14 \\ -6 - 6 \end{pmatrix} = \begin{pmatrix} 36 \\ -4 \\ -12 \end{pmatrix}$

c) $\vec{b} \times \vec{c} = \begin{pmatrix} -1 \\ 4 \\ 2 \end{pmatrix} \times \begin{pmatrix} 2 \\ -3 \\ 7 \end{pmatrix} = \begin{pmatrix} 28 + 6 \\ 4 + 7 \\ 3 - 8 \end{pmatrix} = \begin{pmatrix} 34 \\ 11 \\ -5 \end{pmatrix}$ d) $\vec{a} \times \vec{a} = \begin{pmatrix} 2 \\ 3 \\ 5 \end{pmatrix} \times \begin{pmatrix} 2 \\ 3 \\ 5 \end{pmatrix} = \begin{pmatrix} 15 - 15 \\ 10 - 10 \\ 6 - 6 \end{pmatrix} = \begin{pmatrix} 0 \\ 0 \\ 0 \end{pmatrix}$

2. $\vec{n} = \vec{u} \times \vec{v} = \begin{pmatrix} 0 \\ 4 \\ 2 \end{pmatrix} \times \begin{pmatrix} 2 \\ 0 \\ 1 \end{pmatrix} = \begin{pmatrix} 4 - 0 \\ 4 - 0 \\ 0 - 8 \end{pmatrix} = \begin{pmatrix} 4 \\ 4 \\ -8 \end{pmatrix} = 4 \begin{pmatrix} 1 \\ 1 \\ -2 \end{pmatrix}$

Aufgaben zu 5.6

1. a) $A_P = |\vec{u}| \cdot |\vec{v}| \cdot \sin\varphi$
mit $|\vec{u}| = \sqrt{144 + 64 + 196} = \sqrt{404}$ und $|\vec{v}| = \sqrt{16 + 0 + 64} = \sqrt{80}$

$$\cos\varphi = \frac{\vec{u} \circ \vec{v}}{|\vec{u}| \cdot |\vec{v}|} = \frac{\begin{pmatrix} 12 \\ -8 \\ 14 \end{pmatrix} \circ \begin{pmatrix} 4 \\ 0 \\ 8 \end{pmatrix}}{\sqrt{404} \cdot \sqrt{80}} = \frac{48 + 0 + 112}{\sqrt{404} \cdot \sqrt{80}} = \frac{160}{\sqrt{404}\,\sqrt{80}} = 0{,}89 \Rightarrow \varphi = 27{,}12°$$

$A_P = |\vec{u}| \cdot |\vec{v}| \cdot \sin\varphi = \sqrt{404} \cdot \sqrt{80} \cdot \sin(27{,}12°) = \sqrt{404} \cdot \sqrt{80} \cdot 0{,}456 = 81{,}97$

b) $A_P = |\vec{u} \times \vec{v}|$ mit $\vec{u} \times \vec{v} = \begin{pmatrix} 12 \\ -8 \\ 14 \end{pmatrix} \times \begin{pmatrix} 4 \\ 0 \\ 8 \end{pmatrix} = \begin{pmatrix} -64 - 0 \\ 56 - 96 \\ 0 + 32 \end{pmatrix} = \begin{pmatrix} -64 \\ -40 \\ 32 \end{pmatrix}$

$A_P = \left\| \begin{pmatrix} -64 \\ -40 \\ 32 \end{pmatrix} \right\| = \sqrt{(-64)^2 + (-40)^2 + 32^2} = \sqrt{6720} = 81{,}97$

L

2. a) Parallelogramm $\Rightarrow |\overrightarrow{AB}| = |\overrightarrow{DC}| \wedge |\overrightarrow{AD}| = |\overrightarrow{BC}|$

$$\left.\begin{aligned}\overrightarrow{AB} &= \vec{b} - \vec{a} = \begin{pmatrix}120\\0\\0\end{pmatrix}\\ \overrightarrow{DC} &= \vec{c} - \vec{d} = \begin{pmatrix}120\\0\\0\end{pmatrix}\end{aligned}\right\} \Rightarrow |\overrightarrow{AB}| = |\overrightarrow{DC}| \qquad \left.\begin{aligned}\overrightarrow{AD} &= \vec{d} - \vec{a} = \begin{pmatrix}15\\210\\0\end{pmatrix}\\ \overrightarrow{DC} &= \vec{c} - \vec{d} = \begin{pmatrix}15\\210\\0\end{pmatrix}\end{aligned}\right\} \Rightarrow |\overrightarrow{AD}| = |\overrightarrow{BC}|$$

$\triangle DAB = \triangle DCB$

$$\triangle DAB : \cos\varphi = \frac{\overrightarrow{AD} \circ \overrightarrow{AB}}{|\overrightarrow{AD}| \cdot |\overrightarrow{AB}|} = \frac{\begin{pmatrix}15\\210\\0\end{pmatrix} \circ \begin{pmatrix}120\\0\\0\end{pmatrix}}{\sqrt{44325} \cdot \sqrt{14400}} = \frac{1800}{\sqrt{44325}\,\sqrt{14400}} = 0{,}071 \Rightarrow \varphi = 85{,}91°$$

$$\triangle DCB : \cos\varphi = \frac{\overrightarrow{CD} \circ \overrightarrow{CB}}{|\overrightarrow{CD}| \cdot |\overrightarrow{CB}|} = \frac{\begin{pmatrix}-120\\0\\0\end{pmatrix} \circ \begin{pmatrix}-15\\-210\\0\end{pmatrix}}{\sqrt{14400} \cdot \sqrt{44325}} = \frac{1800}{\sqrt{44325}\,\sqrt{14400}} = 0{,}071 \Rightarrow \varphi = 85{,}91°$$

b) $A_P = |\overrightarrow{AB} \times \overrightarrow{AD}|$ mit $\overrightarrow{AB} \times \overrightarrow{AD} = \begin{pmatrix}120\\0\\0\end{pmatrix} \times \begin{pmatrix}15\\210\\0\end{pmatrix} = \begin{pmatrix}0-0\\0-0\\25200-0\end{pmatrix} = \begin{pmatrix}0\\0\\25200\end{pmatrix}$

$$A_P = \left|\begin{pmatrix}0\\0\\25200\end{pmatrix}\right| = \sqrt{(0)^2 + (0)^2 + 25200^2} = 25200$$

Wiederholungsaufgaben

1. $\vec{M} = \vec{r} \times \vec{F} = \begin{pmatrix}6\text{ m}\\-6\text{ m}\\0\end{pmatrix} \times \begin{pmatrix}1500\text{ N}\\1500\text{ N}\\0\end{pmatrix} = \begin{pmatrix}0 - 0\\0 - 0\\9000\text{ Nm} + 9000\text{ Nm}\end{pmatrix} = \begin{pmatrix}0\\0\\18000\text{ Nm}\end{pmatrix} = 18000\text{ Nm} \cdot \begin{pmatrix}0\\0\\1\end{pmatrix}$

2. $\vec{a} \times \vec{b} = \begin{pmatrix}2\\5\\5\end{pmatrix} \times \begin{pmatrix}-1\\4\\2\end{pmatrix} = \begin{pmatrix}10-20\\-5-4\\8+3\end{pmatrix} = \begin{pmatrix}-10\\-9\\13\end{pmatrix}$ $\qquad \vec{b} \times \vec{a} = -\vec{a} \times \vec{b} = \begin{pmatrix}10\\9\\-13\end{pmatrix}$

$\vec{a} \times \vec{c} = \begin{pmatrix}2\\5\\5\end{pmatrix} \times \begin{pmatrix}2\\-3\\7\end{pmatrix} = \begin{pmatrix}35+15\\10-14\\-6-10\end{pmatrix} = \begin{pmatrix}50\\-4\\16\end{pmatrix}$ $\qquad \vec{b} \times \vec{c} = \begin{pmatrix}-1\\4\\2\end{pmatrix} \times \begin{pmatrix}2\\-3\\7\end{pmatrix} = \begin{pmatrix}28+6\\4+7\\3-8\end{pmatrix} = \begin{pmatrix}34\\11\\-5\end{pmatrix}$

Lektion 6

Aufgaben zu 6.2

1. g: $\vec{x} = \vec{a} + \lambda\overrightarrow{AB} = \vec{a} + \lambda(\vec{b} - \vec{a}) = \begin{pmatrix}-2\\1\end{pmatrix} + \lambda\begin{pmatrix}2-(-2)\\-3-1\end{pmatrix} = \begin{pmatrix}-2\\1\end{pmatrix} + \lambda\begin{pmatrix}4\\-4\end{pmatrix}$; $\lambda \in \mathbb{R}$

2. h: $y = -\frac{3}{4}x + 2$; zwei Punkte von h: A(0|2); B(4|−1)

h: $\vec{x} = \vec{a} + \lambda\overrightarrow{AB} = \vec{a} + \lambda(\vec{b} - \vec{a}) = \begin{pmatrix}0\\2\end{pmatrix} + \lambda\begin{pmatrix}4-0\\-1-2\end{pmatrix} = \begin{pmatrix}0\\2\end{pmatrix} + \lambda\begin{pmatrix}4\\-3\end{pmatrix}$; $\lambda \in \mathbb{R}$

Aufgaben zu 6.3

1. a) $\vec{a}_1 = \begin{pmatrix}4\\-6\end{pmatrix}$ $\vec{a}_2 = \begin{pmatrix}-4\\6\end{pmatrix}$ b) $\vec{b}_1 = \begin{pmatrix}-2\\1\end{pmatrix}$ $\vec{b}_2 = \begin{pmatrix}2\\-1\end{pmatrix}$ c) $\vec{c}_1 = \begin{pmatrix}0\\2\end{pmatrix}$ $\vec{c}_2 = \begin{pmatrix}0\\-2\end{pmatrix}$

d) $\vec{d}_1 = \begin{pmatrix}d_2\\-2\end{pmatrix}$ $\vec{d}_2 = \begin{pmatrix}-d_2\\2\end{pmatrix}$ e) $\vec{e}_1 = \begin{pmatrix}e_2\\e_1\end{pmatrix}$ $\vec{e}_2 = \begin{pmatrix}-e_2\\-e_1\end{pmatrix}$

2. Parameterform: $\vec{x} = \vec{r} + \lambda\overrightarrow{RS} = \begin{pmatrix}-1\\-1\end{pmatrix} + \lambda\begin{pmatrix}4\\8\end{pmatrix}$; $\lambda \in \mathbb{R}$

Normalenform: $y = mx + b$
R und S in Gleichung $y = mx + b$

(I) $-1 = -m + b$
(II) $7 = 3m + b$
$-1 \cdot$ (I) + (II): $\Rightarrow 8 = 4m \Leftrightarrow m = 2$
$m = 2$ in (I): $-1 = -2 + b \Leftrightarrow b = 1$
$\Rightarrow y = 2x + 1$

Aufgaben zu 6.5

1. E: $\vec{x} = \begin{pmatrix}-2\\0\\3\end{pmatrix} + \lambda\begin{pmatrix}-1\\1\\0\end{pmatrix} + \mu\begin{pmatrix}5\\3\\1\end{pmatrix}$; $\lambda, \mu \in \mathbb{R}$

$\vec{n} = \begin{pmatrix}-2\\4\\1\end{pmatrix} \times \begin{pmatrix}3\\2\\0\end{pmatrix} = \begin{pmatrix}4\cdot 0 - 1\cdot 2\\1\cdot 3-(-2)\cdot 0\\-2\cdot 2 - 4\cdot 3\end{pmatrix} = \begin{pmatrix}0-2\\3-0\\-4-12\end{pmatrix} = \begin{pmatrix}-2\\3\\-16\end{pmatrix}$

$\vec{n} = \vec{u} \times \vec{v} = \begin{pmatrix}-1\\1\\0\end{pmatrix} \times \begin{pmatrix}5\\3\\1\end{pmatrix} = \begin{pmatrix}1-0\\0+1\\-3-5\end{pmatrix} = \begin{pmatrix}1\\1\\-8\end{pmatrix}$

E: $\vec{n} \circ (\vec{x} - \vec{a}) = 0$

$\begin{pmatrix}1\\1\\-8\end{pmatrix} \circ \left(\vec{x} - \begin{pmatrix}-2\\0\\3\end{pmatrix}\right) = 0$

$x_1 + x_2 - 8x_3 - (-2 + 0 - 24) = 0$
$x_1 + x_2 - 8x_3 + 26 = 0$

2. E: $\vec{n} \circ (\vec{x} - \vec{q}) = 0$; mit $\vec{n} = \overrightarrow{QR} \times \overrightarrow{QS} = \begin{pmatrix} -1 \\ -4 \\ -2 \end{pmatrix} \times \begin{pmatrix} 3 \\ -2 \\ -4 \end{pmatrix} = \begin{pmatrix} 16 - 4 \\ -6 - 4 \\ 2 + 12 \end{pmatrix} = \begin{pmatrix} 12 \\ -10 \\ 14 \end{pmatrix} = 2 \cdot \begin{pmatrix} 6 \\ -5 \\ 7 \end{pmatrix}$

E: $\begin{pmatrix} 6 \\ -5 \\ 7 \end{pmatrix} \circ \left(\vec{x} - \begin{pmatrix} 1 \\ 2 \\ 3 \end{pmatrix}\right) = 0$

E: $6x_1 - 5x_2 + 7x_3 - (6 - 10 + 21) = 0$
$6x_1 - 5x_2 + 7x_3 - 17 = 0$

3. a) $\vec{n} = \begin{pmatrix} 2 \\ 1 \\ 3 \end{pmatrix}$ b) $\vec{n} = \begin{pmatrix} 1 \\ 1 \\ 1 \end{pmatrix}$ c) $\vec{n} = \begin{pmatrix} 4 \\ 0 \\ -2 \end{pmatrix}$

d) $\vec{n} = \begin{pmatrix} -2 \\ 1 \\ 0 \end{pmatrix}$ e) $\vec{n} = \begin{pmatrix} 0 \\ 1 \\ -3 \end{pmatrix}$ f) $\vec{n} = \begin{pmatrix} 0 \\ 0 \\ 1 \end{pmatrix}$

4. E: $-2x_1 + 3x_2 - 4x_3 - 12 = 0$
A(12|–3|4) in E: $-2(12) + 3(-3) - 4(4) - 12 = 51 \neq 0 \Rightarrow A \notin E$
B(3|6|0) in E: $-2(3) + 3(6) - 4(0) - 12 = 0 \Rightarrow B \in E$
C(12|–8|12) in E: $-2(12) + 3(-8) - 4(12) - 12 = 108 \neq 0 \Rightarrow C \notin E$

Aufgaben zu 6.6

1. Überprüfen, ob $g \cap E = \{S\}$
Gerade g in Ebene E einsetzen:

$-3(1 + \lambda) + 0 + (1 + 3\lambda) - 6 = 0$
$-3 - 3\lambda + 1 + 3\lambda - 6 = 0$
$-8 = 0$ falsch $\Rightarrow$ kein Schnittpunkt $\Rightarrow g \parallel E$

2. a) $\vec{n} = \begin{pmatrix} 3 \\ 1 \\ -4 \end{pmatrix}$

b) Gerade g in Ebene E einsetzen:
$3(-4 + 2\lambda) + (-4) - 4(1 - \lambda) = 0$
$-12 + 6\lambda - 4 - 4 + 4\lambda = 0$; $10\lambda = 20 \Leftrightarrow \lambda = 2$

$\lambda = 2$ in g: $\vec{x} = \begin{pmatrix} -4 \\ -4 \\ 1 \end{pmatrix} + 2 \begin{pmatrix} 2 \\ 0 \\ -1 \end{pmatrix} = \begin{pmatrix} 0 \\ -4 \\ -1 \end{pmatrix} \Rightarrow S(0|-4|-1)$

c) Schnittwinkel α: $\alpha = 90° - \varphi$

$$\cos\varphi = \frac{\vec{u} \circ \vec{n}}{|\vec{u}| \cdot |\vec{n}|} = \frac{\begin{pmatrix} 2 \\ 0 \\ -1 \end{pmatrix} \circ \begin{pmatrix} 3 \\ 1 \\ -4 \end{pmatrix}}{\left|\begin{pmatrix} 2 \\ 0 \\ -1 \end{pmatrix}\right| \cdot \left|\begin{pmatrix} 3 \\ 1 \\ -4 \end{pmatrix}\right|} = \frac{6 + 0 + 4}{\sqrt{5} \cdot \sqrt{26}} = \frac{10}{\sqrt{5}\,\sqrt{26}} = 0{,}87 \Rightarrow \varphi = 29{,}5°$$

$\alpha = 90° - 29{,}5° = 60{,}5°$

3. a) Punkt in Ebene einsetzen

$P(-1|0|8)$ in E: $2(-1) - 3(0) - 8 + 10 = 0 \Leftrightarrow 0 = 0 \Rightarrow P \in E$

b) $g \perp E \Leftrightarrow \vec{u}_g \parallel \vec{n}_E \Rightarrow \vec{n}_E = \lambda \vec{u}_G$

$$\begin{pmatrix} 2 \\ -3 \\ 1 \end{pmatrix} = \lambda \begin{pmatrix} 2 \\ a \\ 1 \end{pmatrix} \Leftrightarrow \begin{cases} 2 = 2\lambda & \Rightarrow \lambda = 1 \\ -3 = \lambda a \\ -1 = \lambda & \Rightarrow \lambda = -1 \end{cases} \Rightarrow \text{es existiert kein a, so dass } g \perp E$$

c) $a = 1: \vec{x} = \begin{pmatrix} 2 \\ 0 \\ 2 \end{pmatrix} + \lambda \begin{pmatrix} 2 \\ 1 \\ 1 \end{pmatrix}$

$g \parallel E \Leftrightarrow \vec{u} \circ \vec{n} = 0$

$$\begin{pmatrix} 2 \\ 1 \\ 1 \end{pmatrix} \circ \begin{pmatrix} 2 \\ -3 \\ -1 \end{pmatrix} = 2 \cdot 2 + 1 \cdot (-3) + 1 \cdot (-1) = 4 - 4 = 0 \Rightarrow \vec{n} \perp \vec{u} \Rightarrow g_1 \parallel E$$

d) Abstand g_1 von E $\Rightarrow$ Aufpunkt A der Geraden in HNF

$$|\vec{n}| = \left|\begin{pmatrix} 2 \\ -3 \\ -1 \end{pmatrix}\right| = \sqrt{4 + 9 + 1} = \sqrt{14}$$

HNF: $\frac{1}{\sqrt{14}}(2x_1 - 3x_2 - x_3 + 10) = 0$

$A(2|0|2)$ in HNF: $d(g_1, E) = \frac{1}{\sqrt{14}}(2 \cdot 2 - 3 \cdot 0 - 2 + 10) = \frac{12}{\sqrt{14}}$

e) Schnittpunkt mit x_1-Achse: $x_2 = x_3 = 0$

$2x_1 - 3 \cdot 0 - 0 + 10 = 0 \Rightarrow x_1 = -5 \Rightarrow S(-5|0|0)$

Schnittpunkt mit x_2-Achse: $x_1 = x_3 = 0$

$2 \cdot 0 - 3 \cdot x_2 - 0 + 10 = 0 \Rightarrow x_2 = \frac{10}{3} \Rightarrow S\left(0\middle|\frac{10}{3}\middle|0\right)$

Schnittpunkt mit x_3-Achse: $x_1 = x_2 = 0$

$2 \cdot 0 - 3 \cdot 0 - x_3 + 10 = 0 \Rightarrow x_2 = 10 \Rightarrow S(0|0|10)$

f) Gerade g_0 in Ebene E einsetzen:

$2(2 + 2\lambda) - 3(0 + 0\lambda) - (2 + \lambda) + 10 = 0$

$4 + 4\lambda - 2 - \lambda + 10 = 0;\ 3\lambda + 12 = 0 \Leftrightarrow \lambda = -4$

$$\lambda = -4 \text{ in } g_0: \vec{x} = \begin{pmatrix} 2 \\ 0 \\ 2 \end{pmatrix} - 4 \begin{pmatrix} 2 \\ 0 \\ 1 \end{pmatrix} = \begin{pmatrix} -6 \\ 0 \\ -2 \end{pmatrix} \Rightarrow S(-6|0|-2)$$

g) Schnittwinkel α: $\alpha = 90° - \varphi$

$$\cos\varphi = \frac{\vec{u} \circ \vec{n}}{|\vec{u}| \cdot |\vec{n}|} = \frac{\begin{pmatrix} 2 \\ 0 \\ 1 \end{pmatrix} \circ \begin{pmatrix} 3 \\ -3 \\ -1 \end{pmatrix}}{\left|\begin{pmatrix} 2 \\ 0 \\ 1 \end{pmatrix}\right| \cdot \left|\begin{pmatrix} 2 \\ -3 \\ -1 \end{pmatrix}\right|} = \frac{4 + 0 + (-1)}{\sqrt{5} \cdot \sqrt{14}} = \frac{3}{\sqrt{5}\sqrt{14}} = 0{,}36 \Rightarrow \varphi = 68{,}9°$$

$\alpha = 90° - 68{,}9° = 21{,}1°$

L

Aufgaben zu 6.7

a) E: $\vec{n} \circ (\vec{x} - \vec{a}) = 0$

$$\vec{n} = \vec{u} \times \vec{v} = \begin{pmatrix} 1 \\ 1 \\ 2 \end{pmatrix} \times \begin{pmatrix} 0 \\ -2 \\ 3 \end{pmatrix} = \begin{pmatrix} 7 \\ -3 \\ -2 \end{pmatrix}$$

$$E: \begin{pmatrix} 7 \\ -3 \\ -2 \end{pmatrix} \circ \left(\vec{x} - \begin{pmatrix} 1 \\ 2 \\ -2 \end{pmatrix} \right) = 0 \Rightarrow 7x_1 - 3x_2 - 2x_3 - 5 = 0$$

b) $F \parallel E \Rightarrow \vec{n}_F = \lambda \vec{n}_E \wedge 0 \in F$
F: $7x_1 - 3x_2 - 2x_3 = 0$

c) Schnittwinkel φ

$$\cos\varphi = \left| \frac{\vec{n}_E \circ \vec{n}_F}{|\vec{n}_E| \cdot |\vec{n}_F|} \right| = \left| \frac{\begin{pmatrix} 7 \\ -3 \\ -2 \end{pmatrix} \circ \begin{pmatrix} -2 \\ 2 \\ -1 \end{pmatrix}}{\left|\begin{pmatrix} 7 \\ -3 \\ -2 \end{pmatrix}\right| \cdot \left|\begin{pmatrix} -2 \\ 2 \\ -1 \end{pmatrix}\right|} \right| \doteq \left| \frac{-18}{\sqrt{62} \cdot \sqrt{9}} \right| = 0{,}76 \Rightarrow \varphi = 40{,}5°$$

Aufgaben zu 6.8

1. a) Hessesche Normalenform der Ebene: Das konstante Glied muss negativ sein.
E: $-4x_1 + 3x_3 - 2 = 0$ und die Punkte P(1|2|3) und Q(1|3|2)

$$\Rightarrow \vec{n} = \begin{pmatrix} -4 \\ 0 \\ 3 \end{pmatrix}; |\vec{n}| = \sqrt{(-4)^2 + 0^2 + (3)^2} = 5 \Rightarrow \vec{n}^0 = \frac{1}{5}\begin{pmatrix} -4 \\ 0 \\ 3 \end{pmatrix}$$

HNF: $\frac{1}{5}(-4x_1 + 3x_3 - 2) = 0$

b) $d(P, E) = \frac{1}{5}(-4 \cdot 1 + 3 \cdot 3 - 2) = \frac{3}{5}$

$d(Q, E) = \frac{1}{5}(-4 \cdot 1 + 3 \cdot 2 - 2) = \frac{0}{5} = 0$

Der Punkt Q liegt in der Ebene E

c) Ursprung O in HNF

$$d(O, E) = \left|\frac{1}{5}(-4 \cdot 0 + 3 \cdot 0 - 2)\right| = \left|\frac{-2}{5}\right| = \frac{2}{5}$$

Wiederholungsaufgaben

1. Parameterform: E: $\vec{x} = \begin{pmatrix}1\\0\\1\end{pmatrix} + \lambda\begin{pmatrix}1\\0\\3\end{pmatrix} + \mu\begin{pmatrix}1\\1\\-1\end{pmatrix}$; Normalenform: E: $-3x_1 + 4x_2 + x_3 + 2 = 0$;

2. g in E: $3(6-2\lambda) + 4(-3+3\lambda) - 2(1+1\lambda) - 4 = 0 \Rightarrow \lambda = 0$

$\lambda = 0$ in g $\Rightarrow S(6|-3|1)$

Schnittwinkel α: $\alpha = 90° - \varphi$

$$\cos\varphi = \frac{\vec{u} \circ \vec{n}}{|\vec{u}| \cdot |\vec{n}|} = \frac{4}{\sqrt{14}\,\sqrt{29}} \Rightarrow \varphi = 78{,}55°$$

$\alpha = 90° - 78{,}55° = 11{,}45°$

3. F in E: $3(1+\lambda+2\mu) + 3(2+\lambda-\mu) - 3(-2+2\lambda+\mu) - 15 = 0$

$0 = 0$

Die Ebenen F und E sind identisch.

4. a) E_1: $x_3 = 0$ E_2: $x_2 = 0$ E_4: $x_2 - 8 = 0$ E_3: $x_1 = 0$ E_5: $x_3 - 4 = 0$

b) g_{12}: $\vec{x} = \lambda\begin{pmatrix}1\\0\\0\end{pmatrix}$ g_{23}: $\vec{x} = \lambda\begin{pmatrix}0\\0\\1\end{pmatrix}$ g_{45}: $\vec{x} = \begin{pmatrix}0\\8\\4\end{pmatrix} + \lambda\begin{pmatrix}1\\0\\0\end{pmatrix}$

5. a) Parameterform: E_T: $\vec{x} = \begin{pmatrix}7\\0\\0\end{pmatrix} + \lambda\begin{pmatrix}0\\1\\0\end{pmatrix} + \mu\begin{pmatrix}0\\0\\4\end{pmatrix}$; Normalenform: E_T: $x_1 - 7 = 0$;

b) Dachebene: $x_1 - 7x_3 + 21 = 0$

c) $\cos\varphi = \frac{7}{\sqrt{1}\,\sqrt{50}} \Rightarrow \varphi = 8{,}13°$

6. a) P in E : $-10 + 10 = 0$ wahr $\Rightarrow P \in E$

b) $\begin{pmatrix}2\\a\\1\end{pmatrix} = \lambda\begin{pmatrix}2\\-3\\-1\end{pmatrix} \Leftrightarrow \begin{cases} 2 = 2\lambda & \Rightarrow \lambda = 1 \\ -1 = \lambda & \Rightarrow \lambda = -1 \end{cases}$ $\Rightarrow$ es existiert kein a, so dass $g \perp E$

c) $\begin{pmatrix}2\\a\\1\end{pmatrix} \circ \begin{pmatrix}2\\-3\\-1\end{pmatrix} = 0 \Rightarrow a = 1$

d) $d(g, E) = \frac{12}{\sqrt{14}}$

L

Lektion 7

Aufgaben zu 7.1

1. $A = \frac{1}{2}\left|\overrightarrow{CA} \times \overrightarrow{CB}\right| = \frac{1}{2}\left|\begin{pmatrix} 0 \\ 0 \\ -48 \end{pmatrix}\right| = \frac{1}{2}\sqrt{(0)^2 + (0)^2 + (-48)^2} = 24$

2. $A_{CBA} = 24$

$A_{OFCA} = \left|\overrightarrow{OF} \times \overrightarrow{OA}\right| = \left|\begin{pmatrix} 12 \\ 0 \\ 0 \end{pmatrix} \times \begin{pmatrix} 0 \\ 6 \\ 0 \end{pmatrix}\right| = \left|\begin{pmatrix} 0 \\ 0 \\ 72 \end{pmatrix}\right| = \sqrt{0^2 + 0^2 + 72^2} = 72$

$A_{FGDE} = \left|\overrightarrow{FG} \times \overrightarrow{FE}\right| = \left|\begin{pmatrix} 6 \\ 0 \\ 0 \end{pmatrix} \times \begin{pmatrix} 0 \\ 4 \\ 0 \end{pmatrix}\right| = \left|\begin{pmatrix} 0 \\ 0 \\ 24 \end{pmatrix}\right| = \sqrt{0^2 + 0^2 + 24^2} = 24$

$A_{EDC} = \frac{1}{2}\left|\overrightarrow{ED} \times \overrightarrow{EC}\right| = \frac{1}{2}\left|\begin{pmatrix} 6 \\ 0 \\ 0 \end{pmatrix} \times \begin{pmatrix} 0 \\ 2 \\ 0 \end{pmatrix}\right| = \frac{1}{2}\left|\begin{pmatrix} 0 \\ 0 \\ 12 \end{pmatrix}\right| = \frac{1}{2}\sqrt{0^2 + 0^2 + 12^2} = 6$

$A_{Gesamt} = 24 + 72 + 24 + 6 = 126$

Aufgaben zu 7.2

1. Das Skalarprodukt $\vec{c} \circ (\vec{a} \times \vec{b})$ könnte als Ergebnis einen negativen Wert liefern. Die Maßzahl bzw. das Volumen kann aber nicht negativ sein, deshalb ist das Ergebnis der Betrag.

2. a) $V = \left|\vec{c} \circ (\vec{a} \times \vec{b})\right| = \left|\begin{pmatrix} -4 \\ 8 \\ 6 \end{pmatrix} \circ \left(\begin{pmatrix} 1 \\ 0 \\ -2 \end{pmatrix} \times \begin{pmatrix} 6 \\ 12 \\ 12 \end{pmatrix}\right)\right| = \left|\begin{pmatrix} -4 \\ 8 \\ 6 \end{pmatrix} \circ \begin{pmatrix} 24 \\ -24 \\ 12 \end{pmatrix}\right| = |-216| = 216$

b) Die Maßzahl des Volumens ändert sich nicht, wenn als Grundfläche andere Vektoren verwendet werden.

Aufgaben zu 7.3

1. a) $V = \frac{1}{3}\left|(\overrightarrow{AB} \times \overrightarrow{AC}) \circ (\overrightarrow{LS})\right| = \frac{1}{3}\left|\begin{pmatrix} 0 \\ 0 \\ 54\,149{,}3 \end{pmatrix} \circ \begin{pmatrix} 116{,}35 \\ 116{,}35 \\ 146{,}6 \end{pmatrix}\right| = 2\,646\,095$

b) Die Kantenlänge $\overline{AS}$ ist die Länge des Vektors (Betrag) $\left|\overrightarrow{AS}\right|$.

$\left|\overrightarrow{AS}\right| = \left|\begin{pmatrix} 116{,}35 \\ 116{,}35 \\ 146{,}6 \end{pmatrix}\right| = \sqrt{116{,}35^2 + 116{,}35^2 + 146{,}6^2} = 220$

c) Der Neigungswinkel α ist der Winkel zwischen den Vektoren $\overrightarrow{ML}$ und $\overrightarrow{MS}$, dabei ist M die Mitte der Strecke vom Punkt A zum Punkt B.

Aufgaben zu 7.4

1. a) $A = |\vec{a} \times \vec{b}| = \left|\begin{pmatrix}10\\10\\-8\end{pmatrix} \times \begin{pmatrix}-6\\8\\9\end{pmatrix}\right| = \left|\begin{pmatrix}104\\8\\140\end{pmatrix}\right| = \sqrt{104^2 + 8^2 + 140^2} = 174{,}6$

b) $V = \frac{1}{3}\left|\begin{pmatrix}104\\8\\140\end{pmatrix} \circ \begin{pmatrix}-12\\6\\9\end{pmatrix}\right| = 20$

2. a) Die Gleichschenkeligkeit kann über die Länge der Vektoren gezeigt werden.

$\overrightarrow{S_1S_2} = \begin{pmatrix}-2{,}5\\-5\\0\end{pmatrix}$, $\overrightarrow{S_2S_3} = \begin{pmatrix}0\\5\\2{,}5\end{pmatrix}$, $\overrightarrow{S_1S_3} = \begin{pmatrix}2{,}5\\0\\2{,}5\end{pmatrix}$

$|\overrightarrow{S_1S_2}| = |\overrightarrow{S_2S_3}| = \sqrt{31{,}5}$ und $|\overrightarrow{S_1S_3}| = \sqrt{12{,}5}$

Das Dreieck ist gleichschenkelig mit den Schenkeln S_1S_2 und S_2S_3.

b) $V = \frac{1}{3}\left|(\overrightarrow{S_1S_2} \times \overrightarrow{S_1S_3}) \circ (\overrightarrow{S_1S})\right| = 12{,}5$

Wiederholungsaufgaben

1. $V = |\vec{c} \circ (\vec{a} \times \vec{b})| = \left|\begin{pmatrix}4\\-2\\0\end{pmatrix} \circ \left(\begin{pmatrix}10\\0\\2\end{pmatrix} \times \begin{pmatrix}6\\-2\\12\end{pmatrix}\right)\right| = 232$

2. a) A(72|72|0), B(–72|72|0), C(–72|72|0), D(72|–72|0) und S(0|0|90)

b) $|\overrightarrow{AS}| = \left|\begin{pmatrix}-72\\-72\\90\end{pmatrix}\right| = \sqrt{18\,468} = 135{,}9$

c) Neigungswinkel $\alpha = 41{,}5°$

d) $A = \frac{1}{2}|\overrightarrow{AB} \times \overrightarrow{AS}| = \frac{1}{2}\left|\begin{pmatrix}0\\12\,960\\10\,368\end{pmatrix}\right| = 8298{,}5$

e) $V = \frac{1}{3}\left|(\overrightarrow{AB} \times \overrightarrow{AD}) \circ (\overrightarrow{AS})\right| = \frac{1}{3}\,1\,866\,240 = 622\,080$

3. a) Winkel SQR: $\alpha = 83{,}1°$, Winkel QRS: $\beta = 90°$, Winkel RSQ: $\gamma = 6{,}9°$
Fläche $A_{QRS} = 3{,}25$

b) $\frac{1}{6}\left|(\overrightarrow{QR} \times \overrightarrow{QS}) \circ \overrightarrow{QO}\right| = \frac{1}{6}\,|-22| = 3{,}66$

4. a) $A = \frac{1}{2}|\overrightarrow{AB} \times \overrightarrow{AC}| = \frac{1}{2}\left|\begin{pmatrix}14\\14\\-28\end{pmatrix}\right| = \frac{1}{2}\sqrt{1176} = 17{,}15$

b) $V = \frac{1}{6}\left|(\overrightarrow{AB} \times \overrightarrow{AC}) \circ \overrightarrow{AS}\right| = 7$

$7 = \frac{1}{6}\left|\begin{pmatrix}14\\14\\-28\end{pmatrix} \circ \begin{pmatrix}s-1\\s+2\\2\end{pmatrix}\right| \Leftrightarrow 42 = |28s - 42| \Rightarrow s_1 = 0,\ s_2 = 3$

L

Wichtige Definitionen, Formeln und Sätze zur Vektorrechnung und Analytischen Geometrie

Vektoren

Summe und Differenz

$$\vec{a} \pm \vec{b} = \begin{pmatrix} a_1 \\ a_2 \\ . \\ . \\ a_n \end{pmatrix} \pm \begin{pmatrix} b_1 \\ b_2 \\ . \\ . \\ b_n \end{pmatrix} = \begin{pmatrix} a_1 \pm b_1 \\ a_2 \pm b_2 \\ . \\ . \\ a_n \pm b_n \end{pmatrix}$$

S-Multiplikation

$$r \cdot \vec{a} = r \cdot \begin{pmatrix} a_1 \\ a_2 \\ . \\ . \\ a_n \end{pmatrix} = \begin{pmatrix} r \cdot a_1 \\ r \cdot a_2 \\ . \\ . \\ r \cdot a_n \end{pmatrix} \qquad r \in \mathbb{R}$$

Skalarprodukt

$$\vec{a} \cdot \vec{b} = \begin{pmatrix} a_1 \\ a_2 \\ . \\ . \\ a_n \end{pmatrix} \cdot \begin{pmatrix} b_1 \\ b_2 \\ . \\ . \\ b_n \end{pmatrix} = a_1b_1 + a_2b_2 + \ldots + a_nb_n$$

$\vec{a} \cdot \vec{b} = |\vec{a}| \cdot |\vec{b}| \cdot \cos\gamma$ $\quad$ γ der (kleinere) Winkel zwischen $\vec{a}$ und $\vec{b}$.

Betrag (bzw. Länge)

$$|\vec{a}| = \sqrt{a_1^2 + a_2^2 + \ldots + a_n^2}$$

Einheitsvektor

Der Einheitsvektor in Richtung des Vektors $\vec{a}$ ist $\vec{a}^0 = \dfrac{\vec{a}}{|\vec{a}|}$

Koordinateneinheitsvektoren sind die in positiver Richtung der Koordinatenachsen zeigenden Einheitsvektoren.

Geraden und Ebenen

Geradengleichung $\quad g: \vec{x} = \vec{a} + \lambda \cdot \vec{v} \qquad \lambda \in \mathbb{R}$

Ebenengleichung $\quad e: \vec{x} = \vec{a} + \lambda \cdot \vec{u} + \mu \cdot \vec{v} \qquad \lambda, \mu \in \mathbb{R}$

Schnittpunktbestimmung erfolgt durch Gleichsetzen der rechten Seiten der Gleichungen.

Ebenengleichung in Normalenform

a) die vektorielle Normalenform: E: $\vec{n} \circ (\vec{x} - \vec{a}) = 0$
b) die lineare Normalenform E: $n_1x_1 + n_2x_2 + n_3x_3 - n_0 = 0$

Vektorprodukt

Für das **Vektorprodukt (Kreuzprodukt)** $\vec{a} \times \vec{b} = \vec{c}$ gelten folgende Gesetzmäßigkeiten:

a) Die Vektoren $\vec{a}$, $\vec{b}$ und ihr Vektorprodukt $\vec{a} \times \vec{b} = \vec{c}$ bilden in dieser Reihenfolge ein Rechtssystem.
b) $\vec{a} \times \vec{b} = -(\vec{b} \times \vec{a})$.
Vertauscht man die Vektoren des Kreuzprodukts, ändert sich das Vorzeichen.
c) $|\vec{a} \times \vec{b}| = |\vec{a}| \cdot |\vec{b}| \cdot \sin\varphi$
d) $|\vec{a} \times \vec{b}| = |\vec{a}| \cdot |\vec{b}|$, falls $\vec{a} \perp \vec{b}$
e) $\vec{a} \times \vec{b} = 0$, falls $\vec{a} \parallel \vec{b}$

Vektorproduktformel

$$\vec{a} \times \vec{b} = \begin{pmatrix} a_1 \\ a_2 \\ a_3 \end{pmatrix} \times \begin{pmatrix} b_1 \\ b_2 \\ b_3 \end{pmatrix} = \begin{pmatrix} a_2b_3 - a_3b_2 \\ a_3b_1 - a_1b_3 \\ a_1b_2 - a_2b_1 \end{pmatrix}$$

Hessesche Normalenform

$$\vec{n}^0 \circ (\vec{x} - \vec{a}) = 0$$

$$\frac{n_1x_1 + n_2x_2 + n_3x_3 - n_0}{\sqrt{(n_1)^2 + (n_2)^2 + (n_3)^2}} = 0$$

Abstand Punkt – Ebene

$$d(P, E) = |\vec{n}^0 \circ (\vec{x} - \vec{p})|$$

$$d(P, E) = \frac{n_1p_1 + n_2p_2 + n_3p_3 - n_0}{\sqrt{(n_1)^2 + (n_2)^2 + (n_3)^2}}$$

Flächenberechnung

Fläche des Parallelogramms ABCD: $A_{Parallelogramm} = |\overrightarrow{AB} \times \overrightarrow{AC}|$

Fläche des Dreiecks ABC: $A_{Dreieck} = \frac{1}{2} |\overrightarrow{AB} \times \overrightarrow{AD}|$

Volumenberechnung

Volumen des Parallelflachs: $V_{Parallelflach} = |\vec{c} \circ (\vec{a} \times \vec{b})|$

Volumen der Pyramide: $V_{Pyramide} = \frac{1}{3} \cdot |\vec{c} \circ (\vec{a} \times \vec{b})|$

Volumen des Tetraeders: $V_{Tetraeder} = \frac{1}{6} |(\vec{a} \times \vec{b}) \circ \vec{c}|$

Wichtige Definitionen, Formeln und Sätze zur Trigonometrie

Definitionen

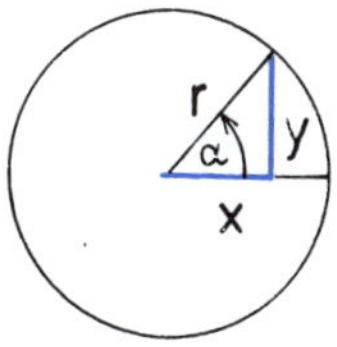

$$\sin\alpha = \frac{y}{r} \qquad \cos\alpha = \frac{x}{r}$$

$$\tan\alpha = \frac{\sin\alpha}{\cos\alpha} \qquad \cot\alpha = \frac{\cos\alpha}{\sin\alpha} = \frac{1}{\tan\alpha}$$

Trigonometrische Funktionswerte am Einheitskreis

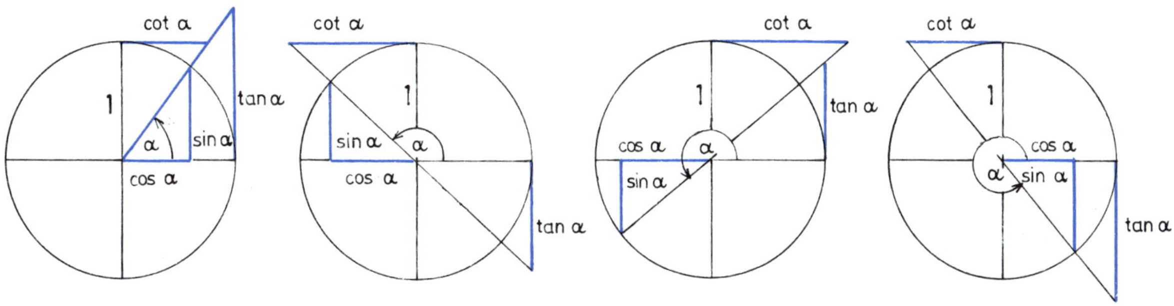

Trigonometrische Funktionswerte am rechtwinkligen Dreieck

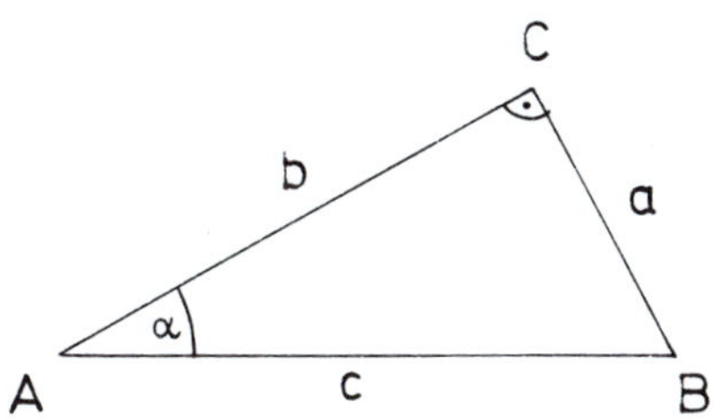

$$\sin\alpha = \frac{a}{c} \qquad \cos\alpha = \frac{b}{c}$$

$$\tan\alpha = \frac{a}{b} \qquad \cot\alpha = \frac{b}{a}$$

Gradmaß und Bogenmaß eines Winkels

$b = \alpha \cdot \frac{\pi}{180^\circ}$ das heißt: $\alpha = 360^\circ \Leftrightarrow b = 2\pi$

Eigenschaften der trigonometrischen Funktionen

Funktion	Definitionsmenge	Wertemenge	Symmetrie	Periodizität
sin	W bzw. $\mathbb{R}$	$[-1; 1]$	$\sin(-\alpha) = -\sin\alpha$	$\sin\alpha = \sin(\alpha + k \cdot 360°)$ bzw. $\sin x = \sin(x + k \cdot 2\pi)$ $k \in \mathbb{Z}$
cos	W bzw. $\mathbb{R}$	$[-1; 1]$	$\cos(-\alpha) = \cos\alpha$	$\cos\alpha = \cos(\alpha + k \cdot 360°)$ bzw. $\cos x = \cos(x + k \cdot 2\pi)$ $k \in \mathbb{Z}$
tan	$W \setminus \{\alpha \in W \mid \alpha = 90° + k \cdot 180°\}$ bzw. $\mathbb{R} \setminus \{x \in \mathbb{R} \mid x = \frac{\pi}{2} + k \cdot \pi\}$ $k \in \mathbb{Z}$	$\mathbb{R}$	$\tan(-\alpha) = -\tan\alpha$	$\tan\alpha = \tan(\alpha + k \cdot 180°)$ bzw. $\tan x = \tan(x + k \cdot \pi)$ $k \in \mathbb{Z}$

Trigonometrische Funktionswerte für besondere Winkelmaße

Winkel	sin	cos	tan
0°	0	1	0
30°	$\frac{1}{2}$	$\frac{1}{2}\sqrt{3}$	$\frac{1}{3}\sqrt{3}$
45°	$\frac{1}{2}\sqrt{2}$	$\frac{1}{2}\sqrt{2}$	1
60°	$\frac{1}{2}\sqrt{3}$	$\frac{1}{2}$	$\sqrt{3}$
90°	1	0	nicht definiert

Beziehungen zwischen den trigonometrischen Funktionen

$\sin\alpha = \cos(\alpha - 90°)$
$\cos\alpha = \sin(\alpha + 90°)$

Phasenverschiebung zwischen Sinus und Kosinus

$\sin\alpha = \cos(90° - \alpha)$
$\cos\alpha = \sin(90° - \alpha)$

Ko-funktion

$\sin^2\alpha + \cos^2\alpha = 1$

Umwandlung von trigonometrischen Funktionswerten in die entsprechenden Funktionswerte einfacher Winkel

Winkelfeld	Winkel (in °)	sin	cos	tan
I	α	$+\sin\alpha$	$+\cos\alpha$	$+\tan\alpha$
II	$180-\alpha$	$+\sin\alpha$	$-\cos\alpha$	$-\tan\alpha$
III	$180+\alpha$	$-\sin\alpha$	$-\cos\alpha$	$+\tan\alpha$
IV	$360-\alpha$	$-\sin\alpha$	$+\cos\alpha$	$-\tan\alpha$
IV	$-\alpha$	$-\sin\alpha$	$+\cos\alpha$	$-\tan\alpha$
I	$90-\alpha$	$+\cos\alpha$	$+\sin\alpha$	$+\frac{1}{\tan\alpha}$
II	$90+\alpha$	$+\cos\alpha$	$-\sin\alpha$	$-\frac{1}{\tan\alpha}$
III	$270-\alpha$	$-\cos\alpha$	$-\sin\alpha$	$+\frac{1}{\tan\alpha}$
IV	$270+\alpha$	$-\cos\alpha$	$+\sin\alpha$	$-\frac{1}{\tan\alpha}$

Trigonometrische Funktionswerte für Summe und Differenz zweier Winkel

Additionstheoreme:

$$\sin(\alpha \pm \beta) = \sin\alpha\cos\beta \pm \cos\alpha\sin\beta$$

$$\cos(\alpha \pm \beta) = \cos\alpha\cos\beta \mp \sin\alpha\sin\beta$$

$$\tan(\alpha \pm \beta) = \frac{\tan\alpha \pm \tan\beta}{1 \mp \tan\alpha\tan\beta}$$

doppelte Winkel:

$$\sin 2\alpha = 2\sin\alpha\cos\alpha$$

$$\cos 2\alpha = \cos^2\alpha - \sin^2\alpha = 2\cos^2\alpha - 1 = 1 - 2\sin^2\alpha$$

$$\tan 2\alpha = \frac{2\tan\alpha}{1-\tan^2\alpha}$$

Sätze über das allgemeine ebene Dreieck

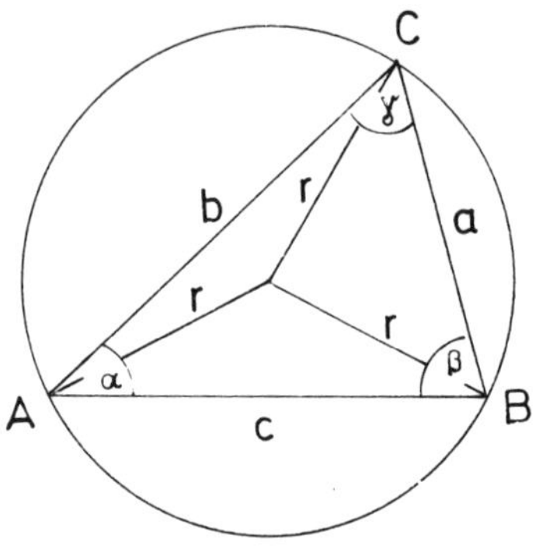

Sinussatz:

$$\frac{a}{\sin\alpha} = \frac{b}{\sin\beta} = \frac{c}{\sin\gamma} = 2r$$

Kosinussatz:

$$a^2 = b^2 + c^2 - 2bc\cos\alpha$$

Flächeninhalt:

$$A_\Delta = \frac{1}{2}ab \cdot \sin\gamma$$

Elongation-Zeit-Gesetz einer harmonischen Schwingung

mit der Amplitude a, der Frequenz f und der Phasenverschiebung φ_0

$$y = a \cdot \sin(2\pi ft - 2\pi ft_0)$$

$$= a \cdot \sin(\varphi - \varphi_0)$$

Register